Moralische Dimensionen der Verletzlichkeit des Menschen

HUMANPROJEKT
Interdisziplinäre Anthropologie

Im Auftrag der Berlin-Brandenburgischen
Akademie der Wissenschaften
herausgegeben von Detlev Ganten, Volker Gerhardt,
Jan-Christoph Heilinger und Julian Nida-Rümelin

Band 19

Moralische Dimensionen der Verletzlichkeit des Menschen

Interdisziplinäre Perspektiven auf einen anthropologischen Grundbegriff und seine Relevanz für die Medizinethik

Herausgegeben von
Michael Coors

DE GRUYTER

Open-Access-Publikationsfonds der UZH für die Geistes- und Sozialwissenschaften.

ISBN 978-3-11-073881-0
e-ISBN (PDF) 978-3-11-073452-2
e-ISBN (EPUB) 978-3-11-073457-7
ISSN 1868-8144
DOI https://doi.org/10.1515/9783110734522

Library of Congress Control Number: 2022937145

Bibliografische Information der Deutschen Nationalbibliothek
Die Deutsche Nationalbibliothek verzeichnet diese Publikation in der Deutschen Nationalbibliografie; detaillierte bibliografische Daten sind im Internet über http://dnb.dnb.de abrufbar.

Einbandgestaltung: Martin Zech, Bremen
Druck und Bindung: CPI books GmbH, Leck

www.degruyter.com

Vorwort

Dieser Band legt die Ergebnisse eines wissenschaftlichen Diskursprojektes der Öffentlichkeit vor, das ich 2018 als Theologischer Referent am Zentrum für Gesundheitsethik (ZfG) in Hannover initiieren konnte. Die Idee zu diesem Projekt entstand aus Gesprächen mit der damaligen Direktorin des ZfG, Andrea Dörries, der mein herzlicher Dank gilt. Ohne ihre Unterstützung wäre dieses Projekt nicht zu realisieren gewesen. Mit meinem Wechsel an die Universität Zürich im Jahr 2019 wurde das Projekt dann als Kooperation zwischen dem Institut für Sozialethik an der Theologischen Fakultät der Universität Zürich und dem ZfG fortgeführt. Julia Inthorn, die zu diesem Zeitpunkt die Leitung des ZfG übernommen hatte, bin ich für die verlässliche Fortführung der Kooperation überaus dankbar.

Ausgehend von der Frage danach, welche anderen normativ relevanten Begriffe jenseits der Autonomie es in der Medizinethik zu bedenken gibt, war die Grundidee des Projektes, nach der normativen Relevanz der Verletzlichkeit des Menschen in der Medizin zu fragen. Darum haben wir eine Reihe von Wissenschaftler:innen aus Medizinethik, Philosophie und Theologie eingeladen, dieses Thema über eine Reihe von sechs Workshops von 2018 bis 2020 miteinander zu diskutieren. Allen, die in dieser Zeit in der Projektgruppe mitgewirkt haben, danke ich herzlich für ihre verlässliche Mitarbeit beim gemeinsamen und oft auch kontroversen Denken! Zu danken habe ich auch den Mitarbeiter:innen des ZfG und des Instituts für Sozialethik, die uns bei der Durchführung und Organisation der Workshops unterstützt haben.

Schließlich gilt unser Dank den Herausgebern der Reihe „Humanprojekt" für die Aufnahme des Bandes in die Reihe, dem Verlag für die Unterstützung bei der Erstellung des Bandes und zwei anonymen Reviewer:innen für zwei konstruktivkritische Gutachten. Die abschließende Finalisierung des Manuskripts schließlich wäre nicht ohne die Unterstützung meiner Hilfsassistentin Tabea Horvath möglich gewesen, der darum ebenfalls ein herzlicher Dank gilt.

Zürich, 25.5.2022 Michael Coors

Inhalt

Michael Coors

Einleitung: Menschliche Verletzlichkeit, „vulnerable Gruppen“ und die Moral

Fragestellungen eines Diskursprojektes

1 Verletzlichkeit in der Pandemie

Die Relevanz des Themas der Vulnerabilität muss man angesichts der Erfahrungen in der Corona-Pandemie, die seit März 2020 die gesamte Welt betrifft, kaum noch begründen: Selten stand für die gegenwärtig in Europa und Nordamerika lebenden Generationen die Verletzlichkeit des menschlichen Lebens und des gesellschaftlichen Zusammenlebens von Menschen so offen vor Augen wie in den letzten zwei Jahren, die von der SARS-CoV-2 Pandemie geprägt waren.

Dabei funktionierte der Begriff der Vulnerabilität auch im Kontext der Pandemie-Diskussionen in einer spezifischen Ambivalenz. Einerseits machte die Pandemie deutlich, dass jeder Mensch unvermeidbar dem Risiko einer Infektion mit dem Virus ausgesetzt ist. Das Auftreten eines neuen Virus, auf das das menschliche Immunsystem in keiner Weise vorbereitet war, machte existenziell deutlich: Jeder Mensch ist bleibend der Gefahr ausgesetzt, zu erkranken und an der Erkrankung zu versterben.[1] Verletzlichkeit ist ein basales Phänomen des menschlichen Lebens, und nicht nur dessen, sondern allen Lebens.

Zugleich wurde deutlich, dass das Risiko der Erkrankung, dass die Vulnerabilität angesichts des Virus nicht egalitär verteilt ist. Es gibt Menschen, die entweder aufgrund ihrer intrinsischen Disposition oder aber aufgrund der Lebensumstände (z. B. Wohnsituation, Arbeitsplatz) in besonderer Weise vulnerabel sind. So wurde zum Beispiel schon früh im Verlauf der Pandemie deutlich, dass insbesondere ein höheres Alter einen erheblichen Risikofaktor für einen schweren Verlauf von COVID-19 darstellt. Ältere Menschen gelten darum als besonders vulnerable Gruppe und damit als Personen, die einen besonderen Anspruch auf Schutz durch die Gesellschaft haben. Das hat weitreichende Konsequenzen, die von besonderen Schutzmaßnahmen im Bereich der stationären Pflege bis hin zur Priorisierung in der Impfreihenfolge reichen. Während man mit Blick auf die

1 Zur damit zusammenhängenden Frage, ob und inwiefern das Risiko zu erkranken als eine Form der Verletzlichkeit verstanden werden kann, vgl. den Beitrag von Tobias Eichinger in diesem Band.

 https://doi.org/10.1515/9783110734522-001

Gruppe der älteren Menschen von einer intrinsisch bedingten besonderen Vulnerabilität sprechen kann, handelt es sich bei der ebenfalls anerkannten besonders vulnerablen Gruppe derer, die in unmittelbarem Kontakt mit an COVID-19 erkrankten Personen arbeiten – also insbesondere Pflegekräfte, Ärztinnen und Ärzte sowie sonstiges Personal im Gesundheitswesen –, um eine Gruppe von Personen, deren besondere Vulnerabilität extrinsisch bedingt ist, nämlich durch ihren Arbeitsort, an dem sie durch Kontakt mit infizierten Personen einer erhöhten Infektionsgefahr ausgesetzt sind. Auch für diese Gruppe folgte daraus z. B. eine besondere Priorisierung in der Impfreihenfolge. Mit Blick auf die extrinsischen Faktoren, die eine besondere Vulnerabilität von Personen bedingen, geht die Frage nach der Vulnerabilität unmittelbar über in die Gerechtigkeitsfrage, wie zu Recht immer wieder angemerkt wurde (ten Have 2015, S. 398): Denn es geht darum, wie eine Gesellschaft mit der – teils unabwendbaren – ungleichen Verteilung von Verletzungsrisiken – bzw. in diesem Fall Infektionsrisiken – umgeht.

Während es für das Pflegepersonal und für Ärzt:innen aufgrund ihrer beruflichen Tätigkeit unvermeidbar ist, dass sie einem erhöhten Infektionsrisiko ausgesetzt sind, reproduzieren sich in anderen Gruppen auf epidemiologischer Ebene schlicht soziale Ungleichheiten. So wurde erst spät im Verlauf der Pandemie überhaupt wahrgenommen, dass z. B. Menschen in prekären Arbeitsverhältnissen (z. B. Leiharbeiter in Schlachthöfen) oder Wohnsituationen, die wiederum Resultat von Armut sein können, ebenfalls eine besonders vulnerable Gruppe im Rahmen des Pandemiegeschehens darstellen. Hier zeigt sich ein Phänomen, das im Rahmen der Beiträge dieses Bandes immer wieder anklingen wird: Vulnerabilitäten bringen neue Vulnerabilitäten hervor – es scheint in bestimmten Konstellationen so etwas wie sich selbst verstärkende Vulnerabilitätskaskaden zu geben. In dieses Bild passt dann auch, dass für diese Gruppen keine Priorisierung z. B. in der Impfreihenfolge vorgesehen wurde und dass es auch kaum Versuche gab, besondere Schutzmaßnahmen für diese Personen umzusetzen. Erst sehr spät gab es vereinzelte Initiativen, z. B. Impfkampagnen in sogenannten sozialen Brennpunkten durchzuführen, die dieser situativ bedingten Vulnerabilität Rechnung trugen.

An diesen kurzen und unvollständigen Beobachtungen zum Pandemiegeschehen der letzten Monate werden mehrere Aspekte der moralischen Dimension von Verletzlichkeit deutlich: Zum einen ist die Verwendung des Vulnerabilitätsbegriff geprägt von einer Spannung zwischen der allgemeinen anthropologischen Dimensionen der Vulnerabilität des Menschen überhaupt und einem operationalisierbaren Begriff von (besonders) vulnerablen Gruppen, der in erster Linie darauf zielt, Gruppen von Menschen zu identifizieren, die mit einer hohen Wahrscheinlichkeit einen besonderen Schutzanspruch z. B. gegenüber der Gesellschaft als Ganzer oder im Rahmen der Gesundheitsversorgung haben (Hurst

2008; Tavaglione et al. 2015; Rendtorff 2002, S. 243; Haugen 2010, S. 210). Damit ist bereits der zweite Aspekt angesprochen, der an diesen Ausführungen deutlich wird. Eine moralische Dimension der Verletzlichkeit des Menschen liegt offensichtlich darin, dass aus der Verletzlichkeit in irgendeiner Form Schutzpflichten folgen. Personen, die in besonderer Weise als vulnerabel gelten, haben Anspruch auf besonderen Schutz. Insofern die Rede von einer *besonderen* Verletzlichkeit darauf verweist, dass es um eine spezifische Ausprägung der allgemeinen, anthropologischen Verletzlichkeit des Menschen geht, liegt es nahe, dass auch diese anthropologische Verletzlichkeit des Menschen in irgendeiner Weise mit der Idee moralischer Schutzpflichten und -rechte überhaupt korreliert. Von daher liegt die Frage nahe, ob moralische Schutzpflichten gegenüber anderen Personen generell darin begründet sind, dass Menschen verletzlich sind. Wie genau dieser Zusammenhang zwischen einer allgemeinen, anthropologischen Verletzlichkeit und wechselseitigen Schutzpflichten zwischen Menschen zu rekonstruieren ist, bleibt dabei allerdings offen. Verwiesen ist damit zunächst auf eine sowohl in unserem Rechtssystem als auch in der allgemeinen Moral offensichtlich weit akzeptierte moralische Korrelation, deren ethische Begründung eine der zentralen Fragen ist, die zu dem Forschungsprojekt Anlass gegeben haben, dessen Resultate in diesem Band versammelt sind.

Dieses Projekt startete lange vor der Corona-Pandemie im Jahr 2017, sodass die Fragen nach der Vulnerabilität in der Pandemie in den restlichen Beiträgen dieses Bandes nur am Rande eine Rolle spielen. Ausgangspunkt des Projekts war zunächst die Beobachtung, dass es schon seit Längerem in der Medizin- und Bioethik Bewegungen gibt, die nach ethischen Ansätzen fragen, welche darauf abzielen, der Dominanz einer am Autonomie-Prinzip orientierten Moral alternative Zugänge zur Seite zu stellen (Ach/Runtenberg 2003). In diesen Diskursen, die dann z. B. auf Konzeptionen der Care-Ethik, der feministischen Ethik allgemein oder aber auch kommunitaristischer Theoretiker wie Alasdair MacIntyre (MacIntyre 1999) zurückgreifen, spielt der Begriff der Vulnerabilität, der Verletzlichkeit oder auch der Verwundbarkeit des Menschen mitunter eine wichtige Rolle, möglicherweise weil er mit der Vorstellung von Schutz- und Fürsorgepflichten verbunden wird. Von daher stellen sich grundlegende Fragen danach, wie der Begriff der Verletzlichkeit als anthropologisches Konzept funktioniert, was seine Bedeutung und seine Funktion im Kontext moralischer Geltungsansprüche und ethischer Begründungszusammenhänge ist. Dabei hängt der Begriff der Verletzlichkeit unmittelbar zusammen mit dem Begriff der Verletzung, sodass auch die Frage im Raum steht, wozu Verletzungen moralisch verpflichten. Neben den pflichtenethischen Fragen geht es aber auch um ethische Fragen der Lebensführung: Wie kann z. B. die eigene Verletzlichkeit in moralische Vorstellungen des guten Lebens integriert werden? Ist Verletzlichkeit ein Übel, das es zu überwinden gilt, oder ist sie auch ein moralisches Gut? Unter anderem diese Fragestellungen werden in den folgenden Beiträgen vor dem Hintergrund einer inzwischen etablierten internationalen Diskussion über den Begriff der Vulnerabilität geführt.

2 Verletzlichkeitsdiskurse in Medizinethik und Philosophie

Der Begriff der Verletzlichkeit (Vulnerabilität) hat in der internationalen ethischen Diskussion seit den 1990er Jahren enorm an Bedeutung gewonnen. Henk ten Have (2015, S. 396) hat in einer Datenbankrecherche (PubMed) festgestellt, dass zwischen 1967 und 2014 die Anzahl der Publikationen mit dem Stichwort „vulnerability" von 10 auf 3.272 angestiegen ist. 90 % dieser Publikationen erschienen seit 1990. Auch in der theologischen Diskussion gibt es inzwischen einzelne Beiträge zum Thema (Haker 2015; Klein 2015; Keul 2015; Springhart 2016; Bieler 2017; Springhart/Thomas 2017).

Der Begriff der Vulnerabilität, wie er gegenwärtig in den internationalen ethischen Debatten verwendet wird, hat seine Ursprünge allerdings zunächst in forschungsethischen Diskursen. An prominenter Stelle begegnet der Begriff erstmals im Belmont-Report (National Comission 1978, S. 14, 17, 19 f.) und in Folge in weiteren forschungsethischen Deklarationen wie den Richtlinien des „Council for International Organizations of Medical Sciences" (CIOMS 1993) und dann in der Deklaration von Helsinki in der Fassung aus dem Jahr 2000 – seit der sechsten Fassung (2008) ist die Rede von einem Prinzip der Vulnerabilität (ten Have 2015). Alle diese forschungsethischen Dokumente beziehen sich auf „vulnerable Gruppen", die eines besonderen Schutzes bedürfen. Dabei wird der Begriff außer in der CIOMS-Guideline von 2002 nicht näher definiert (Luna 2009, S. 124 f.). Die CIOMS-Guideline definiert die Vulnerabilität von Personen über die Unfähigkeit bestimmter Personen, ihre eigenen Interessen zu vertreten (CIOMS 2002, S. 18), und damit faktisch über eine eingeschränkte Autonomiefähigkeit. Ähnlich zeigen die Texte der übrigen Richtlinien, dass Vulnerabilität in erster Linie als mangelnde Möglichkeit bzw. Fähigkeit zur Autonomie verstanden wird (Levine et al. 2004, S. 45). Vulnerable Personen werden als solche verstanden, „who are relatively (or absolutely) incapable of protecting their own interests" (Hurst 2008, S. 192).

Diese Verwendung des Vulnerabilitätsbegriffes zielt auf die Identifikation bestimmter Personengruppen mit dem Zweck, diese einem besonderen Schutz zu unterstellen (s. o.). Solch ein operationalisierbarer, enger Begriff der Vulnerabilität wird vielfach kritisiert, weil er zum einen einseitig an einem Idealbild autonomer Persönlichkeit orientiert ist (Haker 2015, S. 200 f.) und zum anderen übergeht, dass die Vulnerabilität einer Gruppe häufig den politischen und sozialen Umständen geschuldet ist (ten Have 2015, S. 398), also eigentlich auf Gerechtigkeitsprobleme verweist, die nicht an Eigenschaften der Personen festgemacht werden sollten. Zudem verfestigt die Identifikation vulnerabler Gruppen häufig soziale Ungerechtigkeiten und Stereotypen (Levine et al. 2004), die sich gerade in der Zuordnung von Personen zu einer Gruppe abbilden. Statt die individuelle Person in ihrer Verletzlichkeit zu sehen, wird die Person über die Zugehörigkeit zu einer Gruppe von Menschen definiert (Haugen 2010, S. 210) und damit durch diese definiert.

Neben diesem gruppenbezogenen Vulnerabilitätsbegriff gibt es aber auch einen breiter angelegten, anthropologischen Begriff der Vulnerabilität, für den im Deutschen der Begriff der Verletzlichkeit stehen kann und der darauf verweist, dass es für das Menschsein wesentlich ist, verletzlich zu sein. Dies gilt nicht nur für bestimmte Gruppen, sondern für Menschen allgemein (MacIntyre 1999; Lévinas 2002; Liebsch 2014). Die Verletzlichkeit des Menschen wird hier insbesondere gegenüber einer einseitigen Idealisierung der Autonomiefähigkeit des Menschen betont (Thomasma 2000; Hurst 2008; Haker 2015). Gegenüber diesem weiten Begriff der Vulnerabilität wird immer wieder eingewandt, dass er zu unspezifisch sei und keine klare Bedeutung mehr habe (Levine et al. 2004, S. 45). Diese Kritik übersieht aber, dass die Verletzlichkeit des Menschen auch als eine Grundlage für unsere Verpflichtung zur Fürsorge gegenüber anderen verstanden werden kann (Thomasma 2000). Begreift man die Verletzlichkeit des Menschen in diesem Sinne als eine Grundlage moralischer Fürsorgeverpflichtungen überhaupt, so liegt es nahe, den engen, gruppenbezogenen und den weiten, anthropologischen Begriff von Vulnerabilität nicht einfach als Gegensatz zu begreifen (Thomasma 2000, S. 5), sondern die Zuordnung von Personen zu *besonders* schutzwürdigen Gruppen als eine Form der durch die (gesellschaftlichen) Rahmenbedingungen in besonderer Weise zum Tragen kommenden allgemeinen Verletzlichkeit eines jeden Menschen anzusehen, aus der eine besondere Schutzpflicht oder aber die Pflicht zur Veränderung der gesellschaftlichen Umstände folgen kann.

Gerade in seiner Allgemeinheit könnte der Begriff der Verletzlichkeit des Menschen dann zu einer ethischen Begründung einer Moral der Fürsorge beitragen. In diesem Sinne begegnet der Begriff jenseits der im engeren Sinne forschungsethischen Debatten z. B. im Kontext der feministischen Ethik und insbesondere der Care-Ethik (Haker 2015, S. 204 f.; Haker 2020, S. 138–147; Kittay 2011), die sich von einer ursprünglich feministischen Ethik-Theorie inzwischen zu einem eigenständigen ethischen Begründungskonzept entwickelt hat. Die Care-Ethik wendet sich dabei gegen bestimmte anthropologische Implikationen klassisch deontologischer, prinzipienbasierter Ethikkonzeptionen in kantischer Tradition (Held 2006, S. 24). Ausgangspunkt waren die sozialempirischen Studien zur Moralentwicklung, an denen Carol Gilligan als Mitarbeiterin von Lawrence Kohlberg beteiligt war. Gilligan fiel auf, dass weibliche Studienteilnehmerinnen in Kohlbergs Studien zur Moralentwicklung (Kohlberg 1995) konsequent schlechter abschnitten als männliche. In ihrem Buch *In a Different Voice* (Gilligan 1982) vertrat Gilligan die These, dass dies daran liege, dass die weiblichen Teilnehmerinnen von einem anderen Verständnis von Moralität ausgingen, das nicht auf eine distanzierende Abwägung der Rechte unterschiedlicher Personen von einem möglichst objektiven „moral point of view", sondern auf eine verantwortliche Gestaltung von Sorge-Beziehungen („caring-relations") ziele. Die weiblichen Probandinnen setzten also an die Stelle einer desengagierten Vernunftmoral eine engagierte Moral der Sorge.[2] Dass Gilligan diese Form der Sorge-Moral zunächst als spezifisch weibliche Form der Moral darstellte, hat berechtigte Kritik hervorgerufen (z. B. Nunner-Winkler 1994) und dazu geführt, dass auch Gilligan selbst in späteren Publikation betont hat, dass die Care-Ethik als feministische Ethik keine Ethik für Frauen sei, sondern ein feministischer Blick auf das allgemeine Phänomen der Moral darstelle (Gilligan 1995).

Ein auf dem Konzept von Sorge-Beziehungen begründetes Moralverständnis unterscheidet sich nach dem Verständnis z. B. von Noddings (2013), Tronto (1993) und auch Held (2006) von einem primär prinzipienbasierten liberalen Moralverständnis wesentlich durch eine andere Anthropologie. Der Mensch wird hier nicht in erster Linie von seiner Fähigkeit zur autonomen Entscheidungsfindung her verstanden (die dafür nicht bestritten werden muss), sondern von seiner Beziehungsfähigkeit und der wechselseitigen Angewiesenheit auf und Abhängigkeit von anderen (Tronto 1993, S. 100, 104; Held 2006, S. 42 f.), die wesentlich auch als Ausdruck der Verletzlichkeit des Menschen verstanden werden kann (Tronto 1993, S. 134 f.). Als verletzliche sind Menschen auf die Sorge anderer angewiesen: Der unmittelbare Zusammenhang von Verletzlichkeit und Sorge stellt dabei die m. E. nicht weiter hinterfragte Ausgangsintuition der Care-Ethik dar. Worin aber gründet dieser Zusammenhang und was sind möglicherweise Grenzen der Sorge für andere? Auch diese Frage wird in den folgenden Beiträgen in unterschiedlichen Perspektiven diskutiert werden.

Aufschlussreich ist, dass im care-ethischen Diskurs Verletzlichkeit anders als in den forschungsethischen Diskursen nicht in erster Linie als Defizit an Autonomiefähigkeit verstanden wird. Vielmehr steht der Begriff der Verletzlichkeit

---

2 Ähnliche Kritiken an einer desengagierten Vernunftmoral finden sich z. B. bei Taylor 1996, 262 ff. und im theologisch-ethischen Diskurs bei Fischer 2010.

exemplarisch für ein alternatives anthropologisches Konzept, das nicht von der Autonomiefähigkeit als dem ausgeht, was das Sein des Menschen in moralischer Hinsicht konstituiert. Insofern Sorge-Beziehungen als Fundament der Moral auf die Verletzlichkeit des Menschen antworten, wäre im Gegenteil davon auszugehen, dass Verletzlichkeit in einer allerdings erst noch näher zu bestimmenden Art und Weise ein moralisches Gut darstellt. Über das konkrete Verhältnis von Autonomie und Verletzlichkeit ist damit allerdings noch wenig gesagt, es zeigt sich aber, dass der Vulnerabilitätsbegriff unter anderem in einem ethischen und philosophischen Diskurskontext relevant wurde, der sich insbesondere kritisch gegen Ethikkonzeptionen wendet, für die der Begriff der Autonomie der Person im Rahmen einer deontologischen Ethikbegründung zentral ist. Von daher ist der Vulnerabilitätsdiskurs auch geprägt von einem starken Moment der Kritik an der liberalen Tradition und ihrer Orientierung am autonomen Individuum.

3 Fragehorizonte eines Diskursprojektes

Vor dem Hintergrund dieser skizzierten – und damit in keiner Weise erschöpfend dargestellten – Diskussionslage sind die Beiträge in diesem Band zu verstehen, die das Ergebnis eines gut dreijährigen Diskurses bilden. In diesem Zeitraum (2018–2020) haben sich die Autor:innen der Beiträge dieses Bandes zu sechs Workshops getroffen, die vom Zentrum für Gesundheitsethik (ZfG) in Hannover und vom Institut für Sozialethik an der Universität Zürich organisiert und finanziert wurden. Im Rahmen dieser Workshops wurden erste Überlegungen zu den einzelnen Themen der Beiträge von den Autor:innen zunächst in Vortragsform vorgestellt und diskutiert und sodann in einem zweiten Schritt in schriftlich ausgearbeiteter Form nochmals kritisch in der gesamten Runde der Projektgruppe besprochen, bevor sie dann für die Publikation bearbeitet wurden. Diese Texte wurden dann nochmals von je zwei Mitgliedern der Projektgruppe kritisch kommentiert und daraufhin abschließend bearbeitet. Ergänzt werden die Beiträge der Projektgruppe in diesem Band durch einen Gastbeitrag von Burkhard Liebsch, der auf einem Vortrag beruht, den er im Rahmen des ersten Workshops gehalten hat.

Das, was die Beiträge miteinander verbindet, sind dabei nicht so sehr gemeinsame inhaltliche Positionierungen oder gemeinsame Definitionen zugrundeliegender Begriffe, sondern eine Reihe von Fragestellungen, die die Diskussionen in der Projektgruppe bestimmt haben bzw. die sich im Verlauf der

Diskussionen als unseres Erachtens zentrale Fragestellungen mit Blick auf die moralische Relevanz der Verletzlichkeit des Menschen herauskristallisiert haben.[3]

3.1 Begrifflichkeit und Metaphorologie der Vulnerabilität

Ein erster Diskussionspunkt, der sich bereits in der (bewusst gewählten) Unschärfe der Begriffsverwendung dieser Einleitung widerspiegelt, betrifft die Frage, wie man das Fremdwort „Vulnerabilität" angemessen in die deutsche Sprache übersetzt. Unproblematisch ist das Fremdwort „Vulnerabilität" selbst, das sich aus dem Lateinischen ableitet und auch im englischen Diskurs gängig ist („vulnerability"). Orientiert man sich an der lateinischen Wortbedeutung, dann wäre es, abgeleitet vom lateinischen „vulnus" für „Wunde", als „Verwundbarkeit" zu übersetzen (vgl. in diesem Sinne z. B. Springhart 2016). Gängiger ist allerdings im Deutschen die Übersetzung mit „Verletzlichkeit" oder „Verletzbarkeit". Die hinter diesen Alternativen stehende Frage ist diejenige nach der angemessenen Grundmetapher im Deutschen: Ist es die der „Wunde" oder die der „Verletzung"? Der Begriff der „Verletzung" ist weiter gefasst als der Begriff der „Wunde": Wunden sind spezifische Formen von Verletzungen. Das Wort „Wunde" ruft vermutlich noch deutlich stärker die Assoziation einer *körperlichen* Verwundung hervor, während „Verletzung" ein weiteres semantisches Feld hat, das von der körperlichen über die seelische Verletzung bis hin zur Rechtsverletzung, der Verletzung eines Ökosystems oder der Verletzung staatlicher Integrität reichen kann. Zwar kann man auch von seelischen Wunden sprechen, aber von Verwundungen des Rechts, der staatlichen Integrität oder eines Ökosystems zu reden wäre zumindest ungewöhnlich. Insofern im internationalen Diskurs der Vulnerabilitätsbegriff aber gerade auch genutzt wird, um die Vulnerabilität von Staaten (z. B. Easter 1999) oder des Ökosystems (z. B. Janssen et al. 2006; Weißhuhn et al. 2018) zu thematisieren, liegt es nahe, ihn im Deutschen eher vom Begriff „Verletzung" her zu verstehen, also von Verletzlichkeit oder Verletzbarkeit zu sprechen.

Die damit angedeutete Frage, ob es angemessener ist, von Verletz*lich*keit oder Verletz*bar*keit zu sprechen, wurde im Rahmen der Projektgruppe immer wieder kontrovers diskutiert, und die Beiträge zu diesem Band schlagen diesbezüglich unterschiedliche Wege ein. Rein linguistisch handelt es sich bei den Endungen

3 Die im Folgenden formulierten Fragestellungen beruhen im Wesentlichen auf dem Austausch innerhalb der Projektgruppe, sodass daran alle Mitglieder mitgewirkt haben. In der Art und Weise, wie die Fragestellungen hier präsentiert werden, geben sie meine Sichtweise auf den Diskurs in der Projektgruppe wieder.

„-bar“ und „-lich“ im Deutschen um Formen der Adjektivbildung ausgehend von einem Verb, um sogenannte deverbiale Adjektivbildungen (Hentschel 2020, S. 170, 172). So wird z. B. aus dem Verb „brennen“ das Adjektiv „brennbar“ und aus dem Verb „kaufen“ das Adjektiv „käuflich“ gebildet. Für manche Verben lassen sich beide Endungen verwenden: Das Verb „erklären“ kann z. B. mit „-lich“ das Adjektiv „erklärlich“ oder mit „-bar“ das Adjektiv „erklärbar“ bilden. Mit diesen unterschiedlichen Formbildungen können sich unter Umständen auch unterschiedliche Bedeutungsnuancen verbinden. So besteht ein offensichtlicher Unterschied zwischen „käuflich“ und „kaufbar“. Es scheint allerding keine eindeutige Regel zu geben, welche semantischen Implikationen die Bildung eines Adjektivs mit „-lich“ oder „-bar“ hat. Vielmehr variiert dies offensichtlich von Wort zu Wort.[4] Ob man eine inhaltliche Differenz zwischen Verletz*lich*keit und der Verletz*bar*keit ausmachen kann, scheint darum eher eine Frage des individuellen Sprachgefühls zu sein. Aus dem Verb „verletzen“ lassen sich grundsätzlich die Adjektive „verletzlich“ und „verletzbar“ bilden. In beiden Fällen handelt es sich um eine passivisch modale deverbiale Bildung (Fleischer 2012, S. 307): Das Adjektiv besagt, dass dem Bezugswort dasjenige widerfahren kann, was im Verb, aus dem das Adjektiv gebildet ist, ausgedrückt wird. Ein verletzlicher oder verletzbarer Mensch ist ein Mensch, der verletzt werden kann. Ob die beiden Begriffe darüber hinaus eine begriffliche Differenz markieren oder ob sie, wie in dieser Einleitung, synonym verwendet werden, handhaben die Beiträge zu diesem Band jeweils unterschiedlich.

3.2 Anthropologische und moralische Dimension der Verletzlichkeit

Eine Grundfrage, die sich durch alle Beiträge durchzieht und die für das gesamte Projekt konstitutiv ist, ist die Frage nach dem Verhältnis von anthropologischer und moralischer Dimension der Verletzlichkeit des Menschen. Alle Autor:innen dieses Bandes gehen davon aus, dass die Verletzlichkeit des Menschen unhintergehbar ist. Bezüglich der argumentativen Begründung dieser Unhintergehbarkeit der Verletzlichkeit des Menschen besteht dann aber bereits kein Konsens mehr: Ist die Verletzlichkeit des Menschen als anthropologische Konstante eine Grundbedingung der *conditio humana*, ist sie als ein ontologisches Existenzial zu

---

4 Die Übersicht über mögliche semantische Differenzen zwischen deverbialen Adjektiven auf „-lich“ und „-bar“ bei Fleischer (2012, S. 334) zeigt m. E., dass sich allein aus der Wortbildungsform keine eindeutigen Konsequenzen für die Wortbedeutung ergeben.

begreifen, oder aber geht es von vornherein in einer ethischen Perspektive darum, aufzuzeigen, dass eine Überwindung der Verletzlichkeit – unberührt von ihrem ontologischen oder anthropologischen Status – gar nicht moralisch erstrebenswert ist? Vereinfacht formuliert: Geht der Weg von einer Ontologie oder Anthropologie der Verletzlichkeit hin zu einer Ethik, die diese Verletzlichkeit integriert, oder geht der Weg von einer ethisch reflektierten moralischen Bewertung der Verletzlichkeit des Menschen hin zur ontologischen bzw. anthropologischen Reflexion derselben? Oder aber ist diese Alternative gerade zu überwinden, weil schon Ontologie und Anthropologie selbst nicht frei sind von moralischen Wertungen? Alle drei Perspektiven werden m. E. in den Beiträgen dieses Bandes in unterschiedlichen Variationen vertreten.

3.3 Was konstituiert Verletzlichkeit?

Die Frage, was mit dem Begriff der Verletzlichkeit bezeichnet wird bzw. wie der Begriff zu definieren ist, kann dabei nicht unabhängig von den eben erörterten Fragen des Zugangs zu diesem Begriff beantwortet werden. In der bisherigen Debatte dominiert m. E. in unterschiedlicher begrifflicher Fassung ein Zugang, den Samia Hurst (2008) als die Unterscheidung zwischen einer konsensbasierten (*consent-based*) und einer schadensbasierten (*harm-based*) Definition von Vulnerabilität gefasst hat. Konsensbasierte Konzeptionen definieren die Verletzlichkeit über die eingeschränkte Möglichkeit, die je eigenen Interessen zu vertreten und darum nur begrenzt zum „informed consent" fähig zu sein. Damit wird Vulnerabilität über eine eingeschränkte Autonomiefähigkeit definiert. Diese Definition tritt vor allem im Zusammenhang mit dem engen, gruppenbezogenen Vulnerabilitätskonzept auf. Für alle Beiträge zu diesem Band gilt, dass sie ein solches Verständnis von Vulnerabilität als zu eng ansehen und nach alternativen Zugängen fragen, die Verletzlichkeit nicht allein als Autonomie-Defizienz verstehen.

Als Alternative bieten sich die von Hurst (2008) als schadensbasiert bezeichneten Vulnerabilitätskonzeptionen an, die von der allgemeinen Schadensanfälligkeit des Menschen ausgehen und damit eine stärkere Affinität zu einem breiten, anthropologischen Verständnis von Vulnerabilität zu haben scheinen. Von diesem Verständnis ausgehend eröffnen sich nun aber eine Reihe von weiterführenden Fragen: Was konstituiert einen Schaden, was eine Verletzung und worin gründet die Schadensanfälligkeit oder eben die Verletzlichkeit des Menschen? In den Fokus rückt damit die Frage nach dem Begriff der Verletzung (und ihrem Gegenbegriff der Integrität). Ausgehend von der Metaphorik des Begriffs der Vulnerabilität (Verwundbarkeit) greifen einige anthropologische Deutungen die körperlich-leibliche Metaphorik der Wunde auf und verstehen die Verletzlichkeit des Menschen als in seiner leiblichen Konstitution begründet (Cadwallader 2012): Sind Menschen also verletzlich, weil sie als leibliche Wesen auf die Welt bezogen sind?

Sowohl konsensbasierte als auch schadensbasierte Konzepte von Verletzlichkeit begreifen diese primär als intrinsisch konstituiert. Dass die moralisch relevante Verletzlichkeit des Menschen aber graduell variieren kann, verweist auch darauf, dass Verletzlichkeit nicht allein aufgrund einer Disposition des Menschen entsteht, sondern immer auch aufgrund variierender extrinsischer Umstände. Henk ten Have (2016, S. 127–143) geht davon aus, dass der Begriff der besonderen Verletzlichkeit von Menschen nur dann ethisch an Profil gewinnt, wenn man die Verletzlichkeit von Personen auch aus den gesellschaftlichen Umständen heraus versteht, die sie verletzlich machen (ten Have 2016, 132 f.). Noelia Bueno Gómez prägt in ihrem Beitrag zu diesem Band dafür den eingängigen Begriff der Vulnerabilisierung von Menschen durch gesellschaftliche und politische Prozesse. Damit wird deutlich, dass die ethische Frage nach der Verletzlichkeit nicht nur Fragen der Sorge für andere Menschen aufgrund ihrer intrinsischen Verletzlichkeit betrifft, sondern elementar auch Gerechtigkeitsfragen, insofern die Zuteilung von Ressourcen zur Kompensation von Verletzungsrisiken in der Gesellschaft nicht egalitär erfolgt.

Das Zusammenspiel von intrinsischer Disposition und extrinsischem Umgang mit unterschiedlichen Dispositionen scheint für ein angemessenes Verständnis der menschlichen Verletzlichkeit und ihrer moralischen Relevanz zentral zu sein. Die von Henk ten Have eingeführte Differenzierung, nach der sich Verletzlichkeit durch ein Zusammenspiel von Exposition (*exposition*), Sensitivität (*sensitivity*) und Adaptationsfähigkeit (*ability to adapt*) auszeichnet (ten Have 2016, S. 12 f.), fängt die Notwendigkeit, den Zusammenhang zwischen intrinsischer Disposition und extrinsischen Bedingungen zu reflektieren, differenziert ein und diente darum im Verlauf der Diskussionen dieses Projektes immer wieder als Referenzpunkt – sei es in der konstruktiven Aufnahme oder auch in Abgrenzung.

3.4 Verletzlichkeit und Verletzungsphänomene

Um zu erfassen, was wir unter der Verletzlichkeit des Menschen verstehen, muss man nahezu zwangsläufig immer wieder auf konkrete Phänomene zurückgehen, in denen diese Möglichkeit des Menschen, verletzt zu werden, in konkreten Verletzungen erfahrbar wird. Damit ist aber zugleich die komplexe Frage danach aufgeworfen, wie man aus den konkreten Verletzungserfahrungen auf die ihnen zugrundeliegende Disposition der Verletzlichkeit schließen kann, bzw. in welchen konkreten Verletzungserfahrungen sich überhaupt so etwas wie eine abstrakte Verletzlichkeit manifestiert. Das Verhältnis von Disposition der Verletzlichkeit und der Manifestation in konkreten Verletzungserfahrungen ist daher selbst für eine Reihe von Deutungsfragen offen: Was etwa zählt konkret als Ausdruck der Verletzlichkeit und was ist schon menschliche Antwort auf konkrete Verletzungen? Sind etwa Schmerz und Leiden Verletzungen oder sind sie Reaktionen oder Antworten leiblicher Personen auf Verletzungserfahrungen? Doch selbst wenn man sie als leibliche Antworten auf konkrete Verletzungen begreifen kann, können sie als solche doch auch als Verletzungen erlebt werden und darin auch Ausdruck der Verletzlichkeit des Menschen sein, die wiederum neue Verletzlichkeiten hervorbringen. Sind des Weiteren Krankheiten Verletzungen des Menschen oder setzt die Identifizierung der Möglichkeit, zu erkranken, mit der Möglichkeit, verletzt zu werden, bereits eine bestimmte medizinische Deutung voraus, nach der Erkrankungen dadurch verursacht werden, dass ein Erreger (Bakterium oder Virus) von außen in den Körper eindringt und damit als ein äußerer Feind begriffen werden kann, der die Integrität des Organismus verletzt (vgl. dazu Cohen 2009)? Hinzu kommt, dass der Begriff der Vulnerabilität im medizinischen Kontext wiederum eine eigene Verwendungspraxis hat, wenn z. B. von einer genetischen Vulnerabilität die Rede ist: Um welche Art von Verletzlichkeit handelt es sich hier und wie manifestiert diese sich in konkreten Krankheitserfahrungen?

Das sind nur einige der Fragen, denen insbesondere die Beiträge im zweiten Teil dieses Bandes nachgehen, die von konkreten Erfahrungen der Verletzung und der Verletzlichkeit im Kontext der medizinischen Versorgung ausgehen und von dort aus nach der moralischen Relevanz der Verletzlichkeit des Menschen fragen. In diesem Sinne werden einerseits konkrete medizinische Praktiken des Umgangs mit der Verletzlichkeit von Menschen in unterschiedlichen Bereichen der Medizin thematisiert, andererseits aber auch konkrete Erfahrungen von Verletzung und Verletzlichkeit in unterschiedlichen Lebensphasen und im Lebensverlauf.

3.5 Verletzlichkeit und Autonomie

Insofern der Vulnerabilitätsdiskurs einen wesentlichen Ursprung in der Kritik eines liberalen Ethikverständnisses hat, in dessen Zentrum die Idee des autonomen Individuums steht (s. oben Abschnitt 2), ist die Frage nach dem Verhältnis von Verletzlichkeit und Autonomie des Menschen eine der zentralen Fragen, die sich mit Blick auf die moralische Relevanz der Verletzlichkeit des Menschen stellt. Steht eine Orientierung der Moral an der Verletzlichkeit des Menschen in einem klaren Gegensatz zu einer Orientierung der Moral an der Autonomie des Menschen? Ist also die Ausrichtung der ethischen Reflexion an der Verletzlichkeit des Menschen ein Paradigmenwechsel, der grundlegend bricht mit der Vorstellung des autonomen Individuums, indem dessen Abhängigkeit und auch Ohnmacht betont werden – also eben jene Aspekte, die der Vorstellung einer autonomen Kontrolle des Individuums entgegenstehen?[5] Oder handelt es sich um eine Modifikation, eine Transformation und Weiterentwicklung der liberalen Idee autonomer Personen, indem etwa betont wird, dass das autonome Individuum nur *als* verletzliches auch autonom sein kann, weil die Vorstellung einer Verletzlichkeit doch immer wieder zurückverweist auf die Idee einer normativ relevanten Integrität, die verletzt werden kann?[6] Auch mit Blick auf diese Schlüsselfrage besteht zwischen den Beiträgen dieses Bandes keine Einigkeit. Sie bieten vielmehr eine Reihe von unterschiedlichen Reflexionen, die unterschiedliche Modellierungen dieser Alternativen mal von den Begriffen und Konzeptionen her, mal von konkreten Problem- und Praxisfeldern her durchdenken.

3.6 Anrennen an die Grenzen der Sprache

Schließlich stellt sich die grundlegende Frage: Wie kann man überhaupt von einem Phänomen reden, das zwar jeder Mensch in irgendeiner Art und Weise kennt, dessen volles Spektrum existenziell auszuloten aber zerstörerisch wäre? Denn mit dem Thema der Verletzlichkeit geht es nicht nur um die Verletzungen des Alltages, auch nicht nur um schwere Verletzungen, die im Kontext des Gesundheitswesens regelmäßig begegnen, es geht vielmehr auch um die Möglichkeit von Verletzungen, die jeden Menschen auf Dauer verstören oder sogar zerstören. Den äußersten, dunkelsten Horizont der Verletzlichkeit markiert dabei nicht der Tod eines Menschen, sondern die Möglichkeit, einen Menschen so sehr zu verletzen, dass er oder sie lieber sterben würde, als mit diesen Verletzungen weiterzuleben: Man könnte mit Giorgio Agamben formulieren, dass es im äußersten um Verletzungen geht, die den Menschen auf das nackte Leben reduzieren (Agamben 2002). Es geht im äußersten Horizont des Möglichen eben auch um die grausame Gewalt des Krieges, um Genozid, Folter, Misshandlung, Rassismus, sexualisierte Gewalt, Vergewaltigung und alle denk- und undenkbaren Gewalttaten, die Menschen einander antun. Es sind diese extremen und doch leider bei weitem nicht randständigen oder seltenen Phänomene von Exzessen der Gewalt, die verdeutlichen, dass eine reflektierende Auseinandersetzung mit der Verletzlichkeit des Men-

5 Vgl. in diesem Sinne z. B. die Beiträge von Rebekka Klein und Noelia Bueno Gómez.
6 Vgl. in diesem Sinne z. B. meinen Beitrag im Band.

schen niemals in der Lage sein wird, die existenzielle Fülle und Abgründigkeit des Phänomens zu erfassen. Die ethische Reflexion auf das Phänomen der Verletzlichkeit kann sich nur im Horizont dessen bewegen, was in der Sprache und durch die Sprache über das Phänomen gesagt werden kann, und ihr muss gerade mit Blick auf dieses Phänomen bewusst bleiben, dass sie im Medium der Sprache niemals voll erfassen kann, was das Erleben des Verletztwerdens *in extremis* existenziell bedeuten kann. Hier rennt die Reflexion auf Verletzung und Verletzlichkeit an gegen die Grenzen der Sprache (Wittgenstein 1999, § 199) – aber auch gegen die Grenzen dessen, was ein Mensch sich überhaupt für sich selbst vorstellen wollen kann.

So darf in aller akademisch distanzierten Reflexion nicht aus dem Blick geraten, dass die reflektierenden Personen selbst zutiefst verletzliche sind und dass die reflektierende Auseinandersetzung mit der Verletzlichkeit des Menschen auch eine Konfrontation mit der je eigenen Verletzlichkeit und dem je eigenen Umgang mit dieser darstellt. Dazu gehört auch, dass es Situationen des Verletztwerdens gibt, die wohl keine:r der Autor:innen dieses Bandes existenziell wird gänzlich erfassen wollen: Selbst im Modus der (scheinbar) distanzierten Reflexion dürfte wohl jede und jeder vor der Vorstellung extremer Verletzung durch Folter oder andere schwerste Gewalttaten zurückschrecken. Die Auseinandersetzung mit dem Phänomen der Verletzlichkeit im Modus distanziert akademischer Reflexion läuft immer Gefahr, sich diese Wirklichkeiten der Verletzbarkeit des Menschen auch existenziell fern zu halten. Diese Ambivalenz muss im Blick behalten werden, gerade wenn eine der Konsenslinien der Beiträge in diesem Band darin besteht, dass die Verletzlichkeit des Menschen nicht nur ein Übel ist, sondern in all ihrer Abgründigkeit, die sich nicht in Begriffsdefinitionen fassen lässt, doch auch eine Grundbedingung menschlicher Moralität überhaupt darstellt.

4 Weitere Themen des Vulnerabilitätsdiskurses

Schließlich soll hier noch auf einige zentrale Themen hingewiesen werden, die im Rahmen des Projektes und dieses Bandes nicht oder nur am Rande aufgegriffen werden, gleichwohl sie zum Kontext des Verletzlichkeitsdiskurses gehören. Der Fokus des Projekts und dieses Bandes liegt auf Fragen der Ethik im Gesundheitswesen, und zwar insbesondere der Humanmedizin. Schon darum sind Fragen der Vulnerabilität von Tieren und Pflanzen nicht unmittelbar Gegenstand der Beiträge zu diesem Band, die bewusst auf die anthropologische Dimension fokussieren und nach der Verletzlichkeit *des Menschen* als Thema der Ethik im Gesundheitswesen fragen. Das hat zur Folge, dass die Vulnerabilität anderer Lebewesen, wenn sie thematisiert wird, immer aus anthropologischer Perspektive in den Blick kommt. Das bedeutet allerdings nicht zwangsläufig, dass damit schon eine anthropo*zentrische* Begründung der Moral vertreten wird. Diese wird in den ethischen Debatten der Gegenwart zum Teil sehr kritisch diskutiert. Alternative Begründungsmodelle zeichnen sich z. B. dadurch aus, dass sie den Status eines Lebewesens als moralisch relevantes Objekt von der Frage des Status als moralisches Subjekt ablösen, und z. B. durch patho- oder biozentristische Ansätze einen eigenständigen moralischen Status aller leidensfähigen Lebewesen oder aller Lebewesen zu begründen suchen (zur Diskussion z. B. Singer 1990; Regan 2004; Donaldson & Kymlicka 2013; Kopnina et al. 2018).

All diese Perspektiven werden in diesem Band nicht zum Gegenstand der Diskussion, obwohl gerade der Begriff der Vulnerabilität eine Grundlage für eine Ethik legen könnte, die anthropozentrische Denkmuster in Frage stellt, weil Vulnerabilität nicht eine allein menschliche Eigenschaft ist. Von daher stellt sich nicht nur die Frage, ob sich aus der Verletzlichkeit *des Menschen* Fürsorgepflichten gegenüber Menschen begründen lassen, sondern weitergehender noch, ob und inwieweit Verletzlichkeit *überhaupt* Pflichten zur Sorge begründet, sodass sich auch aus der Verletzlichkeit von Tieren, Pflanzen oder Ökosystemen moralische Schutzpflichten gegenüber diesen ergeben könnten. Die Frage, was die Grenzen der Anwendung der Begriffe von Verletzung und Verletzlichkeit auf andere Lebewesen sind, wurden darum auch im Rahmen der Projektgruppe immer wieder kontrovers diskutiert. Dass diese Fragen im Folgenden nicht eigens zum Gegenstand gemacht werden, liegt im Wesentlichen am Fokus auf den ethischen Fragen der Humanmedizin.

Andere thematische Lücken, die sich mit Blick auf die unterschiedlichen Phänomene von Verletzung und Verletzlichkeit ergeben, sind stärker kontingenter Natur. Die Beiträge im zweiten Teil des Bandes beziehen sich auf exemplarische Themenfelder der Gesundheitsversorgung (Krankheitsbegriff, Schmerzmedizin, Lebensanfang, Genetik, Alter, Sterben und Tod). Eine für das Thema der Vulnerabilität zentrale und hochaktuelle Frage wäre aber z. B. auch diejenige nach dem Umgang mit rassistischer Diskriminierung im Gesundheitswesen und die damit einhergehenden Fragen nach strukturellen Machtasymmetrien, die immer auch mit strukturell erzeugter Verletzlichkeit – mit Vulnerabilisierungen – einhergehen. Diese in der internationalen Diskussion zunehmend thematisierten Fragen (z. B. Ahlberg et al. 2019; Akbulut et al. 2020; Bailey et al. 2020) werden im deutschsprachigen medizinethischen Diskurs bisher eher randständig thematisiert. Dass sie auch in diesem Band fehlen, liegt einerseits daran, dass der Zusammenhang von Macht und Vulnerabilität erst im Laufe des Projekts in den Blick kam und darum ebenfalls nur am Rande behandelt wird, und andererseits daran, dass das Projekt primär auf das Phänomen der allgemein anthropologischen Verletzlichkeit fokussiert und darum weniger das Phänomen der Vulnerabilisierung durch Zuschreibung von Gruppenidentitäten in den Blick nimmt. Eine stärkere Fokussierung auf die sogenannten „vulnerablen Gruppen" hätte neben einer stärkeren Wahrnehmung der Verletzlichkeit durch rassistische Diskriminierung sicher auch dazu geführt, dass andere Themen einer Public-Health-Ethik in den Blick gekommen wären, wie z. B. Prozesse der Vulnerabilisierung durch soziale Ungleichheit.

5 Zur Struktur des Bandes und den einzelnen Beiträgen

Die Beiträge dieses Bandes gliedern sich in zwei große Kategorien. Im ersten Teil des Bandes finden sich Reflexionen auf die Verletzlichkeit des Menschen, die in unterschiedlicher Art und Weise konzeptionell ansetzen, und von einem phänomenologischen, anthropologischen, ethischen oder biopolitischen Verständnis der Verletzlichkeit ausgehend nach den moralischen Dimensionen des Konzeptes der Vulnerabilität fragen. Die Beiträge im zweiten Teil des Bandes gehen hingegen von unterschiedlichen Themenfeldern einer Ethik im Gesundheitswesen aus und fragen teils danach, wie in diesen der Begriff der Vulnerabilität verwendet wird (z. B. bei Frühgeborenen oder in der Humangenetik) und welche moralischen Implikationen er hat, teils rekonstruieren sie Schnittmengen zu Phänomenen, die offensichtlich eng mit der Verletzlichkeit des Menschen verbunden sind (Krankheit, Schmerz, Alter, Sterben) und fragen mit Blick auf die Praktiken der gesundheitlichen Versorgung nach den moralischen Implikationen der Verletzlichkeit des Menschen.

Den ersten Teil eröffnet der Gastbeitrag von *Burkhard Liebsch*, der von dem Befund ausgeht, dass menschliche Wesen „rückhaltlos" verletzbar sind und dass wir uns davon keine „adäquate" Vorstellung machen können. Im zweiten Schritt schreibt er dann aber der menschlichen Verletzbarkeit in Anbetracht der Tatsache, dass wir vielfach nur auf verletzende Art und Weise die Verletzbarkeit Anderer entdecken können, dennoch eine positive Bedeutung zu.

Rebekka A. Klein geht in ihrem Beitrag davon aus, dass der physische Körper des Menschen vom ersten Atemzug an ein Medium des Verletztwerdens ist, der Ausgesetztheit an unvorhersehbare und leidvolle Widerfahrnisse. Verletzlichkeit im Sinne eines breiten Spektrums der Offenheit des menschlichen Selbst für das Affiziertwerden durch Anderes ist für sie daher im Rahmen einer verkörperten Anthropologie für menschliches Leben unhintergehbar. Der Begriff bezeichnet in diesem Sinne keine Eigenschaft, keinen Status oder Zustand eines Subjekts, sondern tritt als Existenzial in mannigfaltigen Phänomenen zutage. Der ethische

Sinn der Verletzlichkeit lässt sich somit nur durch die Betrachtung ihrer konkreten Verkörperungen erschließen. Im Horizont einer Phänomenologie des leiblichen Selbst beleuchtet Kleins Beitrag vor diesem Hintergrund Erscheinungsweisen und Umgangsformen mit menschlicher Verletzungsoffenheit am Ort der Gewalt, aber auch am Ort des religiösen Begehrens nach Erlösung. Sie plädiert für einen Abschied von allen Formen einer Verleugnung und Verkennung von Verletzlichkeit und sieht ihren ethischen Sinn in der sensiblen Hingabe an ihre konstitutive Bedeutung für das Werden eines Selbst.

Der Frage nach dem Verhältnis von Autonomie und Verletzlichkeit geht *Michael Coors* nach, indem er aus einer dezidiert ethischen Perspektive nach den jeweiligen normativen Funktionen der Begriffe von Autonomie und Verletzlichkeit fragt. Während es in pflichtenethischer Perspektive letztlich um die Frage der Gewichtung zwischen der Pflicht, die Selbstbestimmung anderer zu respektieren, und diesen gegenüber bestehenden Fürsorgepflichten geht, stehen Autonomie und Verletzlichkeit in einer güterethischen Perspektive in einer Spannung, insofern mit ihnen unterschiedliche Idealbilder menschlicher Lebensführung zur Diskussion stehen. Hier identifiziert der Beitrag den normativen Ort der anthropologischen Frage nach Verletzlichkeit und Autonomie: Wird ein Leben in größtmöglicher, autonomer Unabhängigkeit erstrebt, oder aber ein Leben, das sich in Abhängigkeiten und Verletzlichkeiten arrangiert? Ausgehend von der These, dass die Grundmetapher der Verwundung darauf verweist, dass Verletzlichkeit ein Phänomen des leiblichen Lebens von Menschen ist, zeigt der Beitrag unter Rückgriff auf eine Phänomenologie der Leiblichkeit auf, dass einerseits eine normativ gehaltvolle Vorstellung von der Verletzlichkeit des Menschen immer schon von der normativen Idee autonomer Personen ausgeht und dass andererseits das moralische Gut der Autonomie voraussetzt, dass autonome Personen leibliche Personen sind, die als solche immer verletzlich sind.

Noelia Bueno Gómez beschäftigt sich in ihrem Beitrag mit den Erfahrungen und dem Phänomen der Verletzlichkeit im Zusammenhang mit dem Leiden. Dabei liegt der Schwerpunkt auf denjenigen Dimensionen und Merkmalen von Vulnerabilität, die aus Vulnerabilisierungsprozessen und sozialem Leiden resultieren. Sie argumentiert dafür, die Relevanz der Mechanismen der Biomacht zu berücksichtigen, um die Probleme des Umgangs mit vulnerablen Gruppen und des gesellschaftspolitischen Umgangs mit Leid besser verstehen zu können. Von der Vorstellung einer *polis* ausgehend, die so organisiert ist, dass sie kein soziales Leiden und keine Verwundbarkeit hervorbringt, sondern diese als Bedingungen der *conditio humana* voraussetzt, skizziert sie die Charakteristika eines post-biopolitischen Managements des Leidens und der Verletzlichkeiten. Ein solches würde nicht aus der Kontrolle über die Körper und das Leben der Individuen hervorgehen, es würde nicht auf die Hervorbringung neuer Vulnerabilitäten und

Leiden zielen, es wäre weder stigmatisierend noch exkludierend und würde nicht die individuellen Leiderfahrungen und die individuellen Vulnerabilitäten instrumentalisieren.

Der zweite Teil des Bandes, in dem die Texte von konkreten Anwendungsfeldern ausgehen, wird durch den Beitrag von *Tobias Eichinger* eröffnet, der aus medizin-ethischer Sicht philosophische und moralische Aspekte von Gesundheit diskutiert. Dabei geht er von einem anthropologischen Konzept der Vulnerabilität aus, nach dem alle Menschen als menschliche Wesen prinzipiell, unausweichlich und lebenslang anfällig sind für Schäden, Verletzungen und andere Formen von Beeinträchtigungen. Da der jeweilige Gesundheitszustand in einem gewissen Umfang vom Individuum selbst beeinflusst und gestaltet werden kann, führen Überlegungen, was sich aus der Tatsache der menschlichen Vulnerabilität für den und die Einzelne ableiten lässt, nicht nur zu dem schwierigen und grundlegenden Problem, zu bestimmen, was der Begriff der Gesundheit eigentlich beinhaltet und bedeutet; durch den Zusammenhang von Vulnerabilität und Gesundheit kommt vielmehr ein weiterer ethisch gewichtiger Komplex ins Spiel, der Fragen der Verantwortung umfasst. In erster Linie betreffen diese Fragen die Verantwortung des Individuums für das eigene Verhalten und hier in spezifischer Weise in Bezug auf gesundheitliche Implikationen und Auswirkungen derselben.

Claudia Bozzaro nimmt in ihrem Beitrag das Phänomen des Schmerzes in den Blick und interpretiert den Schmerz als Chiffre der Verletzlichkeit. Ziel ihrer Ausführungen ist es, durch eine Analyse des Phänomens des Schmerzes zu einem umfassenderen Verständnis von Verletzlichkeit zu gelangen. Im ersten Teil ihres Textes analysiert sie die Verletzlichkeit des Menschen am Beispiel des akuten, vorübergehenden Schmerzes. Im zweiten Teil erfolgt eine Untersuchung der Verletzlichkeit am Beispiel des chronischen Schmerzes. Den konzeptionellen Rahmen für diese beiden Analysen steckt sie in einem einleitenden Abschnitt ab, in dem sie von einem graduellen Verständnis von Vulnerabilität ausgeht und die konzeptionelle Unterscheidung von ten Have (2016) als Systematisierungsmodell anwendet, um verschiedene Aspekte der Verletzlichkeit im Zusammenhang mit verschiedenen Schmerzerfahrungen herauszuarbeiten. Als zentrales Ergebnis der Analyse zeigt sich, dass die Verletzlichkeit einen ambivalenten Charakter für das menschliche Leben und das menschliche Selbstverständnis hat.

Andrea Dörries zeigt in ihrem Beitrag, dass sich an Frühgeborenen in exemplarischer Art und Weise die moralische Relevanz der Verletzlichkeit des Menschen zeigt. Sie geht von der Verletzlichkeit als einer anthropologischen Grundkonstante aus, die sie in Orientierung an ten Have durch die Aspekte Exposition („exposure"), Sensitivität („sensitivity") und die Fähigkeit zur Adaptation („ability to adapt") charakterisiert sieht. Diese Aspekte wendet sie auf die Lebenssituation und die klinische Versorgung von Frühgeborenen an, die anfangs grundsätzlich geringere Adaptationsfähigkeit, aber auch Charakteristika der Resilienz und Robustheit zeigen. Alle drei Aspekte der Vulnerabilität lösen normativ sowohl medizinisch wie gesellschaftlich unterstützende Handlungen aus. Die Handlungsalternativen, die sich bezüglich der wahrgenommenen Verletzlichkeit eines Frühgeborenen ergeben, scheinen dabei durch zeitgebundene Kenntnisse, professionelle Fähigkeiten und das sich wandelnde Verständnis menschlichen Lebens in der Frühphase geprägt zu sein. So wie bei der klinischen Versorgung extrem unreifer Frühgeborener versucht wird, Exposition präventiv zu vermindern, so wird auch gesundheitspolitisch präventiv gehandelt, um diese besondere Verletzlichkeit möglichst erst gar nicht entstehen zu lassen. Dörries zeigt auf, dass sich insgesamt in den letzten Jahrzehnten ein gesellschaftlicher Wandel in der moralischen Bewertung auch extrem kleiner Frühgeborenen vollzogen hat. Trotz ihrer offensichtlichen Verletzlichkeit wird Frühgeborenen eine Eigenständigkeit (und ein moralischer Eigenwert) zugestanden. Es lässt sich eine Entwicklung von der früher – mangels Kenntnissen – üblichen Nichtversorgung über den zeitweilig überwiegenden Einsatz technischer Innovationen hin zu einem Vorgehen beobachten, bei dem das Kind als Individuum in seinem familiären Zusammenhang umfassend versorgt und unterstützt wird.

Einem anderen Bereich, in dem sich menschliche Vulnerabilität konstituiert und dabei materiell greifbar wird, geht *Henriette Krug* nach: der Vulnerabilität in der genetischen Veranlagung des Menschen. Das Wissen um die Abhängigkeit der eigenen Gesundheits- wie Krankheitsdisposition vom individuellen Erbgut lässt sich nach Krug als die genetische Version der anthropologischen Grundkondition der Vulnerabilität interpretieren. Sie zeigt auf, dass Menschen, die in eine Familie mit einer erblichen Erkrankung hineingeboren werden, bis zum Zeitpunkt des Auftretens erster Symptome bzw. bis zum Ergebnis einer prädiktiven genetischen Testung in einem Zeitfenster von Ungewissheit über ihre individuelle Disposition leben und damit in dem permanenten Bewusstsein ihrer Verletzlichkeit. Steht ein Verfahren zur prädiktiven genetischen Testung zur Verfügung, stellt dieses Betroffene vor die Fragen nach einer Entscheidung über dessen Inanspruchnahme sowie den hiermit verbundenen Konsequenzen. Diese Auseinandersetzung ebenso wie das ggf. eingeholte Testresultat erhöht ihr Vulnerabilitätsbewusstsein. Die genetische Erkrankung Chorea Huntington ist ein bekanntes Beispiel für diese Zusammenhänge. Krug geht daher in ihrem Beitrag am Beispiel von Chorea Huntington der Frage nach, wie Menschen den Prozess der Auseinandersetzung mit ihrer Vulnerabilität angesichts einer prädiktiven genetischen Testmöglichkeit erleben, insbesondere mit Blick auf die Frage ihres Wohlergehens.

Der Frage nach der Bedeutung und Berechtigung der intuitiv naheliegenden und kulturell verbreiteten Verknüpfung von Altern und Verletzlichkeit geht *Mark Schweda* in seinem Beitrag nach. Sein Ziel ist dabei, ein vertieftes Verständnis der verschiedenen Gesichtspunkte und Bedingungen zu entwickeln, unter denen das Älterwerden und das höhere Lebensalter verwundbar und anfällig für Schaden und Beeinträchtigung machen. Zu diesem Zweck geht er von der in der angewandten Ethik diskutierten Frage aus, inwiefern ältere Menschen als eine vulnerable Gruppe anzusehen sind. Wie sich zeigen wird, bieten die in diesem Bereich gängigen Verletzlichkeitskonzepte keine Grundlage für eine allgemeine Gleichsetzung von fortgeschrittenem Lebensalter und erhöhter Vulnerabilität. Deshalb betrachtet er im Anschluss das Altern und höhere Lebensalter im anthropologischen Horizont der grundlegenden und allgemeinen Verletzlichkeit des Menschen als solchen. Im Zuge dessen wird die Bedeutung einer Prozessperspektive deutlich, die die Entstehung, Entwicklung und Veränderung von Verletzlichkeit im menschlichen Lebensverlauf berücksichtigt.

Abschließend nimmt *Christoph Rehmann-Sutter* die Verletzbarkeit des Menschen am Lebensende in den Blick. Er geht davon aus, dass das Leben von Menschen auch in der Phase des Lebensendes erhalten und geschützt werden muss, weil es bedroht sein kann. Vor diesem Hintergrund geht er der Frage nach, ob der Tod selbst eine Verletzung darstellt, wenn er weder durch Gewalteinwirkung noch durch unterlassene Hilfeleistung noch durch andere äußere Einwirkungen herbeigeführt wird, sondern als Auflösung des Lebens sterblicher Wesen aus ihrem Lebensprozess herauswächst. Im Blick auf ten Haves funktionale Theorie der Vulnerabilität (ten Have 2016) unterscheidet er zwischen den Aspekten Verletzung, Verletzbarkeit und Verletzlichkeit sowie der Fähigkeit, Ereignisse so aufzufangen, dass keine Verletzung entsteht. Der Tod, der aus dem Leben wächst, stellt sich von daher für ihn als Bedeutungskontext dar, der sich von dem eines gewaltsamen Todes unterschiedet. So wird die These begründet, dass am Ende des Lebens nicht das Sterben selbst die Verletzung darstellt. Verletzungen sind nicht im Tod zu suchen, sondern in den Umständen des Todes. Der Hauptgrund dafür ist ein ethischer: Wenn das Sterben selbst als das eigentliche Übel angesehen würde, würden Sterbeverläufe egalisiert. Man könnte die Verletzungen, die in ihrem Verlauf drohen, nicht mehr gut erkennen. Davon ausgehend untersucht der Beitrag die Vulnerabilität im Zusammenhang mit Sterbewünschen, speziell mit dem Motiv, anderen nicht zur Last fallen zu wollen.

Literatur

Ach, Johann S./Runtenberg, Christa (2003): *Bioethik – Disziplin und Diskurs: Zur Selbstaufklärung angewandter Ethik.* Frankfurt a. M.: Campus.

Agamben, Giorgio (2002): *Homo Sacer. Die souveräne Macht und das nackte Leben.* Frankfurt a. M.: Suhrkamp.

Ahlberg, Beth Maina/Hamed, Sarah/Thapar-Björkert, Suruchi/Bradby, Hannah (2019): „Invisibility of Racism in the Global Neoliberal Era. Implications for Researching Racism in Healthcare". In: *Frontiers in Sociology* 4: 61, doi: 10.3389/fsoc.2019.00061.

Akbulut, Nurcan/Limaro, Naomi/Wandschneider, Lisa/Dhonkal, Rhanjeet/Davidovitch, Nadav/Middleton, John/Razum, Oliver (2020): „ASPHER Statement on Racism and Health. Racism and Discrimination Obstruct Public Health's Pursuit of Health Equity". In: *International Journal of Public Health* 65, S. 727–729.

Bailey, Zinzi D./Feldman, Justin M./Bassett, Mary T. (2020): „How Structural Racism Works – Racist Policies as a Root Cause of U. S. Racial Health Inequities". In: *The New England Journal of Medicine* 384, S. 768–773.

Bieler, Andrea (2017): *Verletzliches Leben. Horizonte einer Theologie der Seelsorge.* Göttingen: Vandenhoeck & Ruprecht.

Cadwallader, Jessica Robyn (2012): „(Un)expected Suffering. The Corporeal Specificity of Vulnerability". In: *The International Journal of Feminist Approaches to Bioethics* 5. Nr. 2, S. 105–125.

Cohen, Ed (2009): *A Body Worth Defending. Immunity, Biopolitics, and the Apotheosis of the Modern Body.* Durham, London: Duke University Press.

Council for International Organizations of Medical Sciences (CIOMS) (2002): *International Ethical Guidelines for Biomedical Research Involving Human Subjects.* Genf: CIOMS.

Donaldson, Sue/Kymlicka, Will (2013): *Zoopolis. Eine politische Theorie der Tierrechte.* Berlin: Suhrkamp.

Easter, Christopher (1999): „Small States Development: A Commonwealth Vulnerability Index". In: *The Round Table* 351, S. 403–422.

Fischer, Johannes (2010): *Sittlichkeit und Rationalität: Zur Kritik der desengagierten Vernunft.* Stuttgart: Kohlhammer.

Fleischer, Wolfgang/Barz, Irmhild (2012): *Wortbildung der deutschen Gegenwartssprache.* Berlin, New York: De Gruyter.

Gilligan, Carol (1982): *In a Different Voice: Psychological Theory and Human Development.* Cambridge: Harvard University Press.

Gilligan, Carol (1995): „Hearing the Difference. Theorizing Connection". In: *Hypatia* 10, S. 120–127.

Haker, Hille (2015): „Vom Umgang mit der Verletzlichkeit des Menschen". In: Monika Bobbert (Hrsg.): *Zwischen Parteilichkeit und Gerechtigkeit. Schnittstellen von Klinikseelsorge und Medizinethik.* Berlin: LIT, S. 195–225.

Haker, Hille (2020): *Towards a Critical Political Ethics. Catholic Ethics and Social Challenges.* Basel: Schwabe.

Haugen, Hans Morten (2010): „Inclusive and Relevant Language: The Use of the Concepts of Autonomy, Dignity and Vulnerability in Different Contexts". In: *Medicine, Health Care and Philosophy* 13, S. 203–213.

ten Have, Henk (2015): „Respect for Human Vulnerability: The Emergence of a New Principle in Bioethics". In: *Journal of Bioethical Inquiry* 12, S. 395–408.

ten Have, Henk (2016): *Vulnerability: Challenging Bioethics.* London, New York: Routledge.

Held, Virginia (2006): *The Ethics of Care: Personal, Political, and Global.* Oxford: Oxford University Press.

Hentschel, Elke (2020): *Basiswissen deutsche Wortbildung.* Tübingen: Narr Francke Attempto.

Hurst, Samia A. (2008): „Vulnerability in Research and Health Care. Describing the Elephant in the Room?". In: *Bioethics* 22, S. 191–202.
Janssen, Marco A./Schoon, Michael L./Ke, Weimao/Börner, Katy (2006): „Scholarly Networks on Resilience, Vulnerability and Adaption within the Human Dimensions of Global Environmental Change". In: *Global Environmental Change* 16. Nr. 3, S. 240–252.
Keul, Hildegund (2015): „Verwundbarkeit – eine unerhörte Macht. Christliche Perspektiven im Vulnerabilitätsdiskurs". In: *Herder Korrespondenz* 69. Nr. 12, S. 647–651.
Kittay, Eva Feder (2011): „The Ethics of Care, Dependence, and Disability". In: *Ratio Juris* 24, S. 49–58.
Klein, Rebekka A. (2015): „Schmerzfrei leben? Religionsphilosophische Perspektiven auf den Diskurs über die Affirmation und Integration von Verletzlichkeit". In: *Neue Zeitschrift für Systematische Theologie* 57, S. 301–317.
Kohlberg, Lawrence (1995): *Die Psychologie der Moralentwicklung*. Frankfurt a. M.: Suhrkamp.
Kopnina, Helen/Washington, Haydn/Taylor, Bron/Piccolo, John J. (2018): „Anthropocentrism. More than Just a Misunderstood Problem". In: *Journal of Agricultural and Enviromental Ethics* 31, S. 109–127.
Lévinas, Emmanuel (2002): *Totalität und Unendlichkeit. Versuch über die Exteriorität*. Freiburg i. Br.: Karl Alber.
Levine, Carol/Faden, Ruth/Grady, Christine/Hammerschmidt, Dale/Eckenwiller, Lisa/Sugarman, Jeremy (2004): „The Limitations of ‚Vulnerability' as a Protection for Human Research Participants". In: *The American Journal of Bioethics* 4. Nr. 3, S. 44–49.
Liebsch, Burkhard (2014): *Verletztes Leben. Studien zur Affirmation von Schmerz und Gewalt im gegenwärtigen Denken*. Zug: Die Graue Edition.
Luna, Florencia (2009): „Elucidating the Concept of Vulnerability: Layers Not Labels". In: *The International Journal of Feminist Approaches to Bioethics* 2. Nr. 1, S. 121–139.
MacIntyre, Alasdair (1999): *Dependent Rational Animals. Why Human Beings Need the Virtues*. Chicago, La Salle: Open Court.
National Commission for the Protection of Human Subjects of Biomedical and Behavioral Research (1978): *The Belmont Report. Ethical Principles and Guidelines for the Protection of Human Subjects of Research*. Washington, D. C.: DHEW Publication.
Noddings, Nel (2013): *Caring: A Relational Approach to Ethics and Moral Education*. Berkley, Los Angeles, London: University of California Press.
Nunner-Winkler, Gertrud (1994): „Der Mythos von den Zwei Moralen". In: *Deutsche Zeitschrift für Philosophie* 42, S. 237–254.
Regan, Tom (2004): *The Case for Animal rights*. 3. Aufl. Berkley: University of California Press.
Rendtorff, Jacob Dahl (2002): „Basic Ethical Principles in European Bioethics and Biolaw: Autonomy, Dignity, Integrity and Vulnerability – Towards a Foundation of Bioethics and Biolaw". In: *Medicine, Health Care and Philosophy* 5, S. 235–244.
Singer, Peter (1990): *Animal Liberation. A New Ethics for Our Treatment of Animals. Revised Edition*. New York: Avon.
Springhart, Heike (2016): *Der verwundbare Mensch. Sterben, Tod und Endlichkeit im Horizont einer realistischen Anthropologie*. Tübingen: Mohr Siebeck.
Springhart, Heike/Thomas, Günter (Hrsg.) (2017): *Exploring Vulnerability*. Göttingen: Vandenhoeck & Ruprecht.

Tavaglione, Nicolas/Martin, Angela K./Mezger, Nathalie/Durieux-Paillard, Sophie/Francoise, Anne/Jackson, Yves/Hurst, Samia (2015): „Fleshing Out Vulnerability“. In: *Bioethics* 29. Nr. 2, S. 98–107.

Taylor, Charles (1996): *Quellen des Selbst. Die Entstehung der neuzeitlichen Identität.* Frankfurt a. M.: Suhrkamp.

Thomasma, David C. (2000): „The Vulnerabilty of the Sick“. In: *Bioethics Forum* 16. Nr. 2, S. 5–12.

Tronto, Joan C (1993): *Moral Boundaries: A Political Argument for an Ethic of Care.* New York: Routledge.

Weißhuhn, Peter/Müller, Felix/Wiggering, Hubert (2018): „Ecosystem Vulnerability Review: Proposal of an Interdisciplinary Ecosystem Assessment Approach“. In: *Environmental Management* 61, S. 904–915.

Wittgenstein, Ludwig (1999): „Philosophische Untersuchungen“. In: *Werkausgabe.* Bd. 1. Frankfurt a. M.: Suhrkamp, S. 225–580.

Teil I: **Konzeptionelle Grundlagen**

Burkhard Liebsch

Prolegomena zum Verständnis der Verletzbarkeit Anderer

> Die Natur gab dem Menschen als einzigem Wesen
> Vernunft und Sittlichkeit und ließ ihn dann
> zerbrechlich, schwach, mittellos, hinfällig und ohne jede Hilfe
> in einem Zustand allseitiger Bedürftigkeit, nackt und haarlos zurück.
> (Vitoria 1997, S. 123)

> Die Einzelnen müssen einander verletzen,
> um sich zu erkennen.
> (Hegel 1974, S. 322)

> Nichts ist mehr unverletzlich,
> nichts ist mehr unveräußerlich und nichts unantastbar.
> (Mbembe 2017, S. 228)

Abstract: *Prolegomena on the understanding of other's vulnerability.* This essay proceeds from the fact that human beings are „completely" vulnerable and that we cannot form an „*adequate*" idea of this. In a second move, however, a positive meaning is attributed to vulnerabilty in consideration of the fact that we often discover the vulnerability of others only by way of hurting them.

Kürzlich empfahl uns ein bulgarischer, offenbar aufgrund diverser viraler Prozesse um die Seele seiner Zeitgenossen besorgter Poet, sich auf scheinbar ganz „einfache Dinge" wie diese zurückzubesinnen: „nicht zu verletzen, mitzufühlen, demütig zu sein" (Gospodinov 2020). Ob er glaubte, dass sich davon auch „gemeine Naturen" beeindrucken lassen werden, die sich offenbar „ohne Rücksicht" auf die „Verletzbarkeit ihre[r] Nebenmenschen" verhalten, verriet er nicht (Goltz 1979, S. 262). Und von persönlichen wie auch systemischen Arten und Weisen der Rücksichtslosigkeit und anderen Gewaltsamkeiten haben wir inzwischen eine zu komplexe Vorstellung, als dass es noch überzeugen könnte, es sei ‚einfach', Andere nicht zu verletzen – einmal vorausgesetzt, es komme einem überhaupt darauf an, sich nicht rücksichtslos oder auf andere Weise gewaltsam zu ihnen zu verhalten. Ist ein soziales und politisches Leben überhaupt vorstellbar, in dem es *gar nicht* zu unbeabsichtigten, in Kauf zu nehmenden oder auch intendierten Verletzungen Anderer kommen müsste? Liegt nicht bereits im geringsten Vertrauen, das man in Andere hat und in dem Andere leben, unvermeidlich Verletzbarkeit durch dessen früher oder später eintretende Enttäuschung oder durch Verrat? Hilft dagegen wirklich eine Gewährleistung halbwegs zuträglicher Le-

 https://doi.org/10.1515/9783110734522-002

bensverhältnisse durch Rechtssicherheit, wie uns die politische Philosophie der Neuzeit glauben gemacht hat? Haben sich die Gesellschaften und Staaten, von denen man das erwartet hat, nicht ihrerseits in moralischer, politischer und systemischer Hinsicht als außerordentlich ‚vulnerabel' erwiesen (s. u. Anm. 15)? Und hat sich nicht herausgestellt, wie schwer sie mit einer Hypothek der Gewalt belastet sind, die zahllose Opfer gekostet hat und weiterhin fordern wird (Ricœur 1974, S. 232–275)? Nachweislich ist man auf diese Opfer erst erstaunlich spät aufmerksam geworden, um die gegen sie verübte Gewalt weitestgehend zu delegitimieren (Goltermann 2017). Aber bedeutet das, dass man nunmehr versprechen müsste und könnte, Andere wenigstens nicht in eklatant illegitimer Art und Weise zu verletzen?Die „Gewissheit, vor Verletzung und Tod geschützt zu sein", sei geschwunden, stellt Jörg Baberowski fest, obgleich (oder vielmehr gerade weil) angeblich „alle Menschen um die Verletzlichkeit ihrer Existenz" wissen (Baberowski 2017, S. 34, 110). Abgesehen von diffizilen Problemen der Gewalt-, Gesellschafts- und Staatskritik und deren Legitimität, die hier nicht eigens aufgeworfen werden können (Liebsch 2021), setzt jeder Versuch, in dieser Frage weiterzukommen, voraus, dass man von der Verletzbarkeit Anderer überhaupt eine angemessene Vorstellung hat. Das Nachfolgende beschränkt sich in diesem Sinne ganz auf elementare Prolegomena dazu – im Vorfeld einer hochkomplexen Phänomenologie der Verletzbarkeit, tatsächlicher Verletzungen und ihrer Wirkungen, die weiterhin aussteht.

Zunächst platziere ich *die analytische Unterscheidung von Verletzung, Verletzendem und Verletztem im Horizont einer weitläufigen historischen Semantik*, die vielfach an die Thematik der Verletz*barkeit* rührte, sie aber nicht explizit als solche zum Vorschein gebracht hat (1). Sodann wird es darum gehen, unsere Verletzbarkeit *angesichts des Äußersten* zu begreifen, dem sie uns irreversibel ausliefern kann (2), *nachdem wir eine platonisch zu denkende Unverletzlichkeit nicht mehr voraussetzen können* (3). Vielmehr müssen wir *von einer rückhaltlosen Verletzbarkeit ausgehen, die unvermeidlich mit unserem Zur-Welt-Kommen einhergeht* (4); und zwar so, dass dabei zugleich die *Maßgabe* auf dem Spiel steht, *nicht verletzt werden zu wollen bzw. nicht verletzt werden zu sollen* (v. a. in persönlichen, rechtlichen und politischen Hinsichten) (5). Abschließend wird sich zeigen, dass wir gleichwohl *mit ‚unaufhebbarer' Verletzbarkeit* leben und darüber hinaus *bereit sein müssen, uns verletzen zu lassen* (6). ‚Soziales' Leben jedenfalls wird nur dann nicht verkannt, wenn man vor *beiden* Einsichten nicht zurückschreckt. Dieser sozialphilosophisch entscheidende Punkt macht es erforderlich, zunächst an eine überkomplexe Überlieferung anzuschließen, die zwar häufig Fragen menschlicher Verletzbarkeit tangiert, sie aber terminologisch nicht klar zur Sprache bringt. Das erschwert die Verständigung in einer Diskussionslage, die nicht selten suggeriert, erst unsere Zeit hätte dieses ‚Thema' entdeckt. Dabei politisiert sie mehr oder weniger alles, was mit menschlicher Verletzbarkeit (von Einzelnen, aber auch von besonders ‚vulnerablen' Gruppen, Ethnien und selbst Nationen) zusammenhängt, derart, dass es kaum noch möglich erscheint, die Phänomenologie menschlicher Verletzbarkeit und deren radikale, soziales Leben geradezu ausmachende Bedeutung unvoreingenommen zu verstehen. Wie es scheint, sind die fraglichen Phänomene menschlicher Verletzbarkeit selbst zutiefst in den Streit um ihre Bedeutung verstrickt.

1 Eine komplexe Semantik

Gleich zu Beginn seiner berühmten *Apologie des Raimond Sebond* schreibt Michel de Montaigne: „La plus calamiteuse et fragile de toutes les creatures c'est l'homme." In einer deutschen Übersetzung heißt es an der gleichen Stelle: „Das unseligste und gebrechlichste aller Geschöpfe ist der Mensch." Und im Englischen liest man: „The most vulnerable and frail of all creatures is man" (Montaigne 1969, S. 205; vgl. Gouwens 2016, S. 51). So werden unterschiedliche Akzente gesetzt: Als fragil, gebrechlich oder auch unselig gilt die Konstitution des Menschen selbst; als verletzbar erscheint Letzterer in Anbetracht dessen, was ihm zustoßen kann. Und das ist höchstens allgemein zu antizipieren, konkret aber unabsehbar. Dabei lässt sich das Verletzende als solches, das man zugleich als Ursache einer Verletzung einzustufen neigt, vom Vorgang der Verletzung unterscheiden, der schließlich dazu führt, dass eine Verletzung eintritt, die Verletzbarkeit voraussetzt. Solange allerdings keine konkrete Verletzung eintritt, kann man nicht wissen, was dieser quasi-transzendentale Begriff alles einschließt.

Durch was, durch wen, wie und wodurch sind wir (in welchem Ausmaß, in welcher Intensität, mit welchen Folgen etc.) verletzbar – und zwar anders als andere ‚Kreaturen' bzw. ‚Geschöpfe', die Montaigne mit im Blick hat? Auf andere Weise verletzbar sind wir offenbar gerade insofern, als wir (a) um unsere Verletzbarkeit ‚im Allgemeinen' wissen und (b) durch Andere verletzt werden können, die wir (c) unsererseits verletzen können – und vielleicht müssen, wenn Hegel recht hat, der in seiner frühen, zwischen 1804 und 1806 entworfenen *Jenaer Realphilosophie* nahelegte, auf andere Weise sei womöglich gar nicht in Erfahrung zu bringen, was oder wer wir sind. Demnach kommen wir nicht umhin, uns gegenseitig zu verletzen – und müssen zur Kenntnis nehmen, dass wir in ausnahmslos jeder Hinsicht verletzbar sind.[1]

1 Von den höchst anfechtbaren Gründen, die Hegel anführt, sehe ich im Folgenden ab, da ich bereits deren Voraussetzung nicht teilen kann; die Voraussetzung nämlich, dass „jeder in seiner

Was das aber bedeutet, kann niemand erschöpfend anhand eigener Erfahrung ermessen. Nach der Geburt, die uns rückhaltlos und ‚auf Gedeih und Verderb' Anderen aussetzt, durchläuft jeder die Kindheit als eine „phase of special vulnerability" (Sennett 1977, S. 92f.) *anders*. Nur wer sie überstanden hat, kann erfahrungsgemäß damit beginnen, sich über bereits eingetretene oder drohende Verletzungen klar zu werden; nicht zuletzt mithilfe Anderer, die man womöglich selbst bereits verletzt hat und die wiederum anderen Verletzungen ausgesetzt waren; unter Umständen bis an die Grenze psychischer und sozialer Zerstörung, wo jede sprachliche Artikulation schwierig, wenn nicht unmöglich wird. Verletzbarkeit beschwört Zerstörbarkeit und Vernichtbarkeit herauf, und zwar nicht bloß in physischen oder psychischen, sondern darüber hinaus in sozialen, politischen, kulturellen und symbolischen Hinsichten. So kann man auch durch enttäuschtes oder verratenes Vertrauen,[2] durch Verachtung und Missachtung verletzt werden, ohne dass ‚Blut fließt'; und zwar als Einzelne(r), aber auch als Angehörige(r) einer Familie, Gruppe, Ethnie oder Nation, die am Ende wie in Ruanda einem Genozid zum Opfer zu fallen droht, in dem die brutalsten Täter ihre ehemaligen Nachbarn zu Stücken Fleisch zerhackt haben, wie es auch in gewissen Formen der Folter geschieht (Roth 2018, S. 31; Üngör 2016).

Bereits die einfache Feststellung der entsprechenden, unbestreitbar dokumentierten Tatbestände wird an die Sensibilität eines jeden rühren und sie auf ‚indiskrete' Art und Weise womöglich verletzen. Insofern ist es von Anfang an fraglich, ob man über menschlich-unmenschliche Verletzbarkeit überhaupt reden und schreiben kann, ohne *selbst* diese traumatogene Dimension menschlichen Daseins zu tangieren, die das menschliche In-der-Welt-sein versehrt (Biernoff 2017). Letzteres gibt es von Geburt an nur als verletzbares.[3] Das Ausmaß, die Intensität, Radikalität und Exzessivität möglicher Verletzung ist aber nur nach und nach in Erfahrung zu bringen – in schwierigen Prozessen der Annäherung an die effektiven Verletzungen, die Andere an Grenzen des Überlebens erlitten haben. Wer noch über sie sprechen und schreiben kann, hat sie noch nicht ganz bzw. irreversibel überschritten, sodass sich der Verdacht nicht ausräumen lässt, dies-

Einzelheit seiner Existenz sich als ausschließende Totalität setz[t]" (Hegel 1974, S. 323). Wenn alles Soziale unter solchen Vorzeichen stattfindet, nimmt es nicht wunder, dass jede(r) nur gegen Andere durchsetzen kann, worauf es ihr bzw. ihm ankommt (Besitz, Respekt, Anerkennung usw.). Die Unvermeidlichkeit ein- und gegenseitiger Verletzung ist aber auch ohne eine derartige Voraussetzung geltend zu machen.

2 Es gibt „kein Vertrauen, das nicht entblößt", d. h. verletzbar macht, betont Jean-Luc Nancy (Nancy 2007, S. 44) – ähnlich wie vor ihm schon N. Luhmann und A. Baier.

3 Ähnlich schreibt Hans Freyer in seiner *Theorie des gegenwärtigen Zeitalters* (Freyer [4]1956, S. 201) über die menschliche Verwundbarkeit, diese Bedingung sei unaufhebbar.

seits dieser Grenzen herrsche unweigerlich eine gewisse Ahnungslosigkeit gerade davon, wohin extreme Verletzungen letztlich führen, bevor sie die Betreffenden gänzlich auslöschen. Zwar kennt man von alters her gewisse Begriffe wie Schrecken (*phóbos*), Furcht (*metus*), das Entsetzliche (*miarón*) und das Ungeheure (*to daínon*), die auf dieses ‚Wohin' verweisen (Liebsch 2016a, S. 618–643; Taureck 2019, S. 13, 43, 88, 337), doch hat die Begriffsbildung stets auch davor bewahren sollen, dass man sich in der Annäherung an das extrem Verletzende und insofern Ängstigende Letzterem vollkommen ausliefern muss. Seit jeher waren die Menschen gleichsam darauf programmiert, alles sie möglicherweise Verletzende, Verwundende und Vernichtende abzuwehren und ihm womöglich zuvorzukommen – bis hin zur imaginären Leugnung jeglicher Verletzbarkeit eines bewaffneten, jederzeit zu präventiver Gewalt bereiten Lebens und Ausmalungen ‚paradiesischer' U-Topien, die von keinerlei Gewalt mehr anfechtbar sein sollten (Vargas Llosa 2013, S. 180), sei es in Raum und Zeit, sei es jenseits des Seins, wo man nicht mehr nur bis auf weiteres bzw. vorübergehend sicher sein wollte (Klingner 1986, S. 5–40).

Nach dem weitgehenden Zerfall derartiger Vorstellungen erklärt sich die offenbar bis heute anhaltende, durch virtuelle Medien noch angestachelte Faszination des Krieges, den man notfalls mithilfe der Investition mehrerer (virtueller) Leben um jeden Preis überlebt, gewiss auch daraus, dass sie ersatzweise die ‚heroische' Illusion absoluter eigener Unverwundbarkeit und Unbesiegbarkeit nährt (Mansfield 1991, S. 52, 122, 125 f., 239). Erst in den letzten Jahrzehnten findet demgegenüber Arbeit an imaginärer Abrüstung statt; mit der Folge, dass Vorstellungen von einem finalen Sieg, von Unbesiegbarkeit und ungefährdetem Überleben dekonstruiert werden. Auf dieser Linie soll die anscheinend tief sitzende „insensitivity to others' suffering", ohne die kein Krieg und kein Völkermord möglich wäre, abgebaut und überwunden werden. Als Ziel wird ausgegeben, „[to] render oneself unarmed", sich seine eigene „vulnerability" rückhaltlos einzugestehen (Mansfield 1991, S. 242) und für die Verletzbarkeit Anderer aufgeschlossen zu erweisen (Stuckrad 2018, S. 191). Auf der Grundlage der „Anerkennung gemeinsamer Verwundbarkeit" aller (Mbembe 2017, S. 213 f.) hofft man schließlich einer Pazifizierung der menschlichen Verhältnisse näher zu kommen, die solange als aussichtslos erscheinen muss, wie man sich von menschlicher Verletzbarkeit, Verwundbarkeit und Vernichtbarkeit, die überhaupt erst das Verlangen nach Befriedung auf den Plan ruft, gar keine angemessene Vorstellung gemacht hat (Mansfield 1991, S. 242).[4]

---

4 In den klassischen Diskussionen um Perspektiven der Befriedung werden Verletzbarkeit, Ver-

So zeichnet sich eine bemerkenswerte Inversion ab: Statt sich ganz und gar darauf zu fixieren, die eigene Verletzbarkeit, Verwundbarkeit und Vernichtbarkeit abzuwehren, zu leugnen oder zumindest virtuell, phantasmatisch oder metaphysisch zu überwinden,[5] sollen wir uns nunmehr zunächst einmal der eigenen Verletzbarkeit und der Verletzbarkeit Anderer rückhaltlos stellen, phantasmatisch abrüsten und nicht einmal virtuelle Ausfluchten suchen. Denn scheinbar gibt es allenfalls eine vorübergehende Zuflucht – und im Leiden nicht einmal das (Levinas 1984, S. 42) –, aber keinen wirklichen Ausweg aus einer Welt, in der wir nur als Verletzbare, Verwundbare und Vernichtbare existieren können.[6] Nur wer entsprechend radikal desillusioniert wäre, könnte sich demnach dem buchstäblich elementaren Befund wirklich stellen, der da lautet: Wir sind rückhaltlos verletzbare, verwundbare und vernichtbare Wesen, der entsprechenden Gewalt von Geburt an ausgesetzt und zudem derart beschaffen, dass wir Andere unsererseits solcher Gewalt aussetzen, ob willentlich oder nicht, direkt oder indirekt auf strukturellen Wegen. So rückt die Würdigung und Anerkennung menschlich-unmenschlicher Verletzbarkeit, die im düsteren Horizont nicht mehr verstehbarer Gewalt konkret Gestalt annimmt, zu einer vorrangigen politisch-anthropologischen Maßgabe auf, aus der zwar nicht hervorgeht, was der Mensch ist,[7] wohl aber, was Menschen einander antun können. Ausgehend davon, wie sie sich verletzend tatsächlich oder potenziell zueinander verhalten, soll zudem deutlich werden, wie soziale und politische Lebensformen beschaffen sein müssten, die dem Rechnung zu tragen versprechen.

---

wundbarkeit und Vernichtbarkeit zwar *erwähnt*, kaum je aber eigens bedacht; vgl. bspw. die Übersicht bei Schockenhoff 2018.

5 Diverse machttheoretische Konsequenzen davon hat Elias Canetti in *Masse und Macht* untersucht, wo es heißt: „Der Leib des Menschen ist nackt und anfällig; in seiner Weichheit jedem Zugriff ausgesetzt. Was er sich in der Nähe mit Kunst und Mühe vom Leibe hält, kann ihn aus der Ferne mit Leichtigkeit ereilen. [...] Er hat Schild und Rüstung erfunden, Mauern und ganze Festungen um sich erbaut. Aber was er sich von allen Sicherungen am meisten wünscht, ist ein Gefühl der *Unverletzlichkeit*" (Canetti 1994, S. 250 f.).

6 Es sei denn eine Flucht aus dem Seienden und aus dem Sein selbst, die etwa Levinas allem „heidnischen" Leben abgesprochen, für seine eigene Philosophie aber als *évasion* in Anspruch genommen hat (Levinas 2005, S. 41, 89).

7 Bei Ernst Cassirer heißt es in Anlehnung an die eingangs zitierte *Apologie* Montaignes, der Mensch sei eine „wretched creature, [...] subject to injuries of all things" (Cassirer 1954, S. 15, 31). In der deutschen Ausgabe wird daraus: Der Mensch sei „von allen Seiten jeder Unbill ausgesetzt" (Cassirer ^{2}2007, S. 34).

Diese kryptonormative Implikation wird zwar vielfach nicht explizit ausgesprochen.[8] Implizit spielt sie jedoch in fast allen Beiträgen eine wichtige Rolle, die den Begriff der Verletzbarkeit *politisieren*, um ihn zur Maßgabe einer auf die elementarsten Belange menschlicher Koexistenz Rücksicht nehmenden Gesellschaftlichkeit zu erheben, die längst nicht mehr an den Grenzen eines nationalisierten Staates oder einer Föderation von Staaten Halt macht. Vielmehr geht es letztlich um die Verletzbarkeit aller in einem sich erst *in statu nascendi* befindenden welt-bürgerlichen Kontext, in dem es nicht mehr in Frage kommt, sich zur Verletzbarkeit Anderer „rücksichtslos" zu verhalten, zumal dann nicht, wenn es sich vermeiden ließe. Ob es sich im Einzelfall so verhält, zeigt sich allerdings nicht von allein. Vielmehr bedarf es vielfach einer gewaltsamen, insofern ihrerseits verletzenden Darstellung von Gewaltverhältnissen, die unerkannt herrschen, in die wir aber verstrickt sind; sei es auch nur aufgrund des Profits, den man aus Textilien etwa zieht, die unter erbärmlichen Bedingungen hergestellt werden. Bilder, die das drastisch vor Augen führen, können auf den ‚Geschmack' jener, die ein saturiertes, scheinbar von keinerlei Gewalt beflecktes Leben führen, kaum Rücksicht nehmen. Sie müssen ‚schockieren', um auch nur eine geringe Chance zu haben, die Indifferenz und Blasiertheit eines solchen Lebens zu durchbrechen.

Die weitläufigen Diskussionen um die Frage, wie weit ihrerseits verletzende Bilder gehen dürfen, können oder sollen, zeigt jedenfalls deutlich an, dass wir weit von einem irenischen Zeitalter entfernt sind, in dem jegliche Verletzung wenn nicht ganz ‚tabu', so doch wenigstens zu vermeiden wäre. Diesseits der normativen Frage, ob, wodurch und inwiefern Verletzung zumutbar ist, widmen sich die folgenden Seiten zunächst der Frage, was es mit dem Begriff der Verletzbarkeit auf sich hat, nachdem wir (angeblich) unsere Unverletzbarkeit aus eigener Schuld eingebüßt haben. Erst wenn wir die mit dieser Prämisse einhergehende privative Deutung menschlicher Verletzbarkeit überwunden haben, so die daran sich anschließende These, haben wir überhaupt die Chance, sie in ihrer negativen, aber auch politisch produktiven Bedeutung angemessen einzuschätzen.

2 Verletzbarkeit – im Horizont des Äußersten

Im Folgenden wird primär von Verletzbarkeit, nicht von Verletzlichkeit die Rede sein, da Letztere einen narzisstischen Beiklang hat, so als ob es sich nur um eine

---

8 Juridisch, auf „Rechtsverletzungen" beschränkt, kommt sie bereits in Kants Entwurf zum ewigen Frieden (1795) zum Vorschein (Kant 1977a). Der Begriff der Verletzbarkeit lässt sich heute jedoch nicht mehr auf Verletzungen der Rechte einer Person reduzieren.

besonders sensible Variante einer Verletzbarkeit handelte, die in Wahrheit gewissermaßen tiefer anzusetzen ist, insofern sie uns unvermeidlich ausmacht. Letzteres trifft für eine individuell besonders ausgeprägte Verletzlichkeit nicht zu.[9] Im Übrigen reicht menschliche Verletzbarkeit viel weiter als die Erfahrung, die wir je von tatsächlichem Verletztwerden haben können. Es ist gewiss niemandem möglich, das ganze Spektrum möglicher Verletzungen in Erfahrung zu bringen und – insofern nicht gänzlich ahnungslos von der Sache – zur Sprache zu bringen. Daraus ergibt sich für das Thema eine wichtige methodische Konsequenz, auf die uns das Spektrum menschlicher Verletzbarkeiten aufmerksam macht, das uns mit der Frage konfrontiert, ob sie überhaupt je erschöpfend zu thematisieren sein werden.

Unter dem Begriff der Verletzbarkeit hat man zunächst alles zur Sprache gebracht, was uns mehr oder weniger schmerzhaft aufgrund vor allem äußerer Ursachen widerfahren kann (Buytendijk 1948, S. 150 – 169; Leriche 1936; Leriche 1958; Sauerbruch 1961; Auersperg 1963; Morris 1996; Grüny 2004; Le Breton 2006; Blume u. a. 2007; Jacobi/Marx 2011). Unter letzteren finden sich vor allem Andere, die Anderen etwas antun können; eventuell auch durch Unterlassung (wie bei der Vernachlässigung; sei sie unbeabsichtigt oder beabsichtigt und wiederholter bzw. andauernder Art). Die Vernachlässigung kann uns wie im Fall der Unterernährung physisch, wie im Fall des Nichtwahrgenommenwerdens psychisch, aber auch sozial, politisch und rechtlich betreffen und in systematische, institutionalisierte Gewalt übergehen (Ternon 1996; Platt 2002; Traverso 2003; Traverso 2008). Letzteres ist vielfach der Fall bei Diskriminierung (Liebsch 2007b; Herrmann et al. 2007; Krämer/Koch 2010) und Entwürdigung, die ihrerseits mit extremer, exzessiver und radikaler Gewalt wie in Kriegen und Genoziden einhergehen kann, die nur noch grausam sind (Moses 2004, S. 533 – 555; Moses 2010, S. 19 – 41). Hier werden wir wie im Fall der Folter (Scarry 1992; Millet 1993) mit dem Äußersten menschlich-unmenschlicher Verletzbarkeit konfrontiert, in das niemand den Verletzten folgen kann.[10] Um ein in der Sache treffendes, sarkastisch erscheinendes Aperçu aus William Shakespeares *King Lear* aufzugreifen: „The worst is

---

9 Die Unterscheidung zwischen Verletz*barkeit* und Verletz*lichkeit* verstehe ich vorläufig nur als eine *akzentuierende*, nicht strikt terminologische. Es kommt auf den Kontext an, ob etwa von „Verletzlichkeit" mit einer fragwürdigen, weil (primär) narzisstischen Implikation die Rede ist (siehe dazu den Abschnitt 5, unten). Im Übrigen ist als Gegenbegriff nur „Unverletzlichkeit", aber nicht auch „Unverletzbarkeit" üblich, was eine klare Grenzziehung zusätzlich erschwert.

10 Dabei ist fraglich, wie überhaupt vom Äußersten die Rede sein kann. Vgl. dazu Todorov 1993 sowie Taureck/Liebsch 2020. Im Übrigen ist kaum anzunehmen, es handle sich um ein spezifisch jüdisches Wissen („knowledge of one's exterminability" [Michel Surya]), das allein auf die Shoah zurückzuführen wäre, wie manche meinen (Chaouat 2017, S. 40).

not so long as we can say, This is the worst" (Shakespeare 1968, S. 148). Wer darüber hinaus noch etwas zum Äußersten menschlicher Verletzbarkeit meint sagen zu können, „trete vor und schweige", ergänzte Karl Kraus (Kraus 1988, S. 9).

In dieser Misslichkeit eines niemals von seinem Gegenstand her völlig zu legitimierenden Sprechens und Schreibens über menschliche Verletzbarkeit befinde ich mich hier ebenfalls. Ich kann nicht in Anspruch nehmen, ermessen zu können, was der Begriff der Verletzbarkeit vom minimalen, einfachsten und flüchtigen Schmerz bis hin zu ihren Extremen einschließen müsste. Aber dieses Nicht-Wissen entbindet uns nicht von der Pflicht, menschliche, von Menschen zu erleidende und von ihnen selbst heraufbeschworene Verletzbarkeit so weit wie möglich zur Sprache zu bringen, zumal insofern wir sie durch Unterlassung oder auch infolge systematisierter Grausamkeit (die sich als Kehrseite unseres normalen Lebens im Wohlstand erweisen könnte) auch selbst zu verantworten haben. Wir haben wenigstens *mit* zu verantworten, was wie das Äußerste völlig unerträglich ist. Wir existieren und ko-existieren unweigerlich im Horizont des Äußersten, dem die extremste Gewalt ihre Opfer ausliefert, um sie im gleichen Zug sprachlos zu machen.[11] Statt detailliert auf einzelne Phänomene der Verletzbarkeit einzugehen, möchte ich in diesem Horizont allerdings zu bedenken geben, ob wir diesem Begriff nicht auch eine ‚positive' Bedeutung zuerkennen müssen. Dabei gehe ich zunächst vom Gegenteil der Verletzbarkeit aus: von der Unverletzlichkeit.

3 Diesseits absoluter Unverletzlichkeit

„Verscherzt hat sie die Unverletzlichkeit", behauptete der Neuplatoniker Plotin (204–270 n. Chr.) von der menschlichen Seele (Plotin 1986, S. 29). Sie finde sich „in die Bande des Leibes" verstrickt und „dem Druck und Stoß aller andern Dinge ausgesetzt", auf die Gefahr hin, jeglichem Übel und jeder Strafe in einer endlosen Irrfahrt ausgeliefert zu werden. Warum? Weil sie abgefallen ist vom Einen und vom Guten; weil sie sich vereinzelt hat und nicht mehr dessen erinnert, was ihm zu verdanken ist – alles nämlich. Denjenigen, die sich dessen wieder erinnern, stellt Plotin Leidensfreiheit in Aussicht (Plotin 1986, S. 28). Denjenigen, die vergessen, dass sie überhaupt etwas vergessen haben oder es nicht wahr haben wollen, bleibt nur die Verbannung in ein ständig „auf anderes bezogen[es]", fremdes Sein

---

11 Was nicht bedeutet, dass die Sprachlosigkeit stets ‚das letzte Wort hat'. Zur bewussten Auslieferung an Sprachlosigkeit, die jegliche Rückkehr in menschliche Gemeinschaft oder Wiederanbindung an sie unmöglich machen soll, vgl. Millett 1993, S. 289; zu Formen poetischer Rede, die dagegen aufgeboten wird, Milich/Tramontini 2018, S. 361–396.

(Plotin 1986, S. 24, 30, 75, 81), in dem sie niemals sich selbst gehören können und verletzbar bleiben – auch wenn stoische und nietzscheanische Rezepte nicht selten bis heute das Gegenteil glauben lassen (Seneca 1928).

Längst ist dieser (neu-)platonische, für das Mittelalter noch verbindliche Hintergrund einer Ontologie verblasst, die mit einem idealen Sein oder mit einem Jenseits-des-Seins liebäugelte, in dem sie alles Verzeitlichte auf ewig geborgen wähnte.[12] Dem Anderen der Zeit wagt heute keine Philosophie mehr unvermittelt vorzugreifen, derart entrückt erscheint es, wie Michael Theunissen in seiner *Negativen Theologie der Zeit* deutlich gemacht hat (Theunissen 1991), um zu insistieren, dass wir vom offenbar rückhaltlos verzeitlichten, zwischenzeitlichen Leben ausgehen müssen, das „nackt [...] und schwach, affizierbar und zerstörbar" geboren wird, wie Renaissance-Philosoph Marsilius von Padua seinerzeit schrieb (Leinkauf 2017, S. 830).

In dieses diachrone und generative Leben sind wir nicht aus eigener Schuld, durch Vereinzelung, die wir uns selbst zuzurechnen hätten, sondern dank Anderer geraten – und ohne je gefragt worden zu sein. Das stellte schon Kant fest, der daraus die Pflicht der Älteren ableitete, ihre Nachkommen damit „zufrieden" (Kant 1977b, S. 394; Liebsch 2016b) zu machen, dass sie ihnen ein zwischenzeitliches, endliches und offenbar verletzbares Leben zugemutet haben, in dem ihnen, wie er wissen musste,[13] alles Mögliche drohen kann, auch das für unmöglich zu Haltende – und noch weit Schlimmeres, wie eine immerzu hyperbolisch argumentierende Philosophie der Gewalt deutlich macht, die dabei mit Blick auf Thukydides, auf Vergil und Dante, Bartolomé de Las Casas und den Marquis de Sade oder auf ‚moderne' Kriege, Konzentrationslager und ‚Endlösungen' ohne Ende doch nur Menschliches in Erinnerung ruft: eine Hölle, die Menschen einander bereiten.

Obgleich theologisch angeblich längst obsolet, erfreut sich die Hölle als rhetorische Figur nach wie vor einer gewissen Beliebtheit, ironischerweise offenbar gerade deswegen, weil sie es denen, die wie Michael Walzer das Wort im Mund führen, erspart, sich mit der auf diesen Begriff gebrachten Gewalt eingehender zu beschäftigen (Walzer ^{4}2006). Aber gilt sie nicht ohnehin in ihren extremen, exzessiven und radikalen Formen als ‚unsäglich' und ‚unsagbar'? Und verbietet es die Rücksicht auf Andere nicht, genau anzugeben, was man sich unter diesem Begriff vorzustellen hat?

---

12 So noch Boethius, um 480 n.Chr. geboren, der mit seinem platonisch inspirierten *Trost der Philosophie* nachfolgenden Jahrhunderten des Mittelalters die entscheidenden metaphysischen Stichworte gab (Klingner 1986).

13 So spricht Kant von Ausrottungskriegen und antizipiert Mittel der Kriegsführung, die jeglichen künftigen Frieden unmöglich zu machen drohten, wie er meinte (Kant1977a, S. 191–251).

Von Anfang an existieren wir – dank Anderer (worin nun eine abgründige Zwiespältigkeit kenntlich wird) – im Horizont des Äußersten, wovon wir uns allerdings keinen angemessenen Begriff machen können. Jeder, heißt das, ist *auf unvorstellbare Art und Weise verletzbar* – in einem zwischenzeitlichen Leben, in dem wir als Sterbliche von Anderen her und auf Andere hin existieren, die uns überleben werden. Auch wenn uns die Anderen nicht sogleich aussetzen, weil ihnen unser bedürftiges Dasein eine Last ist, bleiben wir ihnen ausgesetzt, rückhaltlos. Im Guten wie im Schlechten. Wir sind „zum Besten und zum Schlimmsten versammelt", wie es bei Derrida und ähnlich schon in der aristotelischen *Politik* heißt (Derrida 2002, S. 492).

Doch hat das Gute, das Bessere und das Beste seit jeher die philosophisch-theologischen Geister vor allem so beschäftigt, dass auch das Ungute, das Übel und das Böse nur als vergleichsweise Mangelhaftes in Betracht kommen konnte. Man spricht von einer privativen Auffassung des Unguten, des Übels und des Bösen, die lange auch alle Vorstellungen von menschlicher Verletzbarkeit bestimmt hat (Schulte 1988; Colpe 1993; Berner 2004). So schien es keinen besonderen Grund zu geben, sich mit all dem eigens zu befassen. Man glaubte aus eigener Erfahrung oder aufgrund der (mythischen oder historischen) Erzählung Anderer zu wissen, worum es sich handelt, und jegliche nähere Beschäftigung mit dem Übel und Bösen, dem Schlechten und Widerwärtigen überhaupt erschien ihrerseits als abstoßend und der Erinnerung an das Gute nicht zuträglich. Was man im Verhältnis zum Guten bloß privativ bestimmte, galt lediglich negativ als Abzuwehrendes, zu Überwindendes, auch um den Preis, das zwischenzeitliche Leben im Ganzen zu verwerfen, insofern es niemals mehr Unverletzlichkeit versprechen kann. Ist deren letztes Refugium am Ende nur die im Artikel 1 des Deutschen Grundgesetzes – angesichts massiv widerstreitender historischer Erfahrung – beschworene Unantastbarkeit? Dass behauptet wurde, die Würde des Menschen sei „unantastbar", konnte doch nur darauf hinauslaufen, uns deren unbedingte Achtung abzuverlangen, sollte aber wohl nicht besagen, der entsprechende Anspruch darauf *könne nicht* verletzt werden oder radikale Entwürdigung sei *faktisch gar nicht möglich* – was den besagten Artikel im Grunde überflüssig gemacht hätte (Liebsch 2007a, S. 227–257; Liebsch 2014a, S. 97–115).

4 Zur Welt kommen – rückhaltlos verletzbar

Wo stehen wir demgegenüber heute – gewissermaßen ohne metaphysische Rückversicherung bei einem Jenseits-des-Seins, das uns Unverletzlichkeit (wenn auch nicht in dieser Welt) garantieren würde?

1. Wir sehen uns dazu gezwungen, die rückhaltlose Verletzbarkeit von jedermann anzuerkennen; sie geht von Anfang an mit unserem Zur-Welt-Kommen einher. Das erste Paradigma dieser uneingeschränkten Verletzbarkeit ist das typischerweise als wehr- und hilflos bezeichnete Neugeborene, in dessen ‚nackter Existenz' bereits die Herausforderung liegt, es der Verletzbarkeit, der es unweigerlich *ausgesetzt* ist, nicht auch schutzlos *auszuliefern*.[14]
2. Die bereits mit der Zeugung einsetzende Ontogenese bringt allerdings neue Verletzbarkeiten zum Vorschein und zeitigt ihrerseits nicht von Anfang an im Einzelnen absehbare Verletzbarkeiten. Man könnte von einer Epigenese der Verletzbarkeit sprechen. Wir sind von Anfang an rückhaltlos verletzbar, werden es aber auch auf neue Weise wie Kinder (die man vernachlässigt und sexuell quält), Freunde (die man im Stich lässt und verrät), Mitschüler:innen (die man ausschließt) und Mitbürger:innen (die man beschämt, denunziert, öffentlich brandmarkt oder ihrer Habe beraubt), schließlich: als Zeitgenossen (deren Vertrauen man missbraucht, die man gewaltsam im Mitleidenschaft zieht und die auch unfreiwillig zu Zeugen ärgster Verbrechen werden – ganz so, wie Kant es in seinem Entwurf *Zum ewigen Frieden* [1795] antizipierte, wo er die Erwartung zum Ausdruck brachte, nunmehr werde „Rechtsverletzung an *einem* Platze der Erde an *allen* gefühlt", und suggerierte, in eben diesem Gefühl liege wiederum eine Verletzung – nämlich durch das, was Andere, Fremde verletzt) (Kant 1977a, S. 216).
3. Auf diese Weise transzendiert der Horizont der Verletzbarkeit nach und nach den zunächst engen Umkreis des eigenen Lebens, öffnet sich weltweit – nicht zuletzt in Anbetracht kolonialistischer Gewalt, um deren Preis die relative, ökonomisch gesicherte innere Befriedung der westlichen Gesellschaften erkauft wurde – und mit eschatologischer Brisanz. In synchronen und diachronen Horizonten zwischenzeitlich-geschichtlichen Lebens von toten Anderen her, mit gegenwärtigen Anderen und auf künftige Andere hin realisieren wir mannigfaltige Spielräume der Verletzbarkeit, die keineswegs nur uns selbst betreffen; Spielräume, die jede Berufung auf die Hölle als anachronistischen schlechten Witz erscheinen lassen. Man schickt Andere allenfalls noch symbolisch zur Hölle; aber wir wollen niemandem mehr tatsächlich die Hölle bereiten, weder in endlosem Warten auf eine ständig vertagte Hinrichtung noch gar aufgrund staatlicher Befugnis zu foltern. Wer Anderen die Hölle androht, sei es auch nur als Strafe für das Schlimmste, für

---

14 Hans Jonas setzte mit seiner am Paradigma elterlicher Verantwortung orientierten Ethik hier an. Doch liegen auch demokratietheoretisch entscheidende Implikationen in jener Herausforderung, der soziale und politische Lebensformen gerecht zu werden *versprechen* müssen, wie ich nach wie vor glaube (Liebsch 2015).

das sie verantwortlich zu machen sind, läuft unvermeidlich Gefahr, ihnen schließlich auf fatale Weise ähnlich zu werden.

George Steiner spricht allerdings kritisch vom „Verlust der Hölle" (Steiner 1972, S. 63). Deren Mutation zur bloßen Metapher habe eine „noch tiefere Verwirrung nach sich gezogen", als sie unter der Fuchtel gnadenloser Angst vor ewig-grausamen Strafen im Mittelalter je möglich gewesen sei. Jetzt nämlich „bedeutet ja ein Leben im Stadium unerträglicher Entbehrung [...] ganz allein dazustehen in einer hoffnungslos verflachten Welt". Wo Andere exzessiv, extensiv und radikal verletzt wurden, in physischer, sozialer, politischer, rechtlicher und menschlicher Hinsicht, steht nunmehr weder sicher Vergeltendes, noch effektive Kompensation oder halbwegs angemessene Entschädigung, noch gar wirklich Wiedergutmachendes oder letztlich unanfechtbares Heil in Aussicht. So sind wir nicht nur mannigfaltigen Verletzbarkeiten grundsätzlich von Geburt an rückhaltlos ausgesetzt, wie es bereits bei Epikur in seinem Vergleich menschlichen Lebens mit einer „offenen Stadt" anklingt; wir verfügen auch nicht mehr über metaphysische Absicherungen der *Deutung von* Verletzbarkeit und des *Umgangs mit* Verletzbarkeit; erst recht dann nicht, wenn sie aus radikaler, exzessiver und extensiver Gewalt hervorgeht.

„Gegen alles übrige vermag man sich Sicherheit zu verschaffen, wegen des Todes aber bewohnen wir Menschen alle eine unbewehrte Stadt", lautet eine der Weisungen Epikurs (Epikur 1985, S. 87). Das bedeutet nicht nur, dass wir, kaum geboren, auch schon alt genug sind zu sterben, wie es in Johannes v. Tepls *Ackermann aus Böhmen* (um 1400) heißt, auf den sich noch Martin Heidegger berufen hat (Tepl 1979, S. 62; Heidegger 1984, S. 245). Der Tod, den man antizipiert oder zu dem man „vorläuft", ist ja gewissermaßen nur die Resultante eines sterblichen Lebens, das durch äußere Gewalt, durch Krankheiten oder durch das ihm von Anfang an innewohnende Altern zu Tode kommt. Dagegen richtet keine Befestigung etwas aus, die wie jeder Nomos eines hermetisch abgegrenzten Zusammenlebens äußere Feinde abhalten mag, aber an der Verletzbarkeit, Verwundbarkeit und Zerstörbarkeit menschlichen Lebens durch sich selbst und Andere grundsätzlich nichts ändern kann. Das bedeutet, dass diese Begriffe zur *conditio humana* zählen, die sich uns allerdings nirgends direkt als universale, sondern nur noch indirekt als *conditio historica* darstellt (Plessner 1976; Schipperges 1985; Ricœur 2004).[15] Stets sind es bestimmte und kontingente Ordnungen,

---

15 Speziell bei Ricœur herrscht eine privative Auffassung von Verletzbarkeit vor, die der Revision bedarf. Von *vulnérabilité* (bzw. *fragilité*) spricht Ricœur als einer Einschränkung, Behinderung oder *incapacité* eines *sujet capable*, dessen möglichst uneingeschränktes ‚Können-wollen' bereits vorausgesetzt wird. So kommt es kaum in Frage, dass wir unserer Verletzbarkeit und Verwundin deren Rahmen und über die hinaus sich menschliches Leben als verletzbares, verwundbares und zerstörbares darstellt; Ordnungen, die wir nur nachträglich komparativ daraufhin beurteilen können, ob und wie sie menschliche Verletzbarkeit, Verwundbarkeit und Zerstörbarkeit jeweils differenziell zum Vorschein oder auch zum Verschwinden bringen bzw. unkenntlich machen (Butler 2006; 2009).

Dabei ist davon auszugehen, dass sich Verletzungen, Verwundungen und Zerstörungen keineswegs quasi von sich aus auch als solche darstellen. Symptomatisch steht für diese Einsicht Friedrich Nietzsches Befund, durch ein einziges „zartes Unrecht" könne einer „wie an einem unheilbaren inneren Riss" gleichsam innerlich verbluten, wenn er nicht über genug „plastische Kraft" besitzt, um zu überleben. So machte Nietzsche auf eine außerordentliche Verletzbarkeit aufmerksam, die allemal *jemandem* bzw. einem leibhaftigen Selbst, widerfährt (Marx 2010); aber so, dass vielfach unkenntlich bleibt, was eigentlich vor sich geht, bis der Tod eintritt (Nietzsche 1980, S. 251). Es gibt demnach Verletzungen, die nicht sogleich als solche zu erkennen und allenfalls in Analogie zu physischen zu deuten sind, auch dann aber die Frage nach dem Verletzenden als solchem, nach dem Vorgang der Verletzung und nach deren Folgen aufwerfen müssen, die scheinbar überhaupt nur eintreten können, insofern jemand auch *verletzbar* ist. Wer wie Lots Frau angesichts des Schrecklichen gleichsam zu einer Salzsäule erstarrt ist (Gen 11, 27–31) oder ein Herz aus Stein zu haben scheint (Frank 2005), ist überhaupt *nicht mehr* verletzbar bzw. von *vornherein nicht* verletzbar gewesen. Verletzbarkeit muss man schon mitbringen, um verletzt werden zu können. In der Ordnung der Erkenntnis ist es freilich genau umgekehrt: Erst die bereits eingetretene, als solche artikulierte und insofern sozial zum Vorschein gebrachte Verletzung lässt Spielräume der Verletzbarkeit erkennbar werden, von denen zuvor wenig oder nichts zu ahnen war oder deren praktische Tragweite vorher nicht deutlich werden konnte.

Von Geburt an mögen wir rückhaltlos verletzbare, Anderen und der Welt auf Gedeih und Verderb ausgesetzte Wesen sein; doch aus dieser abstrakten Einsicht geht noch nicht hervor, wie, wodurch und inwiefern wir wirklich verletzt werden können. Praktiken der Für- und Vorsorge täuschen darüber möglicherweise ebenso hinweg wie soziale, politische und rechtliche Sicherungsmaßnahmen, die allesamt verhüten sollen, dass das mit sozialem Leben gleichursprüngliche Ein-

---

barkeit auch etwas verdanken könnten – wie man es vielfach gerade dem Schmerz zugestanden hat (Ricœur 2001, S. 85–105). Dass auch verletztes Leben nicht einfach als defizientes zu verstehen ist, kommt allerdings mit Georges Canguilhems Begriff des Pathologischen in Betracht (Ricœur 2001, S. 219), der zu dem Gedanken führt, dass auch ‚kranken' Weisen eines *être-au-monde* eine eigene Würde zukommt (Ricœur 2001, S. 226).

ander-*ausgesetzt*-sein in destruktive Formen ein- oder gegenseitiger *Auslieferung* umschlagen, in denen man mehr oder weniger wehrlos hinnehmen muss, verletzt zu werden, wiederholt, tiefgreifend und am Ende höchst grausam und tödlich.[16] So verstellen all diese Maßnahmen den Blick auf eine rückhaltlose Verletzbarkeit, die wir gleichsam mit auf die Welt bringen und ohne die es soziales Leben überhaupt nicht geben kann.

Allenfalls indirekt machen das alle Grundbestimmungen sozialen bzw. politischen Lebens deutlich, auf die man sich bis heute immer wieder beruft. Dass man gemäß der aristotelischen Definition des Menschen als eines *zoon logon echon* miteinander sprechen kann, beschwört auch schon die Erfahrung politischer Sprachlosigkeit herauf, die radikal ‚mundtot' machen kann, sodass man geradezu aufhört, in den Augen Anderer (politisch) zu existieren. Das bloße Nebeneinander, von dem Thomas Hobbes ausging, ruft die Furcht voreinander angesichts des angeblich „Größten" hervor, wozu Menschen in der Lage sind: Anderen das Leben zu nehmen. Das Mitleid (*pitié*) glaubt Jean-Jacques Rousseau gegen absolute Gleichgültigkeit aufbieten zu müssen. Die Zugehörigkeit zu einem Volk beschwört in den Deutungen von Johann G. Herder über Ernst M. Arndt bis hin zu Carl Schmitt ethnische und politische Exklusion herauf. Die Idee der Freiheit macht von den französischen Revolutionären über Hegel bis hin zu den Fundamentalisten und Fanatikern der Gegenwart die Negation der Freiheit der Andersdenkenden und Anderslebenden bewusst, die deren Vernichtung bedeuten kann, sei es durch Krieg oder Völkermord, durch offenen Terror oder lautlose Unterminierung ihrer Lebensgrundlagen.

Vom Äußersten menschlicher Verletzbarkeit her, das auf diese Weise heraufbeschworen wird, können wir uns indessen kein direktes Bild machen. Denn wer ihm zum nahe kommt, kommt in ihm um. So müssen wir unvermeidlich *zwischen* dem mit der Geburt einhergehenden radikalen Ausgesetztsein in unabsehbare Möglichkeiten des Verletztwerdens einerseits und dem Äußersten andererseits forschen, wenn wir herausfinden wollen, was es mit menschlicher Verletzbarkeit auf sich hat. Die Geburt hätten wir nicht überlebt, wenn man uns nicht mehr oder weniger erfolgreich vor Verletzungen bewahrt hätte, die uns nicht (oder allenfalls schwer traumatisiert und sprachlos) hätten davonkommen lassen. Solange wir aber bis auf weiteres ‚davonkommen' und es nicht zum Äußersten kommt, können wir uns von Letzterem nur höchst unzulängliche Vorstellungen machen. Angesichts des Äußersten oder *face à l'extrême*, wie ein Buchtitel Tzvetan Todorovs lautet, befinden sich paradoxerweise am Ende nur diejenigen, die in ihm umkommen (Todorov 1993). So jedenfalls hat Jean-François Lyotard zu

16 Ausführlicher dazu: Liebsch 2018a; 2018b.

begründen versucht, warum es sich nicht sprachlich fassen lässt (Lyotard ²1989, S. 176). Das bedeutet keineswegs, dass vom Äußersten überhaupt nicht zu reden ist. Schließlich wird es bezeugt, wenn auch vielfach in Formen der Bezeugung, die widerrufen, es lasse sich ‚angemessen' aussagen oder anders, in nicht-prosaischen Formen, adäquat zur Sprache bringen (Däumer et al. 2017).

Zwischen dem in der Geburt liegenden rückhaltlosen Ausgesetztsein, das noch nicht im Geringsten ahnen lassen kann, worum es sich dabei handelt, einerseits und der Auslieferung an das Äußerste andererseits, in der solches Wissen vielleicht vorliegt, aber mit den Verletzten, Verwundeten und Vernichteten unterzugehen droht, ist die Situation derer angesiedelt, die sich heute erst über die Gründe, Ursachen, Formen, Dimensionen und Folgen menschlicher Verletzbarkeit klar werden wollen – nach zweieinhalbtausend Jahren, in denen die Philosophie stets auf die absolute Unverletzlichkeit des Einen, des mit ihm zusammenfallenden Guten oder eines Geistes gesetzt hatte, der schließlich – sofern er überhaupt substanziell der Zeit ausgesetzt ist bzw. deren eigentliche Bewegung ausmacht – aus der Asche jeden Untergangs wie ein Phönix sollte unversehrt und sogar gestärkt hervorgehen können, wie es Hegel gelehrt hat (Hegel 1994).

In dieser Lage können wir zunächst nur so vorgehen, dass wir uns auf die Mittel besinnen, die uns wenn nicht ‚die' Sprache (die es nicht gibt), so doch wenigstens *eine* Sprache, in diesem Falle das Deutsche, zur Verfügung stellt, um Verletzbarkeit zu beschreiben und zu denken. Mit diesen Mitteln müssen wir unvermeidlich zunächst arbeiten, auch wenn sie sich bei näherem Hinsehen als höchst unzulänglich herausstellen sollten. Dabei kann nach dem bereits Gesagten das Abstraktum Verletzbarkeit nicht am Anfang stehen, kommt es doch erst nachträglich durch faktisch bereits eingetretene Verletzungen in den Blick, die allenfalls einen kursorischen Überblick gestatten – und das nur im Zeichen des erhärteten Anfangsverdachts, man könne höchstens *in der Nähe des Äußersten* von ihnen sprechen, d. h. so, dass man zugleich immer relativer Ahnungslosigkeit bezichtigt werden kann.

5 Nicht verletzt werden wollen bzw. sollen – in persönlicher, rechtlicher und politischer Hinsicht

Dem eingespielten, normalen Sprachgebrauch zufolge wird stets *jemand* verletzt. Etwas kann beschädigt werden; Verletzung aber widerfährt jemandem, der das erfährt.[17] Ein Ding, eine Sache ‚erfährt' nichts; und das Leben von jemandem wird nicht ‚beschädigt', jedenfalls nicht so, wie etwas bloß Vorhandenes beschädigt werden kann. Adornos *Minima Moralia* müssten eigentlich den Untertitel tragen: „Reflexionen aus dem *verletzten*", nicht aus dem „*beschädigten* Leben".

‚Jemand' fungiert grammatikalisch als Objekt der Verletzung, die jemandem widerfährt.[18] Das legt die nächste Frage nahe: Wodurch? Und wie? Um eine pedantische Scholastik zu vermeiden, ziehe ich beides zusammen, indem ich unterscheide: (a) von außen (durch Naturereignisse bspw.); (b) durch Andere; (c) durch eigene Missgeschicke, letztlich durch sich selbst. Die Frage nach Ursachen und Quellen von Verletzungen lenkt als nächstes die Aufmerksamkeit auf die fragliche Verletzung als Vorgang, in dem sie geschieht – (d) in zeitlicher Hinsicht: einmalig oder wiederholt, unabsichtlich und vorübergehend oder mit voller Absicht und schwerwiegend, eventuell sogar als dynamisches Moment einer Art und Weise zu leben. Weiter lassen sich (e) Modalitäten (physische wie das sog. Ritzen und psychische wie die Demütigung), (f) Dimensionen (persönliche, soziale, moralische, rechtliche), entsprechende Hinsichten und (g) Wirkungen (oberflächliche und tiefe, kurz- und langfristige, vorübergehende, strukturelle und terminale) unterscheiden. Die scheinbar geringste Verletzung kann die schlimmste Wirkung hervorrufen – bis zur Zerstörung derjenigen, die verletzt wurden. Wenn das zutrifft, kann nicht von vornherein klar sein, welcher Zusammenhang zwischen Verletzendem, Verletzung und Verletztem ‚letztlich' besteht. Mit anderen Worten: Verletzungen lassen nicht einmal dann, wenn sie als solche wahrgenommen und benannt werden können, von vornherein klar absehen, welche Folgen sie für die jeweils Verletzten haben werden.

So rücken schließlich diejenigen ins Blickfeld, die verletzt werden. Inwiefern kann bzw. muss sie überhaupt Verletzendes verletzend ‚treffen' und gegebenenfalls vernichten? Die normalsprachliche Rede von Verletzung unterstellt, *dass im*

---

17 Davon, dass im übertragenen Sinne inzwischen auch Systeme und Gesellschaften als verletzlich oder vulnerabel gelten, sehe ich hier ab. Vgl. bspw. Münkler 2015 zur Vulnerabilität modernen Gesellschaften (S. 197), sowie zur Unterscheidung von Vulnerabilität und Vulneranz (S. 316). Es wäre eine eigene Diskussion wert, ob derartige metaphorische Rede nicht den geltend gemachten Unterschied zwischen ‚etwas' und ‚jemand' allzu sehr verwischt. Schwierig wird es allerdings auch, den Unterschied durchzuhalten, wo ‚etwas' wie die DNS sich dazu anschickt, ‚jemanden' hervorzubringen. Hier gilt: „the womb is the place where our pliable genomes are most vulnerable to environmental exposures". Letztlich verletzt wird vermittelt über Schädigungen des Embryos im Mutterleib aber das künftige Kind (Roberts 2016, S. 130).

18 In dieser pathischen Perspektive können wir allerdings nur beschränkt auf den antiken Begriff des *páthos* (eine der aristotelischen Kategorien) zurückgreifen, zeigt es sich doch bei näherem Hinsehen, dass Aristoteles vom Widerfahren und Widerfahrnis im Hinblick auf Dinge und Menschen neutral spricht.

Verletzten eine Bestimmung liegt, nicht verletzt werden zu wollen bzw. nicht verletzt werden zu sollen. Genau das, scheint mir, besagt auch die moderne Ontologie der Selbsterhaltung (Blumenberg ²1983), der zufolge allerdings alles Lebendige, erst recht aber jeder Mensch, darauf angelegt ist, sich *unbedingt* am Leben zu erhalten und es womöglich zu steigern, niemals aber, es indifferent verletzen oder auch nur behindern zu lassen.[19] Menschliche Selbstbestimmung affirmiert das: Niemand will verletzt werden; jede(r) wehrt Verletzung (die scheinbar nur von außen droht) ab und unterwirft sie, wenn das nicht möglich ist, dem Anspruch besonderer Rechtfertigungszumutung. Allenfalls kann jemand sich selbst verletzen, ohne dass das einer Rechtfertigung bedürfte. Auch das wäre aber Ausdruck der Selbstbestimmung. Seitens Anderer wird man Verletzung allenfalls vorübergehend hinnehmen und dulden, ihnen aber niemals einräumen, ‚grundlos' oder ohne Rechtfertigung verletzen zu dürfen.[20]

Die Verletzung eigener Ansprüche bleibt, selbst wenn sie einmal eingeräumt wird, immer mit einem subjektiven Vorbehalt verknüpft. In dieser Perspektive gilt das *Recht als Inbegriff des Schutzes* gegen die – stets Anderen zugeschriebene – Verletzung von Ansprüchen, die man selbst nur einschränkt bzw. verletzen lässt, insofern das die rechtlich gesicherte Koexistenz mit Anderen unumgänglich macht. Mit dieser Einschränkung schützt das Recht die *Integrität eines persönlichen Subjekts*, welches zwar hinnehmen muss, dass Verletzungen ‚passieren' (denn umfassende Prävention kann nicht in Aussicht gestellt werden), das sich ihnen aber nur unfreiwillig aussetzt und sie, wenn sie nicht zu vermeiden sind, allenfalls vorübergehend im Rahmen des Erträglichen hinnehmen wird, um frü-

---

19 Daraus folgerte Alberico Gentili gegen Ende des 16. Jahrhunderts: „no one ought to expose himself to danger unless he is a fool"; „be on your guard before you suffer"; „it is rash to allow dangers to come upon you and then to repent of it" (zitiert nach Tuck 2002, S. 19). Jeder Andere wird so zur antizipierten Quelle potenziell tödlicher Verletzungen, wie schon Cato sagte: „Who may make war on me is my enemy even if he is not yet taking action" (ebd., S. 20). Jedoch folgt aus der oben in Anspruch genommenen Nicht-Indifferenz erfahrener Verletzung gegenüber keineswegs eine Art Gesetz, demzufolge jede Art der Gegenwehr gegen Andere erlaubt wäre, solange es um die Selbsterhaltung geht.

20 Vermutlich gilt das ‚normalerweise' auch für masochistische und sadistische Verhältnisse. Spätestens wenn sie diese Maßgabe überschreiten, werden sie zweifellos als pathologisch eingestuft. Carina Pape zieht aus dem Nicht-verletzt-werden-wollen den Schluss, dass es eine Norm gibt, die besagt, „do not violate others against their will or without good reason" (Pape 2017, S. 216). So wird allerdings die Unumgänglichkeit gewaltsamer Kommunikation möglicherweise unterschätzt, die man Anderen vielfach zumuten muss, um ihnen überhaupt in Formen des Protests, der Rebellion, der Revolte etc. nahe zu bringen, dass man Empörendes beklagt und nach Abhilfe verlangt – explizit gegen den Willen Anderer und ohne sich von Anfang an auf gute Gründe stützen zu können, die erst eine politische Auseinandersetzung zum Vorschein bringen kann.

her oder später auf seinen Rechten zu bestehen, d. h. um seinen im Rahmen des Rechts legitimen Anspruch einzulösen, vor unberechtigten Verletzungen wenigstens nachträglich in Schutz genommen zu werden.[21]

Der Rest ist – zumindest nach gängigem Verständnis – ‚Psychologie'. Tatsächlich erweisen sich Menschen als Mitbürger in vielerlei Hinsichten als verletzbar, denen das Recht entweder zu spät oder gar nicht Rechnung tragen kann und mit denen sie insofern leben müssen. Die Sozialphilosophie der Moderne hat denn auch eine Vielzahl von Quellen persönlicher Verletz*lichkeit* zur Sprache gebracht, mit der man leben muss, ohne darauf bauen zu können, das Recht werde vor ihr bewahren – von fehlender Achtung, die das Selbstwertgefühl verletzt, bzw. Missachtung durch Andere, die jegliche Anerkennung versagt (Honneth ^{2}1998), und narzisstischen Affekten wie verletzter Selbstliebe (Lasch 1982) über Ressentiments (Scheler 1978), Gefühle der Minderwertigkeit,[22] der Beschämung (Wüschner 2017, S. 47–78) bis hin zu Formen des Übersehenwerdens (Le Blanc 2009), des Ausgeschlossen- und des Gedemütigtwerdens (Bude et al. 2008; Margalit 1996). Dabei sind kaum je deutliche Grenzen zwischen berechtigten Gefühlen des Verletztwerdens einerseits und einem Verletztsein andererseits erkennbar, das man auf eine bloß subjektive, ‚unberechtigte' Verletzlichkeit zurückzuführen neigt.[23] Während man solchen Gefühlen eine politische Dimension nicht generell abspricht (insofern sie sich auf institutionelle Grundstrukturen des Zusammenlebens beziehen), steht die Verletzlichkeit notorisch im Verdacht, das Politische sentimental aufzuladen und darüber hinaus einer geradezu anti-politischen Selbstgerechtigkeit Tür und Tor zu öffnen (Liebsch 2019).[24] Das geschieht, wenn die Betroffenen meinen, ihr subjektives Sich-verletzt-fühlen genüge bereits, um sich mit Anderen, affektiv scheinbar gleich Gestimmten, zu verbünden in polemischem Protest. Als selbstgerechter hat dieser aber keinen bewährbaren politischen Inhalt und zielt nicht einmal darauf ab, Andere, gegen die er sich zunächst richtet, für sich zu gewinnen. Ihm genügt die pure Manifestation des Gefühls des Verletztseins, das gar nicht auf Andere als Adressaten angewiesen ist, denen man freie Antwortspielräume einräumen sollte. Dass man dieses Gefühl, wie auch immer vermeintlich geteilt mit Anderen, hinausschreit, reicht bereits

---

21 So gesehen nähren sich diejenigen, die verletztes Recht einklagen, in der Tat parasitär „von der Wehrlosigkeit, Verletzbarkeit und Ohnmacht der anderen" (Vargas Llosa 1997, S. 409 f.).

22 Ein zentrales Thema in der Individualpsychologie A. Adlers (Ellenberger 1985, Kap. 8).

23 Vgl. zur Klarstellung die Fußnote 9.

24 Eine gewisse sentimentale Tendenz ist erkennbar in J. Butlers *Anmerkungen zu einer performativen Theorie der Versammlung* (Butler 2016), wo sie immerfort dem Recht verletzter Wesen das Wort redet, politisch in Erscheinung zu treten, aber erst spät realisiert, dass es sich auch um gewaltsame und hasserfüllte Subjekte handeln könnte.

aus, um zu verbürgen, worauf es politischer Selbstgerechtigkeit eigentlich ankommt: unübersehbar zu manifestieren, dass man existiert. Wir schreien (andere an und nieder...), *also sind wir*, ganz gleich, was ihr davon haltet, usw.

So gesehen versteht man gewisse Vorbehalte dagegen, dem Begriff der Verletzlichkeit in politisch-rechtlicher Hinsicht besondere Aufmerksamkeit zu schenken. Leistet das nicht einer selbstgerechten Gewalt zornigen und wütenden Protests und zugleich einer sentimentalen Verwässerung des Politischen Vorschub, die nicht selten so weit geht, jegliche (ggf. nur denkbare, noch gar nicht eingetretene) Verletzung Anderer generell oder bestimmter Gruppen zu skandalisieren?[25] *Berufen* kann man sich scheinbar nicht auf die eigene Verletzlichkeit; es sei denn mit Bezug auf ohnehin legale oder auf legitime (erst zu legalisierende) Ansprüche. Wo solche Ansprüche nicht vorliegen oder geltend gemacht werden können, handelt es sich nach verbreiteter Auffassung um psychologische Probleme, mit denen jeder selbst zurechtkommen muss. *Recht plus Psychologie*, auf dieses einfache Schema kann man auf den ersten Blick verkürzen, wie man bislang mit menschlicher Verletzlichkeit begrifflich umgegangen ist; zumindest innerhalb einigermaßen stabiler politischer Ordnungen, wie sie sich der sogenannte Westen notorisch zugutehält – wo man (bis auf wenige Ausnahmen – vgl. Lütkehaus 2006; Boelderl 2006; Schües 2008; Liebsch 2016b) die Geburt als ein philosophisch nicht erhebliches Faktum einfach voraussetzt und annimmt, mit ihr gehe quasi automatisch die Integration in ein Rechtssystem einher, das jede(n) so weit wie nur möglich vor unberechtigter Verletzung schützt. Dabei hat man im Westen entweder weitgehend vergessen oder einfach übersehen, dass auch solche Ordnungen selbst mit verletzenden Gewaltpotenzialen einhergehen und dass sie im Prinzip jederzeit wieder zerbrechen können, um eine exzessive und extensive Verletzung jedes Einzelnen heraufzubeschwören.

Wer diesen Begriff radikal bedenken will, wird beide Verkürzungen nicht übernehmen können. Nur dann kommt eine komplexe Problemkonstellation in den Blick, die von der Geburt als einer rückhaltlosen Aussetzung an eine radikale, exzessive und extensive Verletzbarkeit ausgeht, die von politisch institutionalisierten Ordnungen jedoch in Schach zu halten und zu entschärfen ist – bis auf den zweifelhaften Restbestand einer ‚Psychologie' des Sich-verletzt-fühlens, das die Philosophie scheinbar weiter nichts angeht, wenn es denn stimmt, dass es sich hier nur um das Reich eines subjektiven Meinens und Fürwahrhaltens handeln kann, das es ganz und gar ausschließen muss, dass man sich auf es beruft. Wer das tut, schließt sich Hegel zufolge aus dem Vernünftigen selbst aus (Hegel 1986). So mag das Verletztsein als Gefühl sein subjektives Gewicht haben; als Quelle von

25 Ein aktuelles Beispiel liefert Rauterberg ^{3}2018, S. 44, 110 ff.

Ansprüchen gegen Andere und in diesem Sinne als ‚Argument' taugt es demnach jedoch nicht.

6 Unaufhebbare Verletzbarkeit und die Bereitschaft, sich verletzen zu lassen

Gegen diese Art der ‚Einhegung' menschlicher Verletzlichkeit ist allerdings Einspruch zu erheben, (a) insofern sie die *im Geborensein liegende rückhaltlose Verletzlichkeit* als solche gering schätzt bzw. als philosophische Herausforderung nicht gebührend ernst nimmt; (b) insofern sie die *Unaufhebbarkeit dieser Verletzlichkeit* (sowie der epigenetisch aus ihr hervorgehenden neuartigen Verletzlichkeiten, die nicht schon von Geburt an gegeben sind) ungenügend zur Kenntnis nimmt; (c) insofern sie *das Recht als institutionalisierte Antwort auf die Herausforderung dieser Verletzlichkeiten an die Adresse sozialen und politischen Zusammenlebens überschätzt*; (d) insofern sie *nicht zu verrechtlichende Verletzlichkeit* auf das Konto einer praktisch zur bloßen Privatangelegenheit herabgestuften ‚Psychologie' gleichsam abbucht und damit *trivialisiert* – was sich vor allem darin zeigt, dass Verletzbarkeit gar nicht in ihren produktiv-kommunikativen und imaginären Dimensionen beleuchtet wird; und schließlich (e) insofern sie letztere *nicht auf die historischen, kulturellen und interkulturellen Dimensionen einer radikalen, exzessiven und extensiven Verletzung Anderer bezieht*, die wie die Sklaverei, die (neo-)kolonialistische Ausbeutung und Entwürdigung Fremder – in wie auch immer variierter Form – zukünftig erneut drohen könnte, wenn politisch-rechtlich institutionalisierte Ordnungen des Zusammenlebens dem nicht effektiv entgegenwirken. Das können sie nur ‚versprechen', wenn sie die menschliche Imagination als prospektives Vermögen aktivieren, das die Verletzbarkeit Anderer nicht erst zur Kenntnis nimmt, wenn es zu spät ist.

Ohne sich apokalyptischen Phantasien *hinzugeben*, muss die menschliche Imagination prospektiv so weit wie nur möglich die Nähe des Äußersten suchen, um von ihr her zu bestimmen, was droht, wenn jene Ordnungen versagen. Dass sie versagen müssen, ist kein unabwendbares Schicksal. Aber sie sollten auch nicht in einer saturierten Selbstgerechtigkeit verkümmern, die glauben lässt, gegen ein Übermaß unerträglicher und nicht hinzunehmender Verletzungen sei auf politisch-rechtlichen Wegen bereits alles geleistet, was möglich ist. Selbst wenn das zuträfe, bliebe der Verdacht bestehen, dass sich die Verletzbarkeit, der sich ‚gebürtige' Wesen von Anfang an ausgesetzt sehen (auch wenn sie das erst im Nachhinein begreifen), niemals in einer politisch-rechtlichen Ordnung aufheben lässt – bis auf einen trivialisierten Rest, mit dem man angeblich leben muss.

Gegen diese ‚Einhegung' menschlicher Verletzbarkeit, die zugleich auf deren Depotenzierung hinausläuft, ist Einspruch einzulegen, weil uns Verletzbarkeit als ein zwar nicht unveränderliches, wohl aber unabdingbares Moment der *conditio humana* geradezu ausmacht. Wir sind nicht zuerst (wie es bei Plotin den Anschein hat) unverletzte, dann auf rätselhafte Art und Weise in die Welt gefallene, sodann sprechende, potenziell vernünftige Lebewesen, darüber hinaus ihrer selbst bewusste, selbstbestimmte und wehrhafte Personen, die mehr oder weniger zufällig verletzt werden und sich dann unter Berufung auf ihre Rechte dagegen behaupten können – etwa auf jenen von Hegel und seinen Bewunderern bis heute beschriebenen Wegen von Kämpfen um Anerkennung. *Unser ‚selbsthaftes' Leben hebt vielmehr von Anfang an nur als rückhaltlos verletzbares an*; und es kann gar nicht Gestalt annehmen ohne tatsächliche Verletzungen (Liebsch 2014b). Das menschliche Selbst gewinnt nicht nur durch unmittelbar förderliche Einflüsse, sondern auch durch mehr oder weniger tiefgreifende, vorübergehende oder anhaltende, sowohl erlittene als auch zugefügte Verletzungen Konturen; und so, dass diese Einflüsse gerade nicht bloß abzuwehren sind, denn sie machen auch Wirklichkeit sichtbar.[26] Wer niemals verletzt werden und niemanden jemals verletzen wollte, könnte überhaupt kein soziales – und schon gar kein ästhetisch produktives (Liebsch 2013, S. 69–94) – Leben leben. Erst im Verhalten zu vielfachen Verletzungen entscheidet sich, ob und wie nicht zu leugnende, nicht unterdrückte, nicht tabuisierte Verletzbarkeit kommunikativ ‚produktiv' werden kann oder ob sie nur lädiert und am Ende die Verletzten zu ruinieren droht – sei es, weil diese die fragliche Verletzung gegen sich selbst wenden, sei es, weil sie sich durch sie in agonale und antagonistische Macht- und Gewaltverhältnisse verstricken lassen, die ein verletztes Zusammenleben miteinander nur noch in fortschreitend verletzendem Gegeneinander wirklich werden lassen.

Zu sozialem Leben gehört unabdingbar nicht nur eine unvermeidliche Verletzbarkeit, sondern auch *die Bereitschaft, sich verletzen zu lassen*;[27] die Fähigkeit,

---

26 Eben das hatte wohl auch Hegel in seiner *Jenaer Realphilosophie* mit Blick auf *die Wirklichkeit des Selbst* im Sinn (s. o.). Dabei verkürzte er die Verletzung jedoch auf gegenseitiges, weitgehend mutwilliges Tun, das im Kampf um Anerkennung normativ Gestalt annimmt. Ganz anders zu verstehen ist die ethische Apologie menschlicher Verletzbarkeit, wie man sie im Werk von Levinas antrifft, für den das nicht intendierte Verletztwerden durch die Verletzbarkeit des Anderen eine nicht-indifferente Verantwortung für ihn stiftet, ohne dass diese jemals erkämpft werden müsste. Diesen Kontext kann ich hier nur streifen (vgl. Weber 1990; Liebsch 1998, S. 1248–1276).

27 Für Levinas kann es sich hierbei gerade nicht um eine subjektive, jedem in gewisser Weise selbst zur Disposition stehende ‚Bereitschaft', sondern nur um eine ethische Bestimmung menschlicher Subjektivität handeln. Es ist aber nicht zu übersehen, dass Levinas, der das Leiden ausdrücklich als Vulnerabilität deutet, in Konflikt kommen muss mit dieser Ambiguität: Einmal verweist dieser Begriff auf die *Zufluchtslosigkeit des Leidens*, dann aber auch auf die eigentliche

verletzende Gegenreaktionen zu absorbieren, zu suspendieren, abzuschwächen und ganz zu unterlassen; sowie die Mühe, Verletzung nicht nur gegen Andere, sondern auch um ihretwillen zum Ausdruck zu bringen, sei es in ‚starker Kommunikation' (Bataille 1987),[28] die nur durch gegenseitige Verletzung überhaupt möglich wird, sei es ‚kreativ'-ästhetisch.[29] Wer nur Sinn für seine eigene Verletzbarkeit hat und sogleich nach dem Recht schreit, das ihm für den Fall der Verletzung seiner Ansprüche beispringen soll, muss sich als sozial, politisch und kulturell beschränktes Wesen erweisen.[30] So jemand wird auch nicht verstehen, in welchem Ausmaß wir es gerade vielfach Verletzten zu verdanken haben, was wir uns in ästhetischer Einstellung zu Gemüte führen. Und so jemand wird kaum begreifen, dass es gerade *deren* literarische, musikalische, bildnerische ... Kunst ist, die uns für die Verletzbarkeit Anderer sensibilisiert.[31] Nicht zuletzt im Modus politischer Imagination, die uns für das Leben der Anderen und für die Horizonte ihrer Sterblichkeit aufschließt – bis hin zur absehbaren Zerstörung ihrer Lebensgrundlagen, zum Völkermord und selbst zum Holozid, nach dem niemand mehr da wäre, der übermäßige Verletzungen beklagen könnte. Ich beschließe meine *tour de force* durch die weiten Felder menschlicher Verletzbarkeit mit diesem Ausblick, indem ich gleichsam diese eschatologische Tür aufstoße, ohne sie zu durchschreiten ...

---

ethische Offenheit dem Anderen gegenüber, die Levinas gegen die neuzeitliche Ontologie der Selbsterhaltung (namentlich gegen Spinozas *conatus essendi*) in Stellung bringt (Levinas 1995, S. 118; Levinas 1989, S. 95; Levinas 1996, S. 191).

28 Den Kommunikationsbegriff Batailles übernehme ich allerdings nicht, sofern er vorbehaltlos ein affirmatives Verhältnis zum Bösen einschließt.

29 Haftmann 1979 liefert zahlreiche Hinweise in diese Richtung – mit Blick auf „heimatlose" *peintres maudites* (Haftmann 1979, S. 327), Verfolgte und Verstoßene, deren „Pathos der Verlorenheit" und „grenzenloses Verlassensein" in einer „hoffnungslos verschlossenen Welt" (Haftmann 1979, S. 259, 262, 272 f.). So kommt eine ästhetische „Passion" zum Vorschein, die nicht selten „das Verletzende suchen" muss, um sich artikulieren zu können (Haftmann 1979, S. 353).

30 Insofern würde ich Ricœur zustimmen, wenn er (in einem anderen Kontext) sagt, „man wird sich [...] kaum noch mit der Verletzlichkeit beschäftigen können, ohne die Idee der Normativität neu zu fassen" (Ricœur 2006, S. 257).

31 Ganz in diesem Sinne heißt es in einer Erzählung E. T. A. Hoffmanns: „daß niemand an meinen Schmerz glaubt, ja daß man mich wohl albern und töricht schilt, das ist es ja eben, was mich hinausstößt aus der Welt" (Hoffmann 1819, S. 53–87, hier: S. 58). Zum Begriff der Sensibilität vgl. Liebsch 2008; Liebsch 2018c.

Literatur

Auersperg, Alfred Prinz (1963): *Schmerz und Schmerzhaftigkeit.* Berlin, Göttingen, Heidelberg: Springer.

Baberowski, Jörg (^{4}2017): *Räume der Gewalt.* Frankfurt a. M.: S. Fischer.

Bataille, Georges (1987): *Die Literatur und das Böse.* München: Matthes & Seitz.

Berner, Knut (2004): *Theorie des Bösen. Zur Hermeneutik destruktiver Verknüpfungen.* Neukirchen-Vluyn: Neukirchener.

Biernoff, Suzannah (2017): *Portraits of Violence. War and the Aesthetics of Disfigurement.* Ann Arbor: University of Michigan Press.

Blume, Eugen/Hürlimann, Annemarie et al. (Hrsg.) (2007): *Schmerz. Kunst + Wissenschaft.* Köln: DuMont.

Blumenberg, Hans (^{2}1983): *Säkularisierung und Selbstbehauptung.* Frankfurt a. M.: Suhrkamp.

Boelderl, Artur R. (2006): *Von Geburts wegen: Unterwegs zu einer philosophischen Natologie*, Würzburg: Königshausen & Neumann.

Bude, Heinz/Willisch, Andreas (Hrsg.) (2007): *Exklusion. Die Debatte über die „Überflüssigen".* Frankfurt a. M.: Suhrkamp.

Butler, Judith (2006): *Precarious Life. The Powers of Mourning and Violence.* London, New York: Verso.

Butler, Judith (2009): *Frames of War. When is Life Grievable?.* London, New York: Verso.

Butler, Judith (2016): *Anmerkungen zu einer performativen Theorie der Versammlung.* Berlin: Suhrkamp.

Buytendijk, Frederik Jacobus Johannes (1948): *Über den Schmerz.* Bern: Huber.

Buytendijk, Frederik Jacobus Johannes (1958): *Das Menschliche. Wege zu seinem Verständnis.* Stuttgart: Koehler.

Canetti, Elias (1994): *Masse und Macht.* Frankfurt a. M.: Hanser.

Cassirer, Ernst (1954): *Essay on Man* [1944], New York: Gordian Press.

Cassirer, Ernst (^{2}2007): *Versuch über den Menschen. Einführung in eine Philosophie der Kultur.* Hamburg: Meiner.

Chaouat, Bruno (2017): *Is Theory Good for the Jews? French Thought and the Challenge of the New Antisemitism.* Liverpool: Liverpool University Press.

Colpe, Carsten/Schmidt-Biggemann, Wilhem (Hrsg.) (1993): *Das Böse. Eine historische Phänomenologie des Unerklärlichen.* Frankfurt a. M.: Suhrkamp.

Däumer, Matthias/Kalisky, Aurélia/Schlie, Heike (Hrsg.) (2017): *Über Zeugen. Szenarien von Zeugenschaft und ihre Akteure.* München: Fink.

Derrida, Jacques (2002): *Politik der Freundschaft.* Frankfurt a. M.: Suhrkamp.

Ellenberger, Henry F. (1985): *Die Entdeckung des Unbewussten.* Zürich: Diogenes.

Epikur (1985): *Briefe. Sprüche. Werkfragmente* (griech./dt.). Hans-Wolfgang Krautz (Hrsg.). Stuttgart: Reclam.

Frank, Manfred (Hrsg.) (2005): *Das kalte Herz. Texte der Romantik.* Frankfurt a. M., Leipzig: Insel.

Freyer, Hans (^{4}1956): *Theorie des gegenwärtigen Zeitalters.* Stuttgart: Deutsche Verlagsanstalt.

Goltermann, Svenja (2017): *Opfer. Die Wahrnehmung von Krieg und Gewalt in der Moderne.* Frankfurt a. M.: S. Fischer.

Goltz, Bogumil (1979): „Umgangs-Philosophie". In: Claudia Schmölders (Hrsg.): *Die Kunst des Gesprächs. Texte zur Geschichte der europäischen Konversationstheorie.* München: Deutscher Taschenbuch-Verlag, S. 260–263.
Gospodinov, Georgi (2020): „Wenn wir hier herauskommen – ein Kühlschrankzettel". In: *NZZ*, 14. April.
Gouwens, Kenneth (2016): „What Posthumanism Isn't: On Humanism and Human Exceptionalism in the Renaissance". In: Joseph Campana/Scott Maisano (Hrsg.): *Renaissance Posthumanism.* New York: Fordham University Press, S. 37–63.
Grüny, Christian (2004): *Zerstörte Erfahrung. Eine Phänomenologie des Schmerzes.* Würzburg: Königshausen & Neumann.
Haftmann, Werner ([6]1979): *Malerei im 20. Jahrhundert.* München: Prestel.
Hegel, Georg Wilhelm Friedrich (1974): *Frühe politische Systeme.* Frankfurt a. M., Berlin, Wien: Ullstein.
Hegel, Georg Wilhelm Friedrich (1986): „Vorlesungen über die Philosophie der Religion I". In: *Werke.* Bd. 16. Eva Moldenhauer/Karl Markus Michel (Hrsg.). Frankfurt a. M.: Suhrkamp.
Hegel, Georg Wilhelm Friedrich (1994): *Vorlesungen über die Philosophie der Weltgeschichte.* Hamburg: Meiner.
Heidegger, Martin (1984): *Sein und Zeit.* Tübingen: Niemeyer.
Herrmann, Steffen K./Krämer, Sybille/Kuch, Hannes (Hrsg.) (2007): *Verletzende Worte. Die Grammatik sprachlicher Missachtung.* Bielefeld: transcript.
Hoffmann, Ernst Theodor Amadeus (1819): „Die Bergwerke zu Falun". In: Manfred Frank (Hrsg.): *Das kalte Herz. Texte der Romantik.* Frankfurt a. M., Leipzig: Insel, S. 53–87.
Honneth, Axel ([2]1998): *Kampf um Anerkennung. Zur moralischen Grammatik sozialer Konflikte.* Frankfurt a. M.: Suhrkamp.
Jacobi, Rainer-M. E./Marx, Bernhard (Hrsg.) (2011): *Schmerz als Grenzerfahrung.* Leipzig: Evangelische Verlagsanstalt.
Kant, Immanuel (1977a): „Zum ewigen Frieden. Ein philosophischer Entwurf (1. Aufl. 1795)". In: *Werkausgabe in 12 Bänden.* Bd. 11. Wilhelm Weischedel (Hrsg.). Frankfurt a. M.: Suhrkamp.
Kant, Immanuel (1977b): „Die Metaphysik der Sitten". In: *Werkausgabe in 12 Bänden.* Bd. 8. Wilhelm Weischedel (Hrsg.). Frankfurt a. M.: Suhrkamp.
Klingner, Friedrich (1986): „Einführung". In: *Boethius. Trost der Philosophie.* Stuttgart: Reclam, S. 5–39.
Kojève, Alexandre (1975): *Hegel. Eine Vergegenwärtigung seines Denkens – Kommentar zur Phänomenologie des Geistes. Anhang: Hegel, Marx und das Christentum.* Frankfurt a. M.: Suhrkamp.
Krämer, Sybille/Koch, Elke (Hrsg.) (2010): *Gewalt in der Sprache. Rhetoriken verletzenden Sprechens.* München: Fink.
Kraus, Karl (1988): *Weltgericht I.* Frankfurt a. M.: Suhrkamp.
Lasch, Christopher (1982): *Das Zeitalter des Narzissmus.* München: Bertelsmann.
Le Blanc, Guillaume (2009): *L'invisibilité sociale.* Paris: Presses Universitaires de Frances.
Le Breton, David (2006): *Anthropologie de la douleur. Éd. rev. et complétée.* Paris: Métailié.
Leinkauf, Thomas (2017): *Grundriss. Philosophie des Humanismus und der Renaissance (1350–1600).* 2 Bde. Hamburg: Meiner.
Leriche, René (1936): „Introduction générale". In: *Encyclopédie française.* Bd. 6. Paris, S. 1–6.
Leriche, René (1958): *Chirurgie des Schmerzes.* Leipzig: Johann Ambrosius Barth Verlag.

Levinas, Emmanuel (1984): *Die Zeit und der Andere.* Hamburg: Meiner.
Levinas, Emmanuel (1989): *Humanismus des anderen Menschen.* Hamburg: Meiner.
Levinas, Emmanuel (1995): *Zwischen uns. Versuche über das Denken an den anderen.* München, Wien: Hanser.
Levinas, Emmanuel (1996): *Gott, der Tod und die Zeit.* Wien: Passagen.
Levinas, Emmanuel (2005): *De l'évasion. Ausweg aus dem Sein* [1935] (frz./dt.). Hamburg: Meiner.
Liebsch, Burkhard (1998): „Von der Phänomenologie der Offenheit zur Ethik der Verwundbarkeit. Merleau-Ponty und Levinas auf den Spuren einer An-Archie der Subjektivität". In: Reto Luzius Fetz/Roland Hagenbüchle/Peter Schulz (Hrsg.): *Geschichte und Vorgeschichte der modernen Subjektivität.* Bd. 2. Berlin, New York: De Gruyter, S. 1248–1276.
Liebsch, Burkhard (2007a): „Würdigung des Anderen. Bezeugung menschlicher Würde in interkultureller Perspektive – im Anschluss an Judith N. Shklar". In: *Allgemeine Zeitschrift für Philosophie* 32. Nr. 3, S. 24–55.
Liebsch, Burkhard (2007b): *Subtile Gewalt. Spielräume sprachlicher Verletzbarkeit. Eine Einführung.* Weilerswist: Velbrück Wissenschaft.
Liebsch, Burkhard (2008): *Menschliche Sensibilität. Inspiration und Überforderung.* Weilerswist: Velbrück Wissenschaft.
Liebsch, Burkhard (2013): „Ästhetik der Existenz oder existenzielle Ästhetik? Anmerkungen zu einer leidenschaftlichen Lebensform". In: Elke Bippus/Jörg Huber/Roberto Nigro (Hrsg.): *Ästhetik der Existenz. Lebensformen im Widerstreit.* Wien: Edition Voldemeer, S. 69–94.
Liebsch, Burkhard (2014a): „Von der fehlenden Begründung zur prekären Bezeugung der Menschenrechte". In: *Metodo. International Studies in Phenomenology and Philosophy* 2. Nr. 1, S. 97–115. http://metodo-rivista.eu/pub-137509, besucht am 27.05.2021.
Liebsch, Burkhard (2014b): *Verletztes Leben. Studien zur Affirmation von Schmerz und Gewalt im gegenwärtigen Denken. Zwischen Hegel, Nietzsche, Bataille, Blanchot, Levinas, Ricœur und Butler.* Zug: Die Graue Edition.
Liebsch, Burkhard (2015): *Unaufhebbare Gewalt. Umrisse einer Anti-Geschichte des Politischen. Leipziger Vorlesungen zur Politischen Theorie und Sozialphilosophie.* Weilerswist: Velbrück Wissenschaft.
Liebsch, Burkhard (2016a): „Zum politischen Potenzial gegenwärtiger Furcht. Auf Hobbes', Nietzsches und Freuds Spuren". In: *Psyche. Zeitschrift für Psychoanalyse und ihre Anwendungen* 70. Nr. 7, S. 618–643.
Liebsch, Burkhard (2016b): *In der Zwischenzeit. Spielräume menschlicher Generativität.* Zug: Graue Edition.
Liebsch, Burkhard (2018a): *Einander ausgesetzt. Der Andere und das Soziale.* Bd. 1. *Umrisse einer historisierten Sozialphilosophie im Zeichen des Anderen.* Freiburg i. Br., München: Karl Alber.
Liebsch, Burkhard (2018b): *Einander ausgesetzt. Der Andere und das Soziale.* Bd. 2. *Elemente einer Topografie des Zusammenlebens.* Freiburg i. Br., München: Karl Alber.
Liebsch, Burkhard (Hrsg.) (2018c): *Sensibilität der Gegenwart. Wahrnehmung, Ethik und politische Sensibilisierung im Kontext westlicher Gewaltgeschichte.* Sonderheft Nr. 17 der *Zeitschrift für Ästhetik und allgemeine Kunstwissenschaft.* Hamburg: Meiner.
Liebsch, Burkhard (2019): „,Ich empöre mich, also sind wir'? Zur fragwürdigen Politisierbarkeit einer ‚rebellischen' Energie". In: Burkhard Liebsch: *Europäische Ungastlichkeit und*

‚identitäre' Vorstellungen. Fremdheit, Flucht und Heimatlosigkeit als Herausforderungen des Politischen. Hamburg: Meiner, S. 211–226.

Liebsch, Burkhard (2021): „Gewalt als Herausforderung des Politischen heute. Mit Blick auf die neueste Politisierung des kindlichen Körpers". In: *Zeitschrift für Politik* 68. Nr. 1, S. 48–68.

Lütkehaus, Ludger (2006): *Natalität. Philosophie der Geburt.* Zug: Graue Edition.

Lyotard, Jean-François (²1989): *Der Widerstreit.* München: Fink.

Mansfield, Sue (1991): *The Rites of War. An Analysis of Institutionalized Warfare.* London: Bellew.

Margalit, Avishai (1996): *The Decent Society.* Cambridge, London: Harvard University Press.

Marx, Bernhard (Hrsg.) (2010): „Widerfahrnis und Erkenntnis. Zur Wahrheit menschlicher Erfahrung". In: Bernhard Marx (Hrsg.): *Widerfahrnis und Erkenntnis. Zur Wahrheit menschlicher Erfahrung.* Leipzig: Evangelische Forschungsakademie, S. 13–56.

Mbembe, Achille (2017): *Politik der Feindschaft.* Berlin: Suhrkamp.

Milich, Stephan/Tramontini, Leslie (2018): „Schreiben gegen Unrecht. Protest und Engagement in der modernen syrischen und irakischen Dichtung". In: Sarhan Dhouib (Hrsg.): *Formen des Sprechens. Modi des Schweigens. Sprache und Diktatur.* Weilerswist: Velbrück, S. 361–396.

Millett, Kate (1993): *Entmenschlicht. Versuch über die Folter.* Hamburg: Junius.

Montaigne, Michel Eyquem de (1969): *Essais.* Stuttgart: Reclam. https://artflsrv03.uchicago.edu/philologic4/montessaisvilley/navigate/1/4/13/?byte=1314421, besucht am 27.05.2021.

Morris, David B. (1996): *Geschichte des Schmerzes.* Frankfurt a. M.: Insel.

Moses, A. Dirk (2004): „The Holocaust and Genocide". In: Dan Stone (Hrsg.): *The Historiography of the Holocaust.* Basingstoke: Palgrave Mc MacMillan, S. 533–555.

Moses, A. Dirk (2010): „Raphael Lemkin, Culture, and the Concept of Genocide". In: Donald Bloxham/A. Dirk Moses (Hrsg.): *The Oxford Handbook of Genocide Studies.* Oxford: Oxford University Press, S. 19–41.

Münkler, Herfried (2015): *Kriegssplitter. Die Evolution der Gewalt im 20. und 21. Jahrhundert.* Reinbek: Rowohlt.

Nancy, Jean-Luc (2007): *Die herausgeforderte Gemeinschaft.* Berlin: Diaphanes.

Nietzsche, Friedrich (1980): „Die Geburt der Tragödie. Unzeitgemäße Betrachtungen II". In: *Sämtliche Werke. Kritische Studienausgabe.* Nachgelassene Schriften 1870–1873. Bd. 1. Giorgio Colli/Mazzino Montinari (Hrsg.). München: Deutscher Taschenbuch-Verlag.

Pape, Carina (2017): „The Phenomenon of Indignation and Its Relation to Moral, Legal Law, and Emotion". In: Hilge Landweer/Fabian Bernhardt (Hrsg.): *Recht und Emotion II. Sphären der Verletzlichkeit.* Freiburg i. Br., München: Karl Alber, S. 196–219.

Platt, Kristin (Hrsg.) (2002): *Reden von Gewalt.* München: Fink.

Plessner, Helmuth (1976): *Die Frage nach der Conditio humana. Aufsätze zur philosophischen Anthropologie.* Frankfurt a. M.: Fischer.

Plotin (1986): *Ausgewählte Schriften.* Stuttgart: Reclam.

Rauterberg, Hanno (³2018): *Wie frei ist die Kunst? Der neue Kulturkampf und die Krise des Liberalismus.* Berlin: Suhrkamp.

Ricœur, Paul (1974): *Geschichte und Wahrheit.* München: List.

Ricœur, Paul (2001): „Autonomie et vulnérabilité". In: *Le Juste 2.* Paris: Éditions Esprit, S. 85–106.

Ricœur, Paul (2004): *Gedächtnis, Geschichte, Vergessen*. München: Fink.
Ricœur, Paul (2006): *Wege der Anerkennung. Erkennen, Wiedererkennen, Anerkanntsein*. Frankfurt a. M.: Suhrkamp.
Roberts, Dorothy (2016): „The Ethics of Biosocial Science". Harvard University. Verfügbar auf der Webseite der Tanner-Lectures der University of Utah. https://tannerlectures.utah.edu/_resources/documents/a-to-z/r/Roberts%20Manuscript%201%20and%202.pdf, besucht am 25.05.2021.
Roth, John K. (2018): *The Failures of Ethics. Confronting the Holocaust, Genocide and Other Mass Atrocities*. Oxford: Oxford University Press.
Sauerbruch, Ferdinand/Wenke, Hans (1961): *Wesen und Bedeutung des Schmerzes*. Bonn: Athenäum.
Scarry, Elaine (1992): *Der Körper im Schmerz. Die Chiffren der Verletzbarkeit und die Erfindung der Kultur*. Frankfurt a. M.: Fischer.
Scheler, Max (1978): *Das Ressentiment im Aufbau der Moralen*. Frankfurt a. M.: Insel.
Schipperges, Heinrich (1985): *Homo patiens. Zur Geschichte des kranken Menschen*. München, Zürich: Piper.
Schockenhoff, Eberhard (2018): *Kein Ende der Gewalt?*. Freiburg i. Br.: Herder.
Schües, Christina (2008): *Philosophie des Geborenseins*. Freiburg i. Br., München: Karl Alber.
Schulte, Christoph (1988): *Radikal böse. Die Karriere des Bösen von Kant bis Nietzsche*. München: Fink.
Seneca, L. Annaeus (1928): *De Ira. Moral Essays*. Bd. 1. London, New York: Heinemann.
Sennett, Richard (1977): *The Fall of Public Man*. New York: Alfred A. Knopf.
Shakespeare, William (1968): *King Lear*. Bungay, Suffolk: The Chauncer Press.
Steiner, George (1972): *In Blaubarts Burg. Anmerkungen zur Neudefinition der Kultur*. Frankfurt a. M.: Suhrkamp.
Stuckrad, Kocku von (2018): *Die Seele im 20. Jahrhundert. Eine Kulturgeschichte*. Leiden: Brill.
Taureck, Bernhard H. F. (2019): *Drei Wurzeln des Krieges*. Zug: Graue Edition.
Taureck, Bernhard. H. F./Liebsch, Burkhard (2020): *Drohung Krieg. Sechs philosophische Dialoge zur Gewalt der Gegenwart*. Wien, Berlin: Turia + Kant.
Tepl, Johannes von (1979): *Der Ackermann aus Böhmen*. Stuttgart: Reclam.
Ternon, Yves (1996): *Der verbrecherische Staat. Völkermord im 20. Jahrhundert*. Hamburg: Hamburger Edition.
Theunissen, Michael (1991): *Negative Theologie der Zeit*. Frankfurt a. M.: Suhrkamp.
Todorov, Tzvetan (1993): *Angesichts des Äußersten*. München: Fink.
Traverso, Enzo (2003): *Moderne und Gewalt. Eine europäische Genealogie des Nazi-Terrors*. Köln: Neuer ISP Verlag.
Traverso, Enzo (2008): *Im Bann der Gewalt. Der europäische Bürgerkrieg 1919–1945*. München: Siedler.
Tuck, Richard (2002): *The Rights of War and Peace. Political Thought and the International Order from Grotius to Kant*. Oxford: Oxford University Press.
Üngör, Uğur Ümit (Hrsg.) (2016): *Genocide. New Perspectives on its Causes, Courses and Consequences*. Amsterdam: Amsterdam University Press.
Vargas Llosa, Mario (1997): *Die geheimen Aufzeichnungen des Don Rigoberto*. Frankfurt a. M.: Suhrkamp.
Vargas Llosa, Mario (2013): *Alles Boulevard. Wer seine Kultur verliert, verliert sich selbst*. Berlin: Suhrkamp.

Vitoria, Francisco de (1997): Vorlesungen (Relectiones) Völkerrecht, Politik, Kirche. 2 Bde. Ulrich Horst/Heinz-Gerhard Justenhoven/Joachim Stüben (Hrsg.): *Theologie und Frieden.* 8. Bd. 2.
Walzer, Michael (^{4}2006): *Just and Unjust Wars. A Moral Argument with Historical Illustrations.* New York: Basic Books.
Weber, Elisabeth (1990): *Verfolgung und Trauma. Zu Emmanuel Lévinas' Autrement qu'être ou au-delà de l'essence.* Wien: Passagen.
Wüschner, Philipp (2017): „Scham – Schuld – Strafe. Zur Frage der Legitimation von Schamstrafen". In: Hilge Landweer/Fabian Bernhardt (Hrsg.): *Recht und Emotion II.* Freiburg: Alber, S. 47–78.

Rebekka A. Klein

Der ethische Sinn der Verletzlichkeit

Ein hermeneutisch-phänomenologischer Beitrag

Abstract: *The ethical meaning of vulnerability: A hermeneutic-phenomenological contribution.* From the very first breath, the physical body of the human being is a medium of being vulnerable and of being violated, of being exposed to unpredicted and sorrowful experiences. Vulnerability is therefore inescapable for human life. In the horizon of an embodied anthropology, 'vulnerability' does not denote a property, status or condition of a subject, but it emerges as an existential in manifold phenomena. Its ethical meaning can thus only be revealed by looking at its concrete embodiments. The article illuminates manifestations and ways of dealing with human openness to injury at the site of violence, but also at the site of religious desire for redemption. It pleads for a farewell to all forms of denial of vulnerability and sees its ethical sense in sensitively surrendering to its meaning, which is constitutive for the becoming of a self.

1 Die Frage nach dem Sinn der Verletzlichkeit

Die folgenden Überlegungen suchen das Wort ‚Verletzlichkeit' als Ausdruck für ein hermeneutisch und phänomenologisch beschreibbares Existenzial, d. h. für eine Daseinsstruktur des menschlichen Selbst, zu erschließen (vgl. dazu auch bereits Klein 2015; Klein 2017). Sie gehen davon aus, dass Verletzlichkeit anthropologisch unhintergehbar ist und nicht lediglich einen einzelnen Zustand bzw. ein einzelnes Gefühl oder ein einzelnes Subjekt bzw. eine einzelne Gruppe der Gesellschaft im Unterschied zu anderen bezeichnet, sondern eine Grundstruktur menschlicher Existenz. Wer eine solche hermeneutisch weite Perspektive auf Verletzlichkeit einnimmt und sie nicht (länger nur) als leidvollen Zustand oder Status eines einzelnen Subjekts begreift, sondern ihr stattdessen einen konstitutiven Sinn für die menschliche Existenz als solche zuspricht, sollte sich allerdings der Kritik bewusst sein, die an einer derartigen Ausweitung und Universalisierung der Rede von Verletzlichkeit geübt wird.

Die sich in gegenwärtigen philosophischen Diskursen vollziehende Neubewertung der Verletzlichkeit besteht darin, sie nicht mehr als Eigenschaft einzelner Subjekte zu begreifen oder ihr Auftreten temporär oder situativ beschränkt zu untersuchen (Butler 2005; Culp 2010; Gilson 2014; Liebsch 2014; Springhart 2016; Bieler 2017; Keul 2021). Eine solche Herangehensweise ist allerdings mit dem

 https://doi.org/10.1515/9783110734522-003

Einwand konfrontiert worden, dass sie negative Implikationen und Konsequenzen für die Wahrnehmung konkreter menschlicher Leiden sowie von Benachteiligung, Marginalisierung und Unrecht haben kann (vgl. für das Folgende Cole 2016, S. 265–268, 272–274; Ferrarese 2016, S. 152–154). So ist etwa gegen eine Universalisierung der Verletzlichkeit vorgebracht worden, dass sie (a) die Tendenz entfalten könne, vor dem Hintergrund einer undifferenziert beobachteten allgemeinmenschlichen Verletzlichkeit im Sinne einer Offenheit und Empfänglichkeit aller Menschen für leidvolle Erfahrungen die konkreten Verletzungen von bestimmten Menschen zu übersehen oder zu nivellieren und damit den gesellschaftspolitischen Kampf gegen konkretes Unrecht und konkrete Ungerechtigkeit zu schwächen. Des Weiteren könne (b) durch das Fokussieren auf Verletzlichkeit als eine bloße Empfänglichkeit des Menschen die mit konkreten Verletzungserfahrungen einhergehende intensivierte Negativität in Gestalt von gewaltvollen Beschädigungen oder Traumata des Subjekts verharmlost oder sogar vollständig unterschlagen werden.

Die beiden genannten Kritikpunkte, die auf das gesellschaftskritische Potenzial der Thematisierung von Verletzungen und verletzlichen Subjekten zielen, sind nun durchaus berechtigte Anliegen. Sie zeigen auf, dass es bei der Thematisierung einer universellen, anthropologisch basalen Verletzlichkeit niemals um eine bloße Ersetzung derjenigen Perspektive gehen darf, die auf konkrete Möglichkeiten und Wirklichkeiten der Verletzung von Menschen fokussiert. Nichtsdestotrotz sprechen aber die genannten Kritikpunkte auch nicht grundsätzlich gegen das Einnehmen einer erweiterten anthropologischen Perspektive, welche unter Verletzlichkeit eine konstitutive und nicht aufgebbare Struktur des menschlichen Selbst schlechthin begreifen möchte, sondern können diese der Sache nach sogar unterstützen. Denn das Einnehmen einer anthropologisch weiten Perspektive erweist sich immer genau dann als unabdingbar und notwendig, wenn der Blick darauf gelenkt wird, welche Folgen sich aus einer vorschnellen Einengung der Rede von Verletzlichkeit auf einen Zustand oder Status des Subjekts ergeben können.

So hat diese Einengung zwar den unbestreitbaren Vorzug, dass sie es erlaubt, wirksam die Interessen und Bedürfnisse von Einzelsubjekten oder Minderheiten gegenüber der sogenannten Mehrheitsgesellschaft hervorzuheben und diese in den demokratisch unumgänglichen politischen und gesellschaftlichen Kämpfen der Gegenwart auch sichtbar zu machen und nachhaltig zu vertreten. Doch hat sie zugleich den ebenso unbestreitbaren Nachteil, dass das permanente Streiten und Kämpfen für die konkrete Verletzlichkeit von Einzelnen und einzelnen Gruppen die tragenden Strukturen einer Gesellschaft gravierend zu schwächen vermag, wie die Debatte um eine Politik der Identitäten und die Diskriminierung von Minderheiten in der Gegenwart zeigt (Fukuyama 2019). Auch in sozialgeschichtlicher

Perspektive wurde bereits darauf hingewiesen, dass der gesellschaftliche Viktimisierungsdiskurs seit den 1980er und 1990er Jahren *de facto* dazu geführt hat, eine moralische Polarisierung und Spaltung der Gesellschaft weiter voranzutreiben, die sich nun in der Rede von verletzlichen Subjekten fortsetzt (Cole 2016, S. 268 – 271). Des Weiteren ist aus politiktheoretischer Perspektive beobachtet worden, dass moderne Staaten dazu tendieren, die Kategorie der Verletzlichkeit in ihrer Bevölkerungspolitik instrumentell zu verwenden und sie systematisch zu nutzen, um biopolitisch motivierte Sicherheitsmaßnahmen zu rechtfertigen und auszuweiten (Agamben 2021). So kann ein Verständnis von Verletzlichkeit, das diese als bloßen Zustand eines Subjekts begreift und diesen Zustand mit Leiden, Passivität, Ohnmacht, Hilflosigkeit, Schutzbedürftigkeit oder Schwäche des Subjekts gleichsetzt, dazu dienen, prophylaktisch Schutzmaßnahmen oder sogar eine ‚Sicherungsverwahrung' von verletzten oder verletzlichen Personen zu rechtfertigen (Cole 2016, S. 265). Die „Verletzlichkeit des Anderen" wird in solchen einengenden Verwendungen des Terminus „einer paternalistischen Logik der Domination unterstellt" (Staudigl 2015, S. 242) und kann auf diese Weise neue Formen der Gewaltsamkeit gegen diese Personen reproduzieren, anstatt sie zu unterbinden.

Zu einer politisch-instrumentellen Verwendung der Kategorie des verletzlichen Subjekts kann ebenfalls die implizite Gleichsetzung von Verletzlichkeit (als Möglichkeit) oder Verletzung (als Wirklichkeit) mit einem Opferstatus hinzugezählt werden. Diese Gleichsetzung vermag es, in gesellschaftlichen Diskursen Ressentimentgefühle zu erzeugen, und kann eine Politik des gekränkten und emotionalisierten ‚Wir' ermöglichen (Manemann 2019; Müller 2019). Die Politisierung der Verletzlichkeit als Subjektkategorie steht in dieser Form in der Gefahr, Teil eines identitätspolitisch ausgetragenen, unversöhnlichen Kampfes um die Verteilung von sozialen Gütern und materiellen Ressourcen zu werden, welcher in der finalen Zerstörung des öffentlichen Raumes freier Gesellschaften kulminiert (Fukuyama 2019).

Gegen Tendenzen der Stigmatisierung und Stereotypisierung von Einzelpersonen und/oder Personengruppen als ‚schwach', ‚beschädigt', ‚unterlegen' oder ‚schutzwürdig' kann die Thematisierung einer von allen Menschen geteilten *conditio humana* der Verletzlichkeit somit als wirksames Korrektiv dienen und der instrumentellen Verwendung der Kategorie des verletzlichen Subjekts entgegenwirken. Voraussetzung dafür, dass diese Korrektur gelingen kann, ohne dass zugleich wieder das gesellschaftskritische Potenzial des Themas an sich abgeblendet oder aufgegeben wird, ist allerdings, dass der Diskurs über Verletzlichkeit in Hinsicht auf ein komplexeres Nachdenken über das Wesen menschlicher Existenz, menschlicher Gesellschaft und ihrer politischen Sorge um die gemeinsamen

Angelegenheiten vertieft und ausgebaut wird (vgl. den Versuch dazu in Butler 2005).

Als wesentlicher Meilenstein auf dem Weg zur Erlangung eines solchen vielschichtiger angelegten Verständnisses der Verletzlichkeit des Menschen kann nun neben der anthropologischen Universalisierung des Phänomenfeldes auch die in der Forschung vornehmlich von Judith Butler, Erinn Gilson und Kristin Culp (Butler 2005; Gilson 2014; Culp 2010) geleistete Revision der Verletzlichkeit als einer ‚ambivalenten Potenzialität' angesehen werden (vgl. dazu auch Cole 2016, S. 264). So überwinden die genannten Philosophinnen und die Theologin Culp in ihren Lektüren des verletzlichen Subjektes das zunächst auf überaus negative Erfahrungen festgelegte Verständnis der Verletzlichkeit, nämlich die Identifikation von Verletzung mit Leiden, Verlust, Beschädigung, Übel oder Trauma. Stattdessen zeigen sie auf, dass Verletzlichkeit im Sinne einer Offenheit des Selbst für die Affizierung durch leidvolle oder störende Widerfahrnisse nicht primär als Begrenzung, sondern durchaus auch als Eröffnung von Lebensmöglichkeiten wirken kann, dass sie nicht nur als Ende, sondern vielmehr als Anfang von Selbstwerdung zu verstehen ist, und dass Verletzlichkeit nicht ausschließlich als Beschädigung, sondern auch als Ressource für Neuanfänge und Neubeginn des Lebens anzusehen ist (vgl. dazu auch in Fortführung von Culp: Springhart 2016). Die genannten Autorinnen betonen schließlich die damit in Zusammenhang stehende Einsicht, dass Verletzlichkeit nicht als eine entmächtigende, sondern vielmehr als eine das Subjekt ermächtigende *conditio humana* anzusehen sei. Verletzlichkeit sei kein statischer Zustand, in dem das Subjekt gefangen sei – und müsse auch keineswegs zwangsläufig in einen solchen führen –, sondern sie sei eine dynamische, eine ermöglichende und befähigende Ausgangslage, die nicht nur Leiden, sondern auch Widerständigkeit, nicht nur Verzweiflung, sondern auch Handlungsmacht eines Subjekts konstituieren könne – je nachdem, wie und in welchem Sinn sie durch ein Subjekt widerständig ‚mobilisiert' (Butler 2016) oder im spezifischen Sprachspiel einer Lebensform sinnstiftend symbolisiert und entfaltet werde (Culp 2010).

Verletzlichkeit wird in dieser Lesart also nicht nur zu einer universellen, sondern auch zu einer ambivalenten – und damit zumindest der Möglichkeit nach auch positiv befähigenden – Konstitution von Selbstwerdung. Dies bedingt nun aber auch eine neue Bestimmung des Wesens von Verletzlichkeit an sich: So wird Verletzlichkeit nun nicht mehr primär als Ausgesetztheit an leidvolle Widerfahrnisse (so konsequent durchgehalten in Liebsch 2014), sondern allgemeiner, nämlich als Empfänglichkeit und Affizierbarkeit des Subjekts (vgl. Butler 2005) oder gar als Struktur der Relationalität und Verbundenheit des Selbst mit Anderem oder noch weiter als ‚Weltoffenheit seiner Existenz' (Honkasolo 2018) gedeutet. Inwiefern genau durch diese ‚inklusive Lesart' von Verletzlichkeit als allgemeiner Empfänglichkeit und Offenheit des Selbst nun aber die ursprünglich gesellschaftskritische und politische Pointe ihrer Thematisierung, die in einer Sichtbarmachung von konkreten Ungerechtigkeiten und Gefährdungen besteht, wieder verspielt wird, hat Alyson Cole berechtigt angefragt (Cole 2016, S. 266). Sie verweist damit auf eine offensichtlich tatsächlich bestehende Gefahr des universalisierenden Diskurses über Verletzlichkeit, nämlich auf die Gefahr, die Beschreibung und Analyse dieses Existenzials in der Tendenz zu stark zu ‚romantisieren'. Dies geschieht, indem Verletzlichkeit dem ‚therapeutischen' Konzept von einer Resilienz oder Widerständigkeit des Subjekts in allen Widerfahrnissen des Lebens zu freundlich angenähert und auf diese Weise das eigentlich Prekäre der Offenheit des Verletzlichseins, welches Analysen wie diejenige Butlers oder Culps grundsätzlich offengelegt haben, am Ende wieder verspielt wird.

Eine solche, oberflächlich auf die Bewältigung der Offenheit und Affizierbarkeit des Subjekts durch Befähigung setzende Konzeption der Verletzlichkeit könnte dann dazu führen, dass andersgeartete Umgangsformen mit Verletzlichkeit – z. B. das bleibende Leiden an Verletzungen oder das Beharren auf den Schmerz der Verletzung, ja auch die finale Verzweiflung über die Verletzung – *per se* als unberechtigt oder ‚nicht sinnvoll' abgetan werden und der zwiespältige, mindestens aber der negative Sinn der Verletzlichkeit an sich abgeblendet wird. Eine derartige Einengung des Blickfeldes auf verletzliches Leben und seine Phänomene könnte z. B. seelsorgerlich, aber auch gesamtgesellschaftlich in Situationen der Trauer und im Umgang mit unwiederbringlichen Verlusten hoch problematisch werden, wenn nämlich das Recht einer negativistischen Beschreibung dieser Phänomene und damit eines resignativen Vollzugs von Trauer und Abschied an sich nicht mehr zugestanden oder auch nur konsequent pathologisiert wird (vgl. dazu Liebsch 2006; Liebsch 2014, S. 34). Was damit aber vor allem verloren ginge, ist nicht nur der Blick für andere und ebenfalls berechtigte Umgangsformen mit Verletzung und Verletzlichkeit an sich, sondern auch das revolutionäre Potenzial einer Thematisierung der Verletzlichkeit überhaupt – ein Potenzial, das, wie Estelle Ferrarese es genannt hat, geeignet ist, „to undo the world as it is" (die Welt, wie sie ist, zu verändern) (Ferrarese 2016).

Denn anders als Konzeptionen wie Resilienz oder Widerständigkeit, die stets ganz klar ‚gegen' den Einbruch von Negativität in Gestalt von Verzweiflung, Riss, Trauma, Störung, Kontrollverlust oder Hilflosigkeit und Ohnmacht des Subjekts operieren, bietet gerade die Thematisierung von Verletzlichkeit in einem hoch ambivalenten – und damit ‚harte' Negativität mit einschließenden – Sinn von vornherein einen größeren Spielraum der Wahrnehmung ihrer Wirkungen. Ergeben sich diese doch aus der Doppelpoligkeit – oder gar ‚Zwiespältigkeit' (Liebsch 2014, S. 34) –, die darin besteht, dass die Offenheit des Selbst *für Anderes* zugleich als seine Ausgesetztheit *an Anderes* zu verstehen ist. Anstatt sich von vornherein gegen das Moment der Ausgesetztheit an Anderes zu ‚immunisieren' und sei es auch nur, um diese im Rahmen einer daran anschließenden Resilienzfähigkeit des Subjekts gleich wieder ‚zu normalisieren', sollte besser auf eine die Ambivalenz scharf hervorhebende Sichtweise gesetzt werden, die auch das aufmerksam wahrnimmt, was *nicht* ins Bild der bewältigten Verletzung, der ins Positive gewendeten und als Chance begriffenen Offenheit für Verletzung passt. Denn genau ein solcher ‚überschießender', nicht mit der Befähigung, Resilienz und Handlungsmacht des Subjekts kommensurabler Sinn von Verletzlichkeit hat sich bereits in verschiedenen Diskursen als Horizontöffner für einen umfassenden Perspektivwechsel in der Debatte erwiesen (vgl. die Beispiele in Ferrarese 2016).

Nach dieser einleitenden Abgrenzung und Problematisierung des Themas soll nun im Folgenden versucht werden, den eigentümlichen Sinn des Existenzials der Verletzlichkeit genauer zu ergründen. Hierzu wird in vier Schritten, die einander wechselseitig erhellen sollen, eine Annäherung an die Frage gesucht, welcher ethische Sinn der Verletzlichkeit des menschlichen Daseins selbst innewohnt. Dabei wird zunächst in einem ersten Schritt deutlich zu machen sein, inwiefern ein solcher Sinn sich nur über die Auslegung der Verkörperung und Leiblichkeit menschlicher Existenz sachgerecht erschließen lässt. In einem zweiten Schritt wird dann zu zeigen sein, inwiefern der ethische Sinn der Verletzlichkeit sich entgegen der vorherrschenden Debatte in der Moralphilosophie nicht befriedigend über eine Kritik der Autonomie und Handlungsmacht des Subjekts allein formulieren lässt. In einem dritten und vierten Schritt sollen dann Erscheinungsweisen und Umgangsformen mit menschlicher Verletzungsoffenheit am Ort der Gewalt, aber auch am Ort des religiösen Begehrens nach Erlösung vom Leiden näher beleuchtet werden, um den ethischen Sinn der Verletzlichkeit durch die kritische Diskussion von Formen seiner Verleugnung und Verkennung hindurch zu erschließen.

2 Verkörperter Sinn: Verletzlichkeit als Vollzug eines gefährdeten Lebens

Wie kann ein eigentümlicher Sinn der Verletzlichkeit jenseits eines unmittelbar moralisch, politisch, sozial oder therapeutisch imprägnierten Zugriffs auf die damit in Zusammenhang stehenden Phänomene am besten entfaltet werden? Wie kann Verletzlichkeit thematisiert und beschrieben werden, ohne sie für bestehende Einzelanliegen in Politik und Gesellschaft zu instrumentalisieren und das ihr eigentümliche Potenzial zur sinnhaften Konstitution des Selbst in seinen vielfältigen Bezügen zu Anderen aus den Augen zu verlieren? Wie kann eine mit dem therapeutischen Blick auf Subjekt und Gesellschaft verbundene Pathologisierung ihrer Negativität vermieden werden?

Als ein möglicher Ansatzpunkt hat sich hier diejenige anthropologische Perspektive erwiesen, welche die menschliche Existenz als eine unwiderrufbar leibliche und leibgebundene Existenz erschließt und auslegt. Eine solche Perspektive wird in der Gegenwart im Rahmen einer ‚verkörperten Anthropologie' artikuliert, die den Blick auf den natürlichen Körper des Menschen, auf seine naturhafte Materialität richtet und von hier aus eine neue Bewertung der Grundkonstitution des menschlichen Selbst gegenüber konstruktivistischen Theorien einer ‚Körperneutralität' des Geistes ermöglicht (Fuchs 2020; Jung 2017; Fingerhut et al. 2013; Etzelmüller/Weissenrieder 2016; Etzelmüller et al. 2017; zur Kritik daran vgl. Böhme 2019, S. 96 – 106). Ihrem Ansatz folgend sind menschliche Subjektivität und das für sie konstitutive leibliche Erleben nur am Ort eines physisch realisierten Organismus, eines lebendigen Körpers ‚aus Fleisch und Blut', wirksam und tatsächlich vollziehbar. Mit dieser These einer engen Interaktion von natürlichem Körper und menschlichem Geist wird vor allem gegen die sogenannte Computertheorie des Geistes vorgegangen, die von einer multiplen Realisierbarkeit mentaler Zustände ausgeht und die ontologische ‚Trennbarkeit' (Fingerhut et al. 2013, S. 79) von Körper und Geist sowie eine „Körperneutralität kognitiver Zustände" (Breyer 2016, S. 40) behauptet. Demgegenüber betont die Anthropologie der Verkörperung, dass alles Mentale von vornherein sedimentiert ist (Breyer 2016, S. 41), dass es also keinen Sinn gibt, der nicht „in der einen oder anderen Weise als verkörperter Sinn vorliegen und nur so […] verstanden werden" (Breyer 2016, S. 46) kann und dass es kein Subjekt gibt, das „von der Welt und seinem Körper strikt getrennt" (Fingerhut et al. 2013, S. 50) ist.

Es genügt jedoch nicht, die Aufmerksamkeit auf die Ontologie und Materialität des natürlichen Körpers allein zu richten, um von diesem Ansatz aus ein neues Verständnis des menschlichen Selbst zu entfalten. Wie Gernot Böhme (2019) aufgezeigt hat, muss der Ansatz einer Verkörperung um die Einsicht ergänzt werden, dass der naturhafte Körper nicht lediglich ‚Handlungsorgan', nicht bloß „nützliches Instrument eines handelnden Subjektes" (Böhme 2019, S. 101) ist. Als *Natur in uns* ist dieser Körper auch für ein Selbst gegeben und zwar *als sein Leib*, durch welchen es sich selbst spürt (Böhme 2019, S. 41). Der Körper hat also eine pathische, widerfahrende Dimension, welche zugleich für unsere Erfahrung, uns als ein Selbst gegeben zu sein, konstitutiv ist. Es bedarf also über die Rede von einem verkörperten Sein des Menschen hinaus einer Charakterisierung und Bewertung der naturhaften Materialität des Körpers in seiner phänomenalen Existenzweise *für ein menschliches Selbst*. Eine neue Auffassung ergibt sich aus dem Ansatz bei der Verkörperung somit erst, insofern die Materialität des Körpers zugleich als Vollzugsform eines gefährdeten und stets neu in einem offenen Horizont zu riskierenden Lebens und Lebenssinns erschlossen wird (Butler 2005). In den Blick tritt dann nämlich nicht mehr ein Körper des Menschen, der sich etwa durch organische ‚Geschlossenheit' oder ‚Immunität' gegenüber äußeren Einflüssen auszeichnet, sondern ein Körper, der in seiner ‚radikalen Offenheit' und ‚Unabgegrenztheit' (Cole 2016; Honkasolo 2018) sowie in der Ungeschütztheit und Ausgesetztheit an Andere und Anderes (Liebsch 2014) seine Existenz entfaltet und aus ihr heraus den Sinn der Verletzlichkeit offenbart.

Erst von der Wahrnehmung der gefährdeten und unabgegrenzten Existenzweise des Körpers her tritt also ein Körper *für das Selbst* ins Blickfeld, der irreversibel von und durch Verletzung gezeichnet ist, weil er vom ersten Atemzug an ein Medium der Verwundbarkeit, der Offenheit für und der Ausgesetztheit an leidvolle Widerfahrnisse ist und dem Selbst niemals anders erlebbar ist als auf diese Weise. Dass der menschliche Körper nun genau in diesem Sinne Körper *für ein Selbst* ist, kann beispielsweise darin verdeutlicht werden, dass eine eigenständige Existenz dieses Körpers erst aus der Abnabelung von einem anderen Körper, nämlich vom Mutterleib, hervorgegangen und erlebbar geworden ist:

> Bereits ein Blick in die eigene Körpermitte offenbart dem Menschen seine erste grundlegende Verwiesenheit. Der Nabel ist bleibende Geburtswunde, permanente Mahnung und Erinnerung an die Unverfügbarkeit des eigenen Lebens. Ein Leben, das gegeben ist und nur sein und atmen kann, wenn es die Verwundung riskiert. Wer kann leben ohne Durchtrennung der Nabelschnur und wer hat diese Durchtrennung je selbst vorgenommen? (Quast-Neulinger 2021, S. 58)

Durch die sich bereits in der Urszene der Geburt durch die Verwundung seines Körpers hindurch herausbildende leibliche Konstitution des menschlichen Selbst bleibt dieses sein Leben lang unhintergehbar in Verletzungsverhältnisse verstrickt und kann sich der damit einhergehenden Verletzungsmacht Anderer *nicht* entziehen. Gemäß dieser Urszene einer verkörperten Existenz kann Verletzlichkeit daher nicht als ein sekundär sich einstellender Zustand begriffen werden, der einigen erspart bleibt und von dem andere zutiefst betroffen sind, wie es die Gesellschaft polarisierende Rede von vulnerablen Subjekten oder Gruppen und ihren schutzwürdigen Interessen und Bedürfnissen, mit denen Dritte sich zu solidarisieren haben, suggeriert. Verletzlichkeit ist dann vielmehr recht verstanden als die primäre Art und Weise anzusehen, wie ein leibliches Selbst sich erfährt und wahrnimmt, nämlich in und durch eine stete innere Brechung seiner Subjektivität, seines Selbstseins, hindurch, welche durch die Seinsweise seines natürlichen Körpers, durch seine leibhaftige Existenz inmitten dieser Welt und nicht abgeschirmt von ihr, konstituiert wird.

Verletzlich zu sein, kann dann auch nicht als ein Mangel oder Defizit angesehen werden, welches sich einstellt, wenn die Sphäre des Heilen und Intakten eines unversehrten menschlichen Lebens unterbrochen oder gestört ist. Stattdessen ist es diejenige *conditio*, die zwar immerzu den Traum von einer heilen und intakten Subjektivität provoziert, aber ohne dass der Mensch sie in diesem Leben jemals erlangen oder sich ihr auch nur annähern könnte. Ja mehr noch, wenn der Mensch sich seinem Existieren aus der Verletzlichkeit heraus nicht stellt, wenn er dieses nicht als sinnhafte Konstitution seiner selbst erkennt, übersieht er gerade das, was dieses Leben (und kein jenseitiges) tatsächlich so bedeutungsvoll und unersetzlich machen kann, nämlich seine beständige intime Beziehung zu Tod und Verlust. Den Glauben an die Endlichkeit und an die Ausgesetztheit allen Lebens an Tod und Verlust hat Martin Hägglund in diesem Sinne als einen säkularen Glauben bezeichnet, der kein ‚anderes', sondern ‚dieses' Leben ins Zentrum aller sorgenden Bemühungen stellt. Die Einsicht in die radikale Verletzlichkeit aller menschlichen Beziehungen und Projekte im Sinne ihrer zeitlichen Endlichkeit sei darum zwar ein religionskritisches, aber zugleich sinnstiftendes und befreiendes Unterfangen, welches dem Menschen wahres Engagement und wahres Leben allererst ermögliche (Hägglund 2019).

Wird Verletzlichkeit als Existenzial eines verkörperten Selbstseins beschrieben und expliziert, so kann sie also nicht als eine bloße Beeinträchtigung oder Beschädigung verstanden werden, die ein verletztes Subjekt gegenüber anderen, unverletzten Subjekten in einen unterlegenen und schutzbedürftigen Status versetzen würde. Vielmehr verlangt der Ansatz bei einem verkörperten Sinn der Verletzlichkeit nach einer Umkehrung der Perspektive: Es geht dann beim Thema der Verletzlichkeit nicht (mehr) um eine *Verletzung des Selbst*, das davon bedroht ist, beschädigt zu werden und das sich genau davor ernsthaft und erfolgreich schützen könnte, dürfte oder müsste, sondern um ein *Selbst der Verletzung*, d. h. um ein immer schon verletztes Selbst, um ein Selbst, das in und durch Verletzung geworden ist und nur in und durch verletzende Widerfahrnisse zu sich selbst und mit sich selbst in Kontakt kommen kann. Es geht um ein Selbst, das – mit Burkhard Liebsch gesprochen – nicht nur zu Anderen, sondern auch zu sich selbst keinen originären Zugang finden kann als nur den der ebenso bereichernden wie gefährdenden Affizierung durch Anderes (Liebsch 2014, S. 40). Verletzlichkeit ist in diesem Sinne nicht (länger) als *privatio boni* anzusehen, als Abwesenheit des Guten, die leidvoll ein heiles und intaktes Leben unterbricht und stört, sondern als die ‚generative Bedingung' (vgl. Cole 2016, S. 264) der Selbstwerdung des Selbst, als Grundstruktur, innerhalb derer sich die Herausbildung seiner Menschlichkeit im Verhältnis zu sich selbst und Anderen vollzieht.

3 Verkennung des ethischen Sinns der Verletzlichkeit: Autonomie und Empowerment des Subjekts

Wie kein anderes Wesen dieser Welt ist der Mensch in einen offenen Horizont gestellt. Rückhaltlos verwundbar und durch eine ursprüngliche Verwundung seines Körpers zur Welt gekommen, ist ihm ein Leben in einem sichtbaren Körper und einem fühlenden Leib schicksalhaft auferlegt. Er erleidet und gestaltet seine Existenz in einer ihm leibhaftig widerfahrenden Welt der inneren und äußeren Grenzen und schickt sich zugleich immer wieder an, diese Existenzbedingung zu überschreiten und hinter sich zu lassen. Der Mensch hat in diesem Sinne schon früh begonnen, Techniken zu entwickeln, die es ihm erlauben sollen, den Tod des natürlichen Körpers hinauszuzögern und die Gebrechlichkeit einer an den verwundbaren Leib gebundenen Existenz zu überwinden. Er träumt in der Gegenwart davon, seinen Körper durch neue Technologien zu beherrschen und zu verbessern oder ihn gar ganz durch einen artifiziellen Maschinenkörper zu ersetzen (vgl. zu diesen trans- und posthumanen Technologievisionen Fuchs 2020, S. 71–118).

Gegen die Vorstellung von einem Subjekt, welches seine natürlichen Existenzbedingungen transformiert oder gar die Sterblichkeit seiner Existenz überwindet, regt sich jedoch Widerstand – und zwar nicht allein vonseiten einer verkörperten Anthropologie. Denn in der (utopischen) Vorstellung von einer Aufhebung der Verletzlichkeit am Ort des Subjekts, die in der Gegenwart durchaus Konjunktur hat, artikuliert sich nicht etwa nur ein pejoratives Verständnis des natürlichen Körpers und seiner Bedeutsamkeit für menschliches Dasein (Fuchs 2020), sondern auch ein falsches Selbstverständnis und -verhältnis des Menschen mit weitreichenden Folgen. Dieses falsche Selbstverhältnis ist nicht nur darauf angelegt, den Sinn verkörperter Existenz an sich, sondern auch die darin liegende ethische Herausforderung, nämlich die Herausforderung eines gefährdeten und nicht abgesicherten Lebens, eines Lebens aus der Verletzlichkeit heraus und nicht von ihr weg, zu verkennen.

Ein Grundanliegen neuerer, vor allem im Umfeld der Medizin- und Rechtsethik entstandener Subjekttheorien (Fineman 2004; Fineman 2008; Turner 2006; Bankowski/Bryant 1994) ist es daher, in und für die Ethik als einer Form der Begründung normativer Ansprüche in Gestalt von Rechten und Pflichten des Subjekts eine verstärkte Wahrnehmung der leiblichen Bedingtheit von menschlicher Subjektivität zu etablieren. Im Kontext dieser Subjekttheorien ist nun nicht nur von der Relationalität und Abhängigkeit, sondern zunehmend auch von der

Verletzlichkeit des Menschen die Rede, die ihn anrührbar und empfänglich mache für Widerfahrnisse aller Art sowie für die Verletzungsmacht Anderer.

Der sich neu etablierende Diskurs über Verletzlichkeit in der Ethik versteht sich zudem als ein gesellschafts- und kulturkritischer Einspruch gegen das moderne Subjektideal der Autonomie und Selbstmächtigkeit. Die forcierte Thematisierung von Verletzlichkeit in diesen Subjekttheorien zielt demnach auf eine andere Vision von humaner Kultur (Brock 2010; Klein 2015). In ihrer Entstehung spiegelt sich der Sachverhalt wider, dass die spätmoderne Gesellschaft zunehmend an der Reinheit und Fraglosigkeit der modernen Leitideen der Autonomie und praktischen Souveränität des Subjekts (ver-)zweifelt. So hat etwa Hans Richard Reuter den Umstand, dass das „Individuum [in der Moderne] [...] geradezu zu Selbstbestimmung und Autonomie verurteilt" (Reuter 2015, S. 13) ist, als eine der wesentlichen Ursachen des erhöhten Bedarfs an ethischer Orientierung in der Gegenwart bezeichnet. In diesem Sinne sei auch anzuerkennen, dass es mit der Verletzlichkeit eine unhintergehbare ‚Kehrseite' der Fokussierung auf Empowerment, Kompetenz, Integrität und Resilienz des Subjekts gibt (Burghardt et al. 2017; Richter 2017). Der Begriff ‚Verletzlichkeit' wird daher, ähnlich wie Relationalität und Abhängigkeit des Subjekts in der Fürsorgeethik, als Alternative zum modernen Ideal der Selbstbeherrschung des Lebens aufgerufen (Maillard 2011). Heike Springhart hat die Rede von Verletzlichkeit in diesem Sinne sogar als kulturkritisches Gegenbild zu einer ‚Ideologie der Unverwundbarkeit' des Menschen bezeichnet (Springhart 2018, S. 39; Springhart 2016, S. 201–216). Im Rahmen einer neuen, realistischen Anthropologie sei nicht mehr das „Ringen um Unverwundbarkeit", sondern „das Wagnis der Vulnerabilität" als dasjenige anzuerkennen, was dem Leben in seiner Vielfalt Raum gibt und eine inklusive und gerechte Gesellschaft ermöglichen kann (Springhart 2018, S. 39).

Unter Berufung auf die Verletzlichkeit des Menschen wird also eine starke ontologische Ressource im Widerstand gegen die moderne Erzählung von einer selbstbestimmten Beherrschung des Lebens durch ein souveränes und unverwundbares Subjekt in Anspruch genommen. Die Rede von Verletzlichkeit steht dabei quer zu der in Ethikdiskursen bislang vorherrschenden Entgegensetzung oder Dialektik von Autonomie und Abhängigkeit des Subjekts;[1] diese soll in Orientierung an Phänomenen der Verletzlichkeit unterlaufen werden. So hat sich im Kontext einer Erschließung ethischer Subjektivität als verletzliche Subjektivität gezeigt, dass gerade das Streben nach Autonomie und Selbstmächtigkeit den Menschen in besonderer Weise verwundbar macht und gefährden kann (MacIntyre 1999). Das Streben nach Autonomie kann daher nicht die einzige Antwort auf

1 Vgl. den Beitrag von Michael Coors in diesem Band.

die Wahrnehmung von Verletzlichkeit sein, sondern steht selbst bleibend unter der Signatur der Verletzlichkeit.

Die Rede von Verletzlichkeit bezieht ihre Plausibilität und ihren Wahrheitsanspruch somit in den genannten Ethikdiskursen aus der Glaubhaftmachung einer über die Konstellation von Autonomie und Abhängigkeit hinausreichenden, existenziell-pathischen Dimension des menschlichen Lebens, die keineswegs begrenzt auf Erfahrungen von Leiden, Not und Abhängigkeit oder in Bezug auf Lebensformen des Helfens und der Fürsorge relevant ist. Der verletzliche Mensch, so die neue These, ist in seinem Leib unhintergehbar den Widerfahrnissen des Lebens ausgesetzt und damit ebenso unhintergehbar und unauflöslich auf Andere angewiesen, die ihm in seiner Verwundbarkeit auf mannigfaltige Weisen (gewaltsam, gleichgültig, fürsorgend, helfend, zärtlich, etc.), in jedem Fall aber als ebenso verletzliche Wesen begegnen wie er selbst eines ist. Entsprechend verlangt der Neuansatz beim verletzlichen Subjekt nach einer nicht-exklusiven ‚Ethik im Zeichen vulnerabler Personen' (Schnell 2017), welche aufzeigt, wie diese Grunddimension menschlicher Existenz in gesellschaftlichen Institutionen, im Recht, aber auch bei Einzelnen und zivilgesellschaftlichen Gruppen angemessen und sensibel Berücksichtigung finden kann.

Doch genau dieser scheinbar so plausible und dringend notwendige Perspektivwechsel von einer Ethik des autonomen zu einer Ethik des verletzlichen Subjekts birgt nun nicht nur Chancen, sondern auch Tücken in sich. Nicht umsonst hat Burkhard Liebsch eindringlich davor gewarnt, die Abgrenzung der Verletzlichkeit von der Autonomie ohne eine tiefere Kritik der Souveränität des Subjekts an sich zu vollziehen und auf diese Weise Verletzlichkeit als bloßes Substitut der Autonomie zu begreifen (Liebsch 2014, S. 27–47). Verletzlich zu sein, würde dann nämlich erneut eine *Möglichkeit* des Subjektseins darstellen – eine Möglichkeit, die das Subjekt kraft seines Vermögens, dies oder jenes zu sein und zu werden, selbst wählen oder zumindest selbst zulassen könnte. Und auch dieses Zulassen wäre, so Liebsch, dann immer noch oder vielmehr erneut ein Können und Tun des Subjekts selbst (Liebsch 2014, S. 41–42).

Die Konsequenz aus einer solchen Neukonstruktion des Subjekts ‚als verletzlich' wäre dann lediglich ein Verständnis der Verletzlichkeit, welches diese *post-souverän* im Sinne einer Fortschreibung und womöglich sogar Steigerung der souveränen Potenz und Mächtigkeit des Subjekts in der modernen Ethik zu denken erlaubt. Dieses Verständnis der Verletzlichkeit wäre aber nicht entschieden genug *nicht-souverän* in dem Sinne, dass es den modernen Glauben an die Handlungsmacht und das Vermögen des Subjekts, das Richtige zu tun oder zu unterlassen, an sich überwindet. Liebsch warnt daher zu Recht davor, dass eine bloße Ersetzung von Autonomie durch Verletzlichkeit im Sinne der Hegel'schen Denkfigur einer versöhnten Dialektik schließlich zur Erneuerung einer Ideologie der Souveränität des Subjekts führen würde: Das durch seine Verletzlichkeit hindurchgegangene und gleichsam demütig ‚geerdete' Subjekt gelange schließlich zu neuer Größe und Vertiefung seiner Erkenntnis und Erfassung der Welt (Liebsch 2014, S. 31). Im Anschluss an Emmanuel Levinas empfiehlt Liebsch darum, ethische Subjektivität im Zeichen der Verletzlichkeit gerade nicht als Tun oder Unterlassen, als Potenz oder Vermögen des Subjekts an sich, sondern als tiefen Bruch mit dieser und als Verdanktheit des Subjekts durch Anderes zu denken (Levinas 1987). Die Rede von Verletzlichkeit solle oder dürfe in diesem Sinne auch nicht als bloßes Substitut für eine souveräne Subjektivität verstanden werden, die ihr praktisches Handlungsvermögen aus eigener Kraft, d. h. aus einem eigenen ‚Können' heraus selbst herstellt. Denn dann bestünde die Gefahr, dass sie ebenfalls als Potenz und als Vermögen des Subjekts – vielleicht im Sinne seines aktiven Zulassens von eigener Schwäche und Ohnmacht – und darum nur als eine *andere* Form oder Modalität der Macht und Autorität des Subjekts (miss-) verstanden wäre (Liebsch 2014, S. 41–43).

Es steht also in der Debatte über einen neuen Ansatz der Ethik bei der Verletzlichkeit mehr auf dem Spiel, als lediglich bei einem anderen Subjektsein anzusetzen und von ihm her, also gleichsam vom Fundament einer neuen Subjekttheorie und Anthropologie aus, die Ethik neu zu entwerfen. Es müsste vielmehr in dem von Liebsch angemahnten Sinne darum gehen, die Rolle und Bedeutung des Subjekts im ethischen Geschehen selbst neu zu bestimmen. Inwiefern wird es einem menschlichen Selbst in und durch seine Verletzlichkeit und Affizierbarkeit durch leidvolle Widerfahrnisse möglich, anderen verletzlichen Wesen zu begegnen und die eigene Verletzlichkeit sowie die der Anderen nicht bloß zu überwinden oder zu verleugnen? Wie ist es denkbar und vollziehbar, dass ein Selbst ein lebbares Leben aus der Verletzlichkeit heraus und nicht nur von ihr weg lebt? Nach Liebsch ist hier bereits die Sensibilität, also das Gewahrwerden der Unhintergehbarkeit und Unverfügbarkeit der Verletzlichkeit am Ort seiner selbst und am Ort des Anderen, als ethischer Vollzug zu qualifizieren. Denn an dieser Sensibilität – und zwar im Sinne einer *nicht* durch das Subjekt souverän gewählten Haltung, Einstellung, Handlung oder gar Tugend – entscheide sich bereits, ob überhaupt von einer Verkörperung des ethischen Sinns der Verletzlichkeit die Rede sein könne oder nicht (Liebsch 2014, S. 27–47).

4 Verleugnung der Verletzlichkeit: Das Begehren der Gewalt

Es ist kein Zufall, dass Verletzlichkeit neben ihrer Inanspruchnahme für ein neues ethisches Denken und für eine neue Theorie ethischer Subjektivität auch im Horizont eines Ausbleibens eben jener Vertiefung des Lebens zur ethischen Sensibilität und Verantwortlichkeit des Selbst, nämlich im Horizont einer Phänomenologie der Gewalt, eine prominente Rolle zugesprochen bekommt. Denn gerade darin zeigt sich, dass der Verletzlichkeit eine Ambivalenz innewohnt, an welcher eine Erschließung ihres ethischen Sinns niemals vorbeisehen darf, wenn sie das Phänomen, auf das sie sich bezieht, nicht vorschnell positivieren und vereindeutigen will. Im Kontext einer Phänomenologie der Gewalt ist nicht die Anerkennung oder Sensibilisierung für die Verletzlichkeit des menschlichen Selbst, sondern vielmehr ihre Verleugnung, Verdrängung und Verwerfung als Quelle einer sinnhaften Konstitution des Selbst identifiziert worden. Der Hang zur Verdrängung und Verwerfung des eigenen Verletzlichseins wohnt dem Subjekt demnach selbst inne und konstituiert seine ‚innere Gewaltgeschichte' (Liebsch 2003). Von dieser Erkenntnis her lässt sich, wie noch zu zeigen sein wird, in anderer Form wieder auf das Verständnis des ethischen Subjekts als autonom und handlungsmächtig zurückkommen.

In seiner phänomenologischen Untersuchung der Gewalt als Phänomen *sui generis*, welche in diesem Abschnitt näher beleuchtet werden soll, hat der Philosoph Michael Staudigl dafür plädiert, Gewalt nicht nur als defizienten Modus von gelingender Sozialität, sondern als ein irreduzibel soziales und intersubjektives Phänomen mit einem eigenen, nämlich negativen Sinnpotenzial anzusehen (Staudigl 2015, S. 45, 263). Staudigl sieht in der Gewalt also nicht nur einen instrumentellen, sondern vielmehr einen intrinsischen sozialen Sinn am Werk. Er schlägt vor, diesen durch eine relational ausgerichtete Beschreibung des Phänomens, d. h. durch eine Beschreibung der Genese von Gewalt aus der zwischenleiblichen Existenz von Menschen, zu erhellen. Diese zwischenleibliche Existenz zeichne sich durch eine ‚soziosomatische Vollzugseinheit' aus. Denn sozialer Körper und gelebte Leiblichkeit seien permanent miteinander verflochten; objektiver Körper und erfahrener Leib würden sich wechselseitig durchdringen. Aufgrund der ‚soziosomatischen' Vollzugseinheit von Körper und Leib sei die Existenz von Menschen für das Einwirken von sozialen Ordnungen und ihren gewaltsamen Strukturen offen, welche sich in die sinnhafte Konstitution eines Selbst einschreiben (Staudigl 2015, S. 276 – 278) und „die Erfahrung der unaufhebbaren Fragilität des sozialen Nexus" (Staudigl 2015, S. 285) konstituieren.

In seinen Studien zur Möglichkeit einer relationalen und subjektrelativen Erforschung der Gewalt beansprucht Staudigl nun vor allem, über eine individualistische, kollektivistische und systemische Analyse der Gewalt hinausgehen zu können. Der Mehrwert einer relationalen Phänomenologie der Gewalt sei es, dass sie die Gewalt als ein Phänomen von ‚unaufhebbarer Ambivalenz' ausweisen kann (Staudigl 2015, S. 47–48). Diese Ambivalenz zeige sich darin, dass im Tun, Erleiden und Bezeugen von Gewalt in menschlichen Beziehungen soziale Sinnbildung sowohl vollzogen als auch ausgeschlossen werde. Gewaltsame Verletzungen des Anderen unterbrechen demnach den Prozess lebendiger Sinnbildung, ja zerstören ihn möglicherweise sogar ganz, und sind *dennoch* selbst als ein sinnhaftes Phänomen zu beschreiben (Staudigl 2015, S. 48–49). Es sei daher zu zeigen, inwiefern in vielfältigen Phänomenen der Gewalt in menschlichen Beziehungen und Interaktionen ein *negativer* sozialer Sinn erzeugt werde und inwiefern dieser aus einem sozialen Prozess interaktiver Sinngenese hervorgehe.

Staudigl möchte durch seine phänomenologische Untersuchung erhellen, warum Gewalt unhintergehbar ist, warum sie also in menschlichen Beziehungen trotz aller Aufrufe zur Gewaltlosigkeit und zu einem ‚Ende der Gewalt' kein Ende nimmt und sich als resistent gegenüber allen Versuchen erweist, ihr durch rationale Aufklärung oder Verbote beizukommen. Nach Staudigl handelt es sich um einen ‚rationalistischen Wunschtraum', Gewalt überwinden oder jemals vollständig ausmerzen zu wollen, denn es gebe keine ‚Endlösungen' der Gewalt, welche sich nicht selbst der Gewalt schuldig machten (Staudigl 2015, S. 172–173).

Als unverzichtbar für sein Anliegen, Phänomene der Gewalt auch in ihrer sinnkonstitutiven Potenzialität ernst zu nehmen und sie nicht leichtfertig als substituierbar oder überwindbar zu erachten, sieht Staudigl nun die Analyse der Konstitutionsbedingungen der Gewalt am Ort des Subjekts an. Denn nichts sei gefährlicher als die Gewalt in ein ‚Nicht-Subjekt' auszulagern und sich auf diese Weise der Erkenntnis zu entziehen, dass das Ausüben, Erleiden und Bezeugen von Gewalt stets Teil von subjektiven Sinngebungsprozessen ist und nicht einer irrationalen Triebseite des Subjekts oder seiner sozialen Rollenzuschreibung zugerechnet werden kann (Staudigl 2015, S. 49).

Gewaltphänomene tragen nun nach Staudigl strukturell stets das Moment einer Ausgrenzung und/oder Vernichtung des Anderen, aber eben auch einer Verdrängung des ‚Anderen im Eigenen' in sich. In dieser Struktur zeige sich zugleich das bereits angesprochene Sinnhafte und Sinnkonstitutive (nicht: Sinnvolle) der Gewalt. So werde Sinn in sozialen Ordnungen erzeugt und hergestellt, indem Außerordentliches gewaltsam aus ihnen ausgeschlossen werde. Der desozialisierende, destruktive und destrukturierende Akt des Ausschlusses von Anderem habe für die Aufrechterhaltung der Ordnung somit selbst einen konstitutiven Sinn. Der gewaltsamen Ausgrenzung Anderer, aber auch des ‚Anderen im Eigenen‘, komme die sinnstiftende Rolle zu, eine Sichtbarmachung des Eigenen und dessen Abgrenzung nach Außen überhaupt erst zu leisten.

Warum ein Ende solcher gewaltsamen Ausgrenzungen nicht möglich ist, ohne dass neue Gewalt entsteht, sucht Staudigl nun entsprechend seinem Ansatz relational und subjektbezogen durch eine Phänomenologie von Verletzungsbeziehungen und der Verletzlichkeit des menschlichen Selbst näher zu bestimmen. Dem Phänomen der Gewalt liege demnach eine von allen Menschen geteilte Verletzungsoffenheit zugrunde (so Staudigl mit Bezug auf Butler 2005). In Gewaltbeziehungen zwischen Tätern, Opfern und Zeugen der Gewalt stehe diese Verletzungsoffenheit auf dem Spiel und werde zugleich in einer für die Ausübung, für das Erleiden und das Bezeugen von Gewalt konstitutiven Weise verleugnet (Staudigl 2015, S. 43, 189). Es sei nämlich das Wesen von Gewalterfahrungen, dass in ihnen nicht zugelassen werde, dass ein Subjekt – sei es Täter, Opfer oder Zeuge – sich den in ihnen vollzogenen Verletzungen entziehe oder sie distanziere (Staudigl 2015, S. 44 – 45). Auch wo gewaltsame Verletzungen nicht körperlich-physisch, sondern rein symbolisch geschehen, sei das Subjekt ihnen in ähnlicher Form *leibhaftig unterworfen* wie am Ort seines sozialen Körpers, der in einer konstitutiven Offenheit zur Welt existiere und in dieser Offenheit Anderes nicht in seiner Wirksamkeit depotenzieren oder beherrschen könne. Denn symbolisch vermittelte Gewalt bestehe in „der Ausschließung alternativer Sinnzuschreibungen“ (Staudigl 2015, S. 163) und in einer sozialen Enteignung von Sinn, welche dem Subjekt gewaltsam auferlegt werde und darin eine eigene Form der Gewaltsamkeit entfalte. In Phänomenen der Gewalt werde demnach mit eigener und fremder Verletzungsoffenheit so umgegangen, dass diese ausgeblendet und negiert werde.

Verantwortlich für diese konsequente Negation der Verletzlichkeit sind nach Staudigl jedoch nicht allein die äußeren Umstände, sondern auch die innere Struktur der Gewaltsamkeit *im Subjekt selbst*, nämlich seine Verleugnung der eigenen Verletzlichkeit und Affizierbarkeit durch Anderes, welche die Ursache seiner konstitutiven ‚Nicht-Identität‘ sei. Dabei besteht Staudigl darauf, dass Verletzlichkeit niemals als nachträglich in Bezug auf ein vormals reines und integrales Selbst verstanden werden dürfe, das für Andere problemlos offen und empfänglich sei. Anstelle einer solchen vorgängigen Integrität des Selbst (etwa im Sinne eines ursprünglich schon vorhandenen Selbstwertgefühls) müsse von einer vorgängigen „Fragilität des leiblichen Selbst“ (Staudigl 2015, S. 276) ausgegangen werden. Diese *vorgängige* Zerbrechlichkeit der Selbstwerdung zeige sich nicht erst am Ort der sprachlichen und diskursiven Identitätssuche des Subjekts (so beschrieben etwa bei Paul Ricœur), sondern bereits am Ort einer ursprünglichen affektiv-zwischenleiblichen Konstitution des Selbst. In der leiblichen Affizierbarkeit des Subjekts bilde sich sozialer Sinn, der sowohl integrierend als auch desintegrierend im Blick auf die Selbstwerdung wirken könne (vgl. Staudigl 2015, S. 279). In der Genese des Selbst stehe daher immer neu auf dem Spiel, ob Integrität in den sich fortsetzenden Widerfahrnissen von Andersheit – zumindest im Zuge eines unabschließbaren Prozesses – geformt werden könne oder nicht (Staudigl 2015, S. 277).

In Phänomenen der Gewalt vollzieht sich demnach nach Staudigl nicht nur eine *gewaltsame* Verletzung, die sich darin von anderen Formen der Verletzung unterscheidet, dass sie nicht distanzierbar und in diesem Sinne unverfügbar ist. Der Gewalt liegt außerdem eine gewaltsame Verletzung *des Selbst* im Sinne einer Selbstabtrennung und Selbstabspaltung des Subjekts zugrunde, welches versucht ist, „die eigene Schwäche und Verletzlichkeit [zu] verwerfen" und „die Angst davor auf die anderen [zu] projizieren" (Staudigl 2015, S. 280). Nach Staudigl artikuliert sich in Phänomenen der gewaltsamen Ausgrenzung, Ausschließung oder Vernichtung von Anderen demnach ein Begehren nach Erlösung von der eigentlich unhintergehbaren, eigenen verletzlichen Existenz. Gewalt stelle im Kern einen Akt der Verdrängung dar, welcher der Angst entspringt, nicht mit sich identisch zu sein und durch anderes alteriert, d. h. verändert, verstört oder traumatisiert zu werden. Diese Angst vor der eigenen Nicht-Identität, die als Bedrohung, als Minderwertigkeit, Abwertung und Kränkung erfahren werde, entlade sich in Abwertungen und Ausschlüssen des Anderen. Diese entspringen dem Begehren, von der eigenen Verletzungsoffenheit, die mit Angst und Selbstverunsicherung einhergeht, auf dem Weg einer Ausstoßung des Fremden erlöst zu werden. Genau darin werde das Subjekt aber zum ‚Komplizen der Gewalt' (Staudigl 2015, S. 280, 286).

Gewalt zwischen Menschen lässt sich daher nach Staudigl weder heilen noch überwinden, da die ihr zugrundeliegende Verletzungsoffenheit, d. h. das permanente Dazwischenkommen von Anderem, eben für das Subjekt unverfügbar sei. Durch das Eingehen von Gewaltbeziehungen werde ein Subjekt konstituiert, welches Sinn für seine Existenz durch soziale und innere Destruktivität erzeuge. Die Abspaltung eines bedrohlichen Anderen bis hin zu seiner totalen Vernichtung gehe demnach mit der inneren Spaltung des Selbst, nämlich der programmatischen Reinigung des Eigenen von Elementen des Anderen, und damit mit einer Leugnung der eigenen Verletzlichkeit einher. Sie werde begleitet von einem Prozess, in dem das Leiden Anderer vergleichgültigt wird, und so erst die Vision von einer totalen Vernichtung des Anderen, von einer vollständigen Ausmerzung des ‚Anderen im Eigenen', möglich wird. Da das Begehren nach Gewalt nun auch durch eine phänomenologische Offenlegung, wie Staudigl sie vorlegt, nicht abgeschafft werden kann, plädiert er selbst dafür, stattdessen die Unhintergehbarkeit der Verletzlichkeit des menschlichen Selbst anzuerkennen. Auf diese Weise könne die Sorge für ein stets gefährdetes und nicht abgesichertes Leben, für ein verletzliches Zusammenspiel von Körper und Leib in einem fragilen sozialen Nexus, wieder in den Blick treten.

Die Phänomenologie der Gewalt, wie Staudigl sie durchgeführt und vorgelegt hat, zeigt, dass die Genese des leiblichen Selbst am Ort seines sozialen Körpers genauer in den Blick genommen und vor allem nicht von vornherein für die Auslegung eines ethischen Sinns der Verletzlichkeit vereinnahmt werden darf. Indem Phänomene der Gewalt ausgehend von der Verletzlichkeit neu beschrieben und damit auch in das Spektrum der Umgangsformen mit und Erscheinungsweisen der Verletzlichkeit aufgenommen werden, lässt sich verdeutlichen, dass das Ideal eines souverän seine Handlungen selbst bestimmenden und wählenden Subjekts nicht lediglich ein Theorieideal oder eine Fiktion darstellt, die durch eine realistischer und umfassender denkende Anthropologie schnell korrigiert werden könnte (so Springhart/Thomas 2017). Es lässt sich im Rekurs auf Staudigls Phänomenologie der Gewalt vielmehr zeigen, warum die gleichsam als bloße Umbenennung vorgenommene Neufassung des Subjekts als ‚verletzlich' (anstelle von ‚autonom') zu kurz greift und dem Vollzug eines verletzten Lebens nicht gerecht wird. Wie Staudigl gezeigt hat, ist der Versuch der Herstellung eines souveränen und selbstbestimmten Subjekts ein durchaus reales Phänomen und nicht eine bloße Theorieannahme: Die

> ‚Phantasmen der Integrität' und die darin wurzelnden Ideale personaler Autonomie und souveräner Handlungsmacht sind [...] keineswegs als überzeitliche Wesensbestimmungen oder anthropologische Konstanten zu verstehen. Sie verweisen vielmehr auf die [...] ‚innere Gewaltgeschichte' unserer Subjektivierung im Sinnhorizont vorgegebener Ordnungen der Gewalt. (Staudigl 2015, S. 277–278)

Dem Streben nach einem integren und selbstbestimmten Subjektsein wohnt demnach eine Sinngebungsmacht inne, die als eine *destruktive* Macht der Subjektkonstitution durchaus real und ernst zu nehmen ist. Dieses Streben entspringt der Angst vor einem durch den Einbruch und das Widerfahrnis von Anderem permanent dezentrierten und desintegrierten Subjektsein, und in diesem Streben konstituiert sich ein Subjekt, welches durch Formen und Akte reaktiver Gewaltsamkeit nach innen und außen der Fragilität und Gefährdetheit seiner verletzlichen Existenz entrinnen will.

5 Steigerung der Offenheit für Anderes: Das religiöse Begehren der Erlösung

Im Anschluss an die Überlegungen zu einem gewaltsamen Umgang des leiblichen Selbst mit seiner Verletzlichkeit soll nun noch auf eine letzte Form der Sinngebung im Horizont einer Genese des Selbst aus der Fragilität seiner leiblichen Existenz heraus eingegangen werden. Es handelt sich um das religiöse Begehren nach einer Erlösung und Verherrlichung der irdischen, leiblichen Existenz und mit ihr der Sterblichkeit, Endlichkeit und Verletzlichkeit des Menschen, wie es sich z. B. im Christentum im Vollzug eines Gebets für Erneuerung, aber auch in einem Ritual wie der Taufe, dem leibhaftig vollzogenen Sakrament eines neuen Lebens, auffinden lässt.

In diesem Begehren nach einer Erlösung, die nicht zwingend eine Befreiung und Loslösung *von* diesem Leben, sondern vielmehr eine Befreiungserfahrung *in* diesem Leben meinen kann, ist nun ebenfalls eine Sinngebungsmacht, allerdings durchaus konstruktiver Natur, am Wirken. So wird Erlösung im religiösen Sinne eines Lebens, welches im Horizont des Unverfügbaren und Transzendenten vollzogen wird, nicht als ‚Selbsterlösung', d. h. durch eigenes Handeln erstrebt, sondern vielmehr so begehrt, dass sie als eine reine Gabe empfangen wird, nämlich als Gabe eines ‚ganz Anderen', im christlichen Sinne: von Gott. Die auf diese Art durch eine Figur der gesteigerten Alterität und Andersartigkeit, nämlich durch Gott selbst, souverän zugesicherte und zugesprochene Erlösung der menschlichen Verletzlichkeit (im Sinne einer Befreiungserfahrung im verletzlichen Leben) lässt sich damit konstitutiv nicht dem souveränen Handlungssubjekt zurechnen, sondern wird stattdessen als Gabe eines souveränen Anderen imaginiert, dem diese Erlösung verdankt wird.

Es lässt sich nun fragen, ob dieses religiöse Begehren einer Erlösung durch Gott ebenfalls eine Form der Verleugnung der menschlichen Verletzlichkeit darstellt oder eher eine besondere Art und Weise der Anerkennung derselben oder sogar ein eigenständig zu beschreibendes Phänomen der Selbstwerdung im Angesicht eines verletzlichen und fragilen Lebens ist. Wird in diesem Begehren die verletzliche Existenz des Menschen gerade darin ‚lebbarer' gestaltet, dass die ins äußerste gesteigerte Figur einer Alterität, nämlich Gott selbst, nicht nur als entzogen widerfährt, sondern zugleich paradoxerweise auch wieder angenähert wird, indem das Wesen Gottes als unbedingte Liebe und als unbedingter Wille zur Verherrlichung des menschlichen Lebens ausgelegt wird? Ist das religiöse Begehren der Erlösung ein Vollzug, welcher das Subjekt in seinem Verlangen nach Selbstheilung zunächst durch die Offenheit für das stets vorgängige Wirken eines ‚ganz Anderen' wirkungsvoll dezentriert und darin neue Perspektiven des Umgangs mit Verletzlichkeit eröffnet? Oder verlangt eine Auslegung des ethischen Sinns der Verletzlichkeit am Ende neben der Kritik des Handlungssubjekts auch nach einer Kritik seiner religiösen Hoffnung auf ein neues Leben?

Burkhard Liebsch hat genau in diesem zuletzt genannten Sinne argumentiert und behauptet, dass religiöse Lebensformen das verletzliche Leben von Menschen stets nur überwinden und letztlich beschönigen wollen. Religion und insbesondere ihre (mono-)theistischen Lehren von Gott als dem einzigen Erlöser von allem Leiden würden das verletzte Leben permanent heilsgeschichtlich ‚mediatisieren', d. h. ihm einen eschatologischen, einen auf eine spätere Zukunft ausgerichteten Sinn und Zweck zuschreiben (Liebsch 2014, S. 268 – 270). Dabei handle es sich jedoch um eine leere Form der Vertröstung, also darum, das Verletzliche in der Perspektive einer Rettung, die aber in eine nicht erreichbare Zukunft ans Ende der Geschichte verlagert wird, erträglich und lebbar zu machen. Nach Liebsch ist hier nun eine Form der ‚metaphysischen Rückendeckung' des Lebens (Liebsch 2014, S. 269) am Wirken, auf die zu verzichten der Mensch durch das leidvolle Erleben der politischen Katastrophen des 20. Jahrhunderts dringend genötigt worden sei. Stellen diese ‚metaphysischen Rückendeckungen' des Lebens doch ‚Beschönigungen' ebendesselben dar, die den Menschen darüber hinwegtäuschen sollen, dass er mit seiner verletzlichen Existenz stets auch riskiert, *irreversibel* verletzt, *unwiederbringlich* traumatisiert und *radikaler* Negativität ausgesetzt zu werden.

Christliche Theologen und Theologinnen haben gegenüber einer solchen religionskritischen Sichtweise nun versucht aufzuzeigen, dass religiöse Lebensformen und Traditionen nicht als manipulativ abzuqualifizieren sind, sondern als wertvolle Ressource im sensiblen, aber auch im konstruktiven Umgang mit der menschlichen Verletzlichkeit und ihren leidvollen Folgen angesehen werden können (Culp 2010; Springhart/Thomas 2017). Insbesondere die christliche Religion zeichne sich dadurch aus, dass sie der verletzlichen Existenz des Menschen eben keinen *rein negativen* Sinn zuweise, sondern sie vielmehr als notwendig und nötig für ein dem Anderen zugewandtes und offenes Zusammenleben von Menschen begreife. Ihr konstruktiver Beitrag sei es daher, dass sie Lebensformen und Praktiken entwickelt habe, in denen ein leibliches Selbst sein Leben unter Einbezug und nicht unter Absehung von seiner Verletzlichkeit erfahren und gestalten könne (vgl. dazu auch Keul 2021; Bieler 2017; Frommann 2013; Burghardt et al. 2017, S. 29). Auch in der gesellschaftlichen Debatte über den öffentlichen Beitrag von Religionen zum Gemeinwohl, die nach den Terroranschlägen des 11. September 2001 geführt wurde, wird den Religionen – nun über das individuelle Leben hinaus – eine besondere Überzeugungskraft gerade aufgrund ihrer Sensibilität für leidvolle Erfahrungen sowie für das Schicksal Benachteiligter und verletzter Subjekte attestiert (Mendieta/VanAntwerpen 2012; Dabrock 2014). Sie seien eine besonders lebens- und leidsensible Form der konkreten und zugleich politischen Auseinandersetzung mit menschlicher Verletzlichkeit und würden vor allem eine öffentlich kommunizierbare Sprache für leidvolle Erfahrungen anbieten (Culp 2017, S. 63). Auch der Philosoph Gernot Böhme hebt hervor, dass die christliche Kultur in besonderer Weise mit einer Positivierung, einer Veranschaulichung und Ästhetisierung des Leidens verbunden sei: Die Bereitschaft, sich dem Leiden und dem Schmerz auszusetzen, anstatt es zu verleugnen, sei in der christlichen Gestalt des Schmerzensmannes zu einer vorbildlichen Figur des Menschseins geworden (Böhme 2008, S. 195 f.).

Nicht zuletzt angesichts dieser kontroversen religionskritischen Debatte ist die Frage, inwiefern religiöse Lebensformen die Verletzlichkeit des menschlichen Daseins am Ende nicht doch bloß entschärfen, beschönigen oder erträglich machen, im Kontext der neueren Theologie vielfach aufgegriffen und insbesondere im Blick auf das Verletzlichsein des Menschen neu bedacht worden. Drei verschiedene Akzentsetzungen in der Neuauslegung des Sinns der Verletzlichkeit lassen sich hier unterscheiden:

1. Zum Ersten werden in der neueren Debatte in der christlichen Theologie die Resistenz von Verletzungen und die Unhintergehbarkeit des menschlichen Verletzlichseins in den Mittelpunkt gestellt, um eine wirklichkeitsferne und darin ideologische Erlösungstheologie zu vermeiden. Vor allem im Umfeld der US-amerikanischen Theologie und ihres seit dem 11. September 2001 einsetzenden Diskurses über das Verhältnis von Religion und Trauma hat sich ein neues Verständnis etabliert, welches die Struktur von Verletzung als unwiderrufliches Zerbrechen des Intakten beschreibt, das unsere Fähigkeit zu erinnern, zu sprechen und zu handeln vollständig zerstört (Jones 2009; Rambo 2010). Zugleich werden Konsequenzen gezogen, die das grundsätzliche theologische Verständnis von Heil, Heilung und dem ‚Heilen‘ neu konfigurieren: Gegenüber der zerstörerischen Kraft des Traumas dürfe die frohe Botschaft der Gnade Gottes, die Botschaft von einer erlösenden Neuwerdung des menschlichen Lebens, nicht als sicheres Ende einer wohlgeordneten Geschichte in Aussicht gestellt werden, sondern nur als das unglaubliche Beharren der Liebe *inmitten* eines fragmentierten, aufgelösten Lebens.
2. Dem gegenüber und darüber hinaus haben Theologen und Theologinnen im Kontext des Chicagoer „Enhancing Life“-Projektes hervorgehoben, dass die Theologie weder ein emphatisches noch ein tragisches, sondern vielmehr ein transformatives Verständnis der Verletzlichkeit zu entfalten habe. Sie habe die Verletzlichkeit des Menschen als unhintergehbar im Blick zu behalten (Springhart/Thomas 2017, S. 7). Verletzlichkeit sei als basale Grundbedingung des geschöpflichen Lebens anzuerkennen und zu würdigen (Culp 2010; Jensen 2005). Allerdings sei in diesem Zusammenhang auch mit ‚alten‘ Sicht-

weisen zu brechen, die eine sogenannte ‚Pädagogik' der Niedrigkeit des Menschen betrieben hätten, indem sie von Sündhaftigkeit und Sünde des Menschen sprachen, um diese im Sinne einer Bedürftigkeit und Kleinheit des Menschen zum Schlüssel der Erkenntnis von Gottes Herrlichkeit und der Verkündigung seiner Gnade und Erlösung zu machen (Culp 2010, S. 113–132; dagegen artikuliert eine andere Sichtweise auf die christliche Sünde: Dalferth 2020). Verletzlichkeit könne zwar als Sünde bezeichnet werden, jedoch heiße dies zunächst nur, sie in ihrer ontologischen Resistenz anzuerkennen, d. h. sie als wesensmäßig zum menschlichen Sein zugehörig zu begreifen. Erst darauf aufbauend könne nach Formen der Transformation des Verletzten, d. h. nach einer positiven Sinnbildung, einer sinnhaften Konstitution des Selbst aus der Verletzlichkeit heraus, gefragt werden. Im christlichen Sinne könne ein solcher transformativer Umgang mit Verletzlichkeit im Vollzug des Vertrauens auf einen *lebendigen* Gott, der sich in der Zeit zeigt und durch seine Teilhabe an der Zeit risiko- und veränderungsbereit wird, gesucht werden (Thomas 2017; Thomas 2019).

3. Ein dritter Akzent, welcher in den Debatten der christlichen Theologie gesetzt wird, besteht nun darin, Verletzlichkeit als eine grundlegende Empfänglichkeit des Menschen für riskante und unvorhersehbare Veränderung und damit für das Lebendigsein in der Zeit schlechthin zu beschreiben (Culp 2010, S. 93–131). Diese Empfänglichkeit schließe ein, dass der Mensch als leibliches, endliches und in der Welt situiertes Wesen nicht nur für Widerfahrnisse von Leid und Zerstörung, sondern auch für eine Erfahrung der Verherrlichung seines Lebens durch Gott offen sei (Culp 2010, S. 64). Seine Empfänglichkeit für Widerfahrnisse der Veränderung und damit für seine eigene Alteration in der Zeit sei daher auch die Grundlage seiner Erlösungserfahrung. Damit sei es keineswegs ausgemacht, dass Verletzlichkeit in erster Linie mit Leidensfähigkeit und Leiden gleichzusetzen und rein negativ zu konnotieren sei (Culp 2010, S. 59). Verletzlichkeit könne vielmehr als ambivalente und vielschichtige Erfahrung einer Dezentrierung des menschlichen Lebens durch den Einbruch von Anderem beschrieben werden, welches zum Guten oder zum Schlechten hin erfahren werden könne. Was einem Menschen konkret in einer Verletzung durch Anderes oder Andere widerfahre, entscheide sich in diesem Zusammenhang jedoch nicht einfach in ihr selbst, sondern im Horizont der Lebensform und -praxis, in welcher sie erfahren und wahrgenommen werde. Im Kontext von christlichen Lebensformen wohne der Verletzlichkeit daher immer schon ein Moment der Entscheidung inne, und zwar der Entscheidung darüber, ob ein Subjekt sich Leid und Zerstörung resignativ hingebe oder aber ihnen Stärke und Widerstand im Glauben an Gottes Macht, das Leben neu zu verherrlichen und aufzurichten, entgegensetze (Culp 2010, S. 135–157). Für

den christlichen Umgang mit Verletzung sei es daher zentral, im Antworten auf sie zwischen einer tragischen, resignativen Haltung auf der einen und einer erlösenden, einer das Leben neu verherrlichenden Haltung auf der anderen Seite zu unterscheiden.

Die christliche Lebensform begreife die verletzliche Existenz als ein Leben in steten Aufbrüchen zu seiner Neuverherrlichung und Neuwerdung. Sie zeichne sich gegenüber Lebensformen, welche die Resignation von Menschen befördern, darin aus, dass sie eine Erfahrung zur Geltung bringe, die für den christlichen Glauben in vielfältigen leiblichen Vollzügen symbolisiert und verkörpert ist, nämlich dass Gott eine Stärkung des Lebendigen und damit eine Erlösung vom Leiden an erlittenen Verletzungen zu erreichen vermag: In Jesus Christus habe Gott zugesagt, den Menschen am tiefsten Punkt seiner verletzlichen Existenz anzunehmen und ihn von dort her wieder lebendig zu machen und sein Leben und sein Lebendigsein neu zu verherrlichen. Das Widerfahrnis einer Verletzung sei daher nicht als der starre Endpunkt, der symbolische Tod der Lebendigkeit, sondern als der neue Anfangspunkt für ein durch Gott verherrlichtes Leben in Zeit und Vergänglichkeit zu begreifen. Erfahrbar werde diese transformative Perspektive, die das Selbst hin zu einer erlösenden Annahme und Neuerfahrung von Verletzlichkeit führt, dort, wo in christlichen Praktiken unter Anrufung des Namens Gottes eine Widerständigkeit und Distanz gegenüber dem Schicksal eingeübt werde. Dazu zählt nach Elizabeth O'Donnel Gandolfo zum Beispiel eine christliche verkörperte Praxis wie das Gebet, aber auch Meditation und Fürbitte, in denen Solidarität mit den Leidenden geübt wird (O'Donnel Gandolfo 2015, S. 265–310).

Die dargestellten neueren theologischen Entwürfe verstehen das religiöse Begehren einer Erlösung nicht als eine rein spekulative Einstellung, die eine Überwindung der Existenz des Menschen in einem verletzlichen Körper am Ende der Geschichte oder in einer späteren Zukunft in Aussicht stellt. Stattdessen legen sie Erlösung als Sinn für eine transformative Genese des Selbst aus, welches durch verletzende Widerfahrnisse hindurch sich immer wieder neu auf ein durch Gott gut geschaffenes und in Jesus Christus verherrlichtes Leben ausrichtet und darin auch die Entscheidung treffen und vor allem die Kraft zum Widerstand gegen Resignation zu finden vermag. Was damit in den theologischen Auslegungen des religiösen Sinns eines Begehrens nach Erlösung wieder in den Mittelpunkt des Interesses tritt, ist aber das *fähige Subjekt*, welches sich zwar nicht souverän und allein und unter Abspaltung seiner eigenen Verletzlichkeit, aber dennoch durch die Ausrichtung auf die ‚richtige' Bewertung dieser Verletzlichkeit, aus der mit ihr verbundenen Negativität herauswinden und sein Leben zum Positiven gestalten kann.

Die Ausrichtung des Subjekts auf die von Gott zugesagte und ihm verdankte Verherrlichung des Lebens vollzieht sich demnach nicht als Erlösung *vom* verwundbaren Leben, sondern als Befreiung *im* verwundbaren Leben. Mit dieser Deutung vermeiden die analysierten theologischen Entwürfe nun zwar das mit Kränkung und mit reaktiver Gewaltsamkeit des Selbst verbundene Problem der Nicht-Identität, indem sie ein durch Gott inmitten seiner Verletzlichkeit kontrafaktisch ‚gerettetes' Subjekt (vgl. zu Religion und Kontrafaktizität Dierken 2014) in Ritualen und Praktiken zu verkörpern suchen, welches sich gleichsam kämpferisch und widerständig gegen Verzweiflung und Resignation durchsetzen und den religiösen Lebensvollzug damit aus der Passivität einer Opferrolle heraushalten kann. Sie können aber dennoch nicht vollständig dem von Liebsch an sie herangetragenen Vorwurf einer Abmilderung oder Beschönigung der aus der Verletzlichkeit erwachsenden Negativität und Traumatisierung des Subjekts begegnen. Allein der von Shelly Rambo und Serene Jones vorgetragene Gedanke eines *unwiderruflichen* Zerbrechens des Intakten, der die Fähigkeit des Subjekts, sich zu erinnern, zu sprechen und zu handeln, vollständig zerstört, wird der Tragik verletzlicher Existenz, wie Liebsch sie beschrieben hat, ansatzweise gerecht (Rambo 2010; Jones 2009). Das grundsätzliche Ausgehen von einer emanzipativen Kraft, die sich inmitten des verletzlichen Lebens in einer christlichen Hoffnungsperspektive formiert, verbleibt damit aber weitgehend blind gegenüber ihrer eigenen Ambivalenz, nämlich sich mit dem Distanzgewinn und der Widerständigkeit gegen negative und destruktive Erfahrungen, die aus der Verletzlichkeit erwachsen können, zugleich auch in souveräne Gewalt gegenüber dem Verletzlichen selbst verkehren zu können. Zumindest ihrer Möglichkeit nach müsste diese Verkehrung bzw. dieses Umschlagen der Emanzipation in Destruktivität in den theologischen Entwürfen stärker durchdacht werden.

6 Abschied vom Widerstand: Selbstwerdung als Hingabe an den Sinn einer fragmentierten Existenz

Aufgabe einer Hermeneutik und Phänomenologie der Existenz der Verletzlichkeit ist es, den ethischen Sinn der Verletzlichkeit wie des Subjektseins an sich neu zu beschreiben und auszulegen. Denn dieser Sinn ergibt sich nicht einfach von selbst oder kann in einer bloßen Umbenennung der dem Subjekt zugeschriebenen Attribute (‚autonom', ‚verletzlich') aufgefunden werden. Stattdessen gilt es, ihn je neu durch das Studium der Phänomene, in denen sich Verletzlichkeit verkörpert und manifestiert, zu erschließen und auszulegen.

Wie gezeigt wurde, muss dabei auch der grundlegende Vollzug einer Verleugnung der Verletzlichkeit als ein durchaus sinnkonstitutiver ebenso wie sinndestruktiver Vollzug der Selbstwerdung mit einbezogen werden. Im Sinne eines imaginären, d. h. eines unerfüllbaren Begehrens zielt die Verleugnung der Verletzlichkeit auf die Herausbildung eines souveränen Subjekts. Eine solche souverän hergestellte Subjektivität lässt sich jedoch nur um den Preis der Gewaltsamkeit gegen das Andere im Eigenen und am Ort der Anderen vollziehen. Sie ist Ausdruck des Wunsches, die Widerfahrnisse des Anderen aus dem eigenen Leben auszugrenzen und der Fragilität eines verletzlichen Lebens zu entfliehen. Der ethische Sinn der Verletzlichkeit kann allerdings *nicht* darin liegen, dass ein Selbst sich von den leidvollen Unterbrechungen und Störungen in seiner fragilen und gefährdeten Existenz gleichsam selbst zu ‚erlösen' und freizumachen sucht, indem es sich gewaltsam vom Anderen in sich selbst und am Ort der Anderen abtrennt. Denn im Begehren solcher gewaltsamen Abspaltungen liegt der verzweifelte und letztlich nicht verfangende Versuch, ein mit sich selbst identisches, ein intaktes Subjekt zu werden, welches seiner verletzlichen Existenz und damit einem Leben in permanenten Dezentrierungen entgeht.

Eine Hermeneutik und Phänomenologie, die nach dem ethischen Sinn fragt, welcher der Verletzlichkeit des menschlichen Daseins selbst innewohnt, und diesen Sinn für die Genese eines Selbst auslegen möchte, kann sich, wie weiter gezeigt wurde, der Widerständigkeit des Subjekts im Umgang mit dem Verletzlichen zuwenden und diese kritisch beleuchten. Ein widerständiges Selbst ist ein Selbst, welches seine Verletzlichkeit und die der Anderen nicht negiert oder verleugnet, aber sich dennoch von ihr emanzipiert, indem es sich dem widersetzt, was ihm widerfährt. Es steht in der Gefahr, Verletzlichkeit zwar nicht zu negieren oder zu verleugnen, sie aber doch zu beschönigen und abzumildern, indem ihre Wirkungen, die sich in konkreten Verletzungen manifestieren, im letzten als *nicht* irreversibel und *nicht* unwiderruflich begriffen werden und somit unter das Vorzeichen einer jenseits dieses Daseins und jenseits der Geschichte wirkenden Lebensmacht gestellt werden. Anstelle des widerständigen Selbst, welches sich aus der Negativität und Tragik der verletzlichen Existenz ebenso wie aus dem ‚Absolutismus' ihrer Wirklichkeit souverän durch einen Perspektivwechsel zu emanzipieren sucht, sollte ein Selbst in den Blick genommen werden, welches sich dem Sinn seiner Verletzlichkeit und der konstitutiven Bedeutung dieser Verletzlichkeit für das Werden eines Selbst sensibel hingibt, anstatt diese souverän zu bewältigen. Dies muss nicht als Zeichen der Schwäche oder als Schwächung des Subjekts gedeutet werden, sondern vielmehr als Anerkennung des Umstandes, dass ein Selbst auf die Verstrickung seines Seins mit Anderem stets in einer humanen Nachträglichkeit und Unvollkommenheit antwortet – und vielleicht auch in einer der zwischenzeitlichen Existenz zunehmend zueigen werdenden Gelassenheit.

Literatur

Agamben, Giorgio (2021): *An welchem Punkt stehen wir? Die Epidemie als Politik.* Wien: Turia + Kant.
Bankowski, Zbigniew/Bryant, John H. (Hrsg.) (1994): *Poverty, Vulnerability, the Value of Human Life and the Emergence of Bioethics. Highlights and Papers of the 28th CIOMS Conference, Ixtapa, Guerrero State, Mexico, 17–20 April 1994.* Genf: CIOMS.
Bieler, Andrea (2017): *Verletzliches Leben. Horizonte einer Theologie der Seelsorge.* Göttingen: Vandenhoeck & Ruprecht.
Böhme, Gernot (2008): *Ethik leiblicher Existenz.* Frankfurt a. M.: Suhrkamp.
Böhme, Gernot (2019): *Leib. Die Natur, die wir selbst sind.* Frankfurt a. M.: Suhrkamp.
Breyer, Thiemo (2016): „Philosophie der Verkörperung. Grundlagen und Konzepte". In: Gregor Etzelmüller/Anette Weissenrieder (Hrsg.): *Verkörperung als Paradigma theologischer Anthropologie.* Berlin, Boston: De Gruyter, S. 29–50.
Brock, Brian (2010): „Supererogation and the Riskiness of Human Vulnerability". In: Hans S. Reinders (Hrsg.): *The Paradox of Disability. Responses to Jean Vanier and L'Arche Communities from Theology and the Sciences.* Grand Rapids: William B. Eerdmans, S. 3–15.
Burghardt, Daniel/Dziabel, Nadine/Höhne, Thomas/Dederich, Markus/Lohwasser, Diana/Stöhr, Robert/Zirfas, Jörg (Hrsg.) (2017): *Vulnerabilität. Pädagogische Herausforderungen.* Stuttgart: Kohlhammer.
Butler, Judith (2005): *Gefährdetes Leben. Politische Essays.* Frankfurt a. M.: Suhrkamp.
Cole, Alyson (2016): „All of Us Are Vulnerable, But Some Are More Vulnerable than Others: The Political Ambiguity of Vulnerability Studies, an Ambivalent Critique". In: *Critical Horizons* 17, S. 260–277.
Culp, Kristine A. (2010): *Vulnerability and Glory. A Theological Account.* Louisville (KY): Westminster John Knox Press.
Culp, Kristine A. (2017): „Vulnerability and the Susceptibility to Transformation". In: Heike Springhart/Günter Thomas (Hrsg.): *Exploring Vulnerability.* Göttingen: Vandenhoeck & Ruprecht, S. 59–70.
Dalferth, Ingolf U. (2020): *Sünde. Die Entdeckung der Menschlichkeit.* Leipzig: Evangelische Verlagsanstalt.
Dabrock, Peter (2014): „Öffentlichkeit und Religion". In: Elisabeth Gräb-Schmidt (Hrsg.): *Gemeinwohl.* Leipzig: Evangelische Verlagsanstalt, S. 77–124.
Dierken, Jörg (2014): *Ganzheit und Kontrafaktizität. Religion in der Sphäre des Sozialen.* Tübingen: Mohr Siebeck.
Etzelmüller, Gregor/Fuchs, Thomas/Tewes, Christian (Hrsg.) (2017): *Verkörperung – Eine neue interdisziplinäre Anthropologie.* Berlin, Boston: De Gruyter.
Etzelmüller, Gregor/Weissenrieder, Annette (Hrsg.) (2016): *Verkörperung als Paradigma theologischer Anthropologie.* Berlin, Boston: De Gruyter.
Ferrarese, Estelle (2016): „Vulnerability: A Concept with Which to Undo the World as It Is?". In: *Critical Horizons* 17, S. 149–159.

Fineman, Martha A. (2004): *The Autonomy Myth. A Theory of Dependency.* New York: New Press.

Fineman, Martha A. (2008): „The Vulnerable Subject. Anchoring Equality in the Human Condition“. In: *Yale Journal of Law and Feminism* 20, S. 1–23.

Fingerhut, Jörg/Hufendiek, Rebekka/Wild, Markus (2013): „Einleitung“. In: Jörg Fingerhut/Rebekka Hufendiek/Markus Wild (Hrsg.): *Philosophie der Verkörperung. Grundlagentexte zu einer aktuellen Debatte.* Berlin: Suhrkamp, S. 9–104.

Frommann, Nicole (2013): *Das Verletzte stärken. Seelsorge für Menschen mit erworbenen Hirnschädigungen und für Menschen im Wachkoma.* Göttingen: Vandenhoeck & Ruprecht.

Fuchs, Thomas (2020): *Verteidigung des Menschen. Grundfragen einer verkörperten Anthropologie.* Berlin: Suhrkamp.

Fukuyama, Francis (2019): *Identität. Wie der Verlust der Würde unsere Demokratie gefährdet.* Hamburg: Hoffmann und Campe.

Gilson, Erinn C. (2014): *The Ethics of Vulnerability. A Feminist Analysis of Social Life and Practice.* New York: Routledge.

Hägglund, Martin (2019): *This Life: Why Mortality Makes Us Free.* London: Profile Books.

Honkasolo, Marja-Liisa (2018): „Guest Editor's Introduction: Vulnerability and Inquiring into Relationality“. In: *Suomen Antropologi* 43, S. 1–21.

Jensen, David H. (2005): *Graced Vulnerability. A Theology of Childhood.* Cleveland (OH): Pilgrim Press.

Jones, Serene (2009): *Trauma and Grace. Theology in a Ruptured World.* Louisville (KY): Westminster John Knox Press.

Jung, Matthias (2017): *Symbolische Verkörperung. Die Lebendigkeit des Sinns.* Tübingen: Mohr Siebeck.

Keul, Hildegund (Hrsg.) (2021): *Theologische Vulnerabilitätsforschung: gesellschaftsrelevant und interdisziplinär.* Stuttgart: Kohlhammer.

Klein, Rebekka A. (2015): „Schmerzfrei Leben? Religionsphilosophische Perspektiven auf den Diskurs über die Affirmation und Integration von Verletzlichkeit“. In: *Neue Zeitschrift für Systematische Theologie und Religionsphilosophie* 57, S. 301–317.

Klein, Rebekka A. (2017): „Verwundbar geboren – Kritische Anfragen an den Gebrauch einer interdisziplinären anthropologischen Metapher“. In: Gerald Hartung/Matthias Herrgen (Hrsg.): *Wahrnehmung* (Jahrbuch Interdisziplinäre Anthropologie 4), Wiesbaden: Springer, S. 163–178.

Levinas, Emmanuel (1987): *Totalität und Unendlichkeit. Versuch über die Exteriorität.* Freiburg i. Br.: Alber.

Liebsch, Burkhard (2003): „Gewalt-Verstehen. Hermeneutische Aporien“. In: Burkhard Liebsch/Dagmar Mensink (Hrsg.): *Gewalt verstehen.* Berlin, Boston: De Gruyter, S. 23–57.

Liebsch, Burkhard (2006): *Revisionen der Trauer.* Weilerswist: Velbrück.

Liebsch, Burkhard (2014): *Verletztes Leben. Studien zur Affirmation von Schmerz und Gewalt im gegenwärtigen Denken.* Zug: Die Graue Edition.

MacIntyre, Alasdar (1999): *Dependent Rational Animals. Why Human Beings Need the Virtues.* Chicago: Open Court.

Maillard, Nathalie (2011): *La vulnérabilité. Une nouvelle catégorie morale?.* Genf: Labor et Fides.

Manemann, Jürgen (2019): *Demokratie und Emotion. Was ein demokratisches Wir von einem identitären Wir unterscheidet.* Bielefeld: transcript.

Mendieta, Eduardo/VanAntwerpen, Jonathan (Hrsg.) (2012): *Religion und Öffentlichkeit*. Berlin: Suhrkamp.
Müller, Robert (2019): *Ressentiment. Wiege des Populismus*. Dresden: Text & Dialog.
O'Donnel Gandolfo, Elizabeth (2015): *The Power and Vulnerability of Love. A Theological Anthropology*. Minneapolis (MN): Fortress Press.
Quast-Neulinger, Michaela (2021): „Zärtlich jenseits der Naivität. Zur theo-politischen Bedeutung der Verwundbarkeit". In: Hildegund Keul (Hrsg.): *Theologische Vulnerabilitätsforschung: gesellschaftsrelevant und interdisziplinär*. Stuttgart: Kohlhammer, S. 75–74.
Rambo, Shelly (2010): *Spirit and Trauma. A Theology of Remaining*. Louisville (KY): Westminster John Knox Press.
Reuter, Hans-Richard (2015): „Grundlagen und Methoden der Ethik". In: Wolfgang Huber et al. (Hrsg.): *Handbuch der Evangelischen Ethik*. München: C. H. Beck, S. 9–123.
Richter, Cornelia (Hrsg.) (2017): *Ohnmacht und Angst aushalten. Kritik der Resilienz in Theologie und Philosophie*. Stuttgart: Kohlhammer.
Schnell, Martin W. (2017): *Ethik im Zeichen vulnerabler Personen. Leiblichkeit – Endlichkeit – Nichtexklusivität*. Weilerswist: Velbrück.
Springhart, Heike (2016): *Der verwundbare Mensch. Sterben, Tod und Endlichkeit im Horizont einer realistischen Anthropologie*. Tübingen: Mohr Siebeck.
Springhart, Heike (2018): „Inklusion und Vulnerabilität – systematisch-theologische Überlegungen". In: Michaela Geiger/Matthias Stracke-Bartholmai (Hrsg.): *Inklusion denken. Theologisch, biblisch, ökumenisch, praktisch*. Stuttgart: Kohlkammer, S. 33–42.
Springhart, Heike/Thomas, Günter (2017): „Introduction". In: Heike Springhart/Günter Thomas (Hrsg.): *Exploring Vulnerability*. Göttingen: Vandenhoeck & Ruprecht, S. 7–9.
Staudigl, Michael (2015): *Phänomenologie der Gewalt* (Phaenomenologica 215). Cham: Springer.
Thomas, Günter (2017): „Divine Vulnerability, Passion and Power". In: Heike Springhart/Günter Thomas (Hrsg.): *Exploring Vulnerability*. Göttingen: Vandenhoeck & Ruprecht, S. 35–58.
Thomas, Günter (2019): *Gottes Lebendigkeit. Beiträge zur Systematischen Theologie*. Leipzig: Evangelische Verlagsanstalt.
Turner, Bryan S. (2006): *Vulnerability and Human Rights*. University Park (PA): Penn State University.

Michael Coors

Verletzlichkeit und Autonomie leiblicher Personen

Zum normativen Ort der anthropologischen Frage nach der Verletzlichkeit des Menschen

> There is a crack, a crack in everything.
> That's how the light gets in.
> (Leonard Cohen, *Anthem*)

Abstract: *Vulnerability and autonomy of embodied persons. On the normative place of the anthropological question for human vulnerability.* Considering the normative functions of autonomy and vulnerability leads in a deontological perspective to the question for how to weigh the duties of the respect for autonomy and the duty to care for the other. Considered as moral goods or evils autonomy and vulnerability represent different ideals of how to live a good human life. Both ethical questions, though, rely on normative anthropological considerations: Is living a human life primarily about achieving the greatest possible autonomy or is it rather about arranging oneself with vulnerabilities? By considering the bodily metaphor of the wound (lat. *vulnus*) I argue that vulnerability is a phenomenon of the embodied existence of human persons. Referring to a phenomenology of embodiment I argue that a normative concept of vulnerability relies on the normative idea of autonomous personhood and that the moral good of autonomy presupposes that autonomous persons exist as embodied persons which are always vulnerable.

Das Programm einer Ethik der Verletzlichkeit wird häufig als ein Gegenentwurf zu einer Ethik konzipiert, in deren Zentrum der Mensch als autonomes Subjekt steht (Springhart 2016, S. 207; Fineman 2010). So ist z. B. die Rede davon, dass anhand des Verletzlichkeitsbegriffes ein „Gegendiskurs zum modernen Begriff der Selbstbestimmung und Autonomie" (Klein 2015, S. 307) eröffnet werde oder dass die angesichts der Orientierung der Ethik an Rationalität und Autonomie des Menschen „verdrängte Seite des Menschen, nämlich seine Vulnerabilität" (Schnell 2017, S. 13) zum Thema werde. Der Bezugspunkt der Kritik ist dabei das autonome Subjekt der liberalen Tradition: „the ‚vulnerable subject' must replace the autonomous and independent subject asserted in the liberal tradition" (Fineman 2008, S. 2).

 https://doi.org/10.1515/9783110734522-004

Im Folgenden geht es mir darum, dieses Spannungsfeld des Verhältnisses von Verletzlichkeit und Autonomie menschlicher Personen näher zu untersuchen. Dafür gehe ich zunächst von der ethischen Reflexion moralischer Geltungsansprüche aus, die sich mit den Begriffen der Autonomie,[1] der Verletzlichkeit und der Verletzung verbinden, um so zu klären, in welchen normativen Argumentationszusammenhängen anthropologische Aspekte dieser Konzepte moralisch relevant werden. Dabei gehe ich davon aus, dass sich normative Ansprüche grundsätzlich in pflichten- und güterethische Ansprüche differenzieren lassen: Es geht einerseits um Prinzipien, die zu einem bestimmten Handeln verpflichten, und andererseits um die Frage nach dem, was in Handlungen und im Lebensvollzug als das Gute erstrebt wird (Coors 2020, S. 8 – 19; Ricœur 2005; Habermas 1991, S. 103 – 108).

Dass Menschen verletzlich sind, formuliert auf den ersten Blick weder ein moralisches Gut (wenn dann ein moralisches Übel) und schon gar keine Pflicht. Es scheint sich vielmehr um eine Aussage darüber zu handeln, wie der Mensch beschaffen ist, also um eine im weiten (und sehr unpräzisen) Sinne anthropologische Aussage, der aber offensichtlich eine normative moralische Relevanz zugeschrieben wird. Um zu verstehen, worin diese normative Relevanz der anthropologischen Verletzlichkeit des Menschen besteht, soll die moralische Dimension der Verletzlichkeit im Folgenden jeweils im Verhältnis zur pflichten- und güterethischen Rede von Autonomie reflektiert werden, um dann von dort aus die normative anthropologische Funktion der beiden Begriffe und ihr Verhältnis zueinander zu klären.

1 Zur moralischen Funktion von Autonomie und Verletzlichkeit

Es kann hier nicht um eine umfassende Klärung der Begriffe „Autonomie“ und „Verletzlichkeit“ gehen. Im Blick ist zunächst nur die Frage nach der Funktion, die diesen Begriffen in unterschiedlichen ethischen Begründungszusammenhängen zugewiesen wird. Es geht dabei nicht um eine umfassende Analyse, sondern es soll vor allem deutlich werden, dass die Logik der moralischen Funktionen der Begriffe eine unterschiedliche ist, sodass sich die Frage stellt, in welcher ihrer moralischen Funktionen die Begriffe der Autonomie und der Verletzlichkeit eigentlich miteinander verglichen werden können.

1 Die Begriffe Autonomie und Selbstbestimmung werden hier gleichbedeutend verwendet.

Dabei nehme ich im Folgenden zwei mögliche moralische Funktionen in den Blick: Die moralische Funktion der diskutierten Begriffe kann (1.) darin bestehen, dass sie (direkt oder indirekt) auf mit ihnen verbundene moralische Verpflichtungen gegenüber anderen Personen verweisen und damit einen deontischen Geltungsanspruch erheben. Alternativ können die Begriffe (2.) auf erstrebenswerte moralische Güter (oder zu vermeidende Übel) verweisen. Aus der Diskussion ihrer moralischen Funktion ergibt sich dann der normative Ort einer anthropologischen Reflexion auf Autonomie und Verletzlichkeit des Menschen.

1.1 Autonomie, Verletzlichkeit und moralische Pflicht

Unter einer Pflicht verstehe ich das, was aus moralischen Gründen getan werden muss. Wie dieser deontische Geltungsanspruch einer Pflicht zu begründen ist, ist eine vom erhobenen Geltungsanspruch selbst zu unterscheidende Frage, die mich an dieser Stelle zunächst nicht interessiert. Der Begriff der *Autonomie* selbst bezeichnet in diesem Sinne noch keine Pflicht, sondern verweist lediglich auf eine Eigenschaft oder Fähigkeit. Eine Pflicht wird hingegen formuliert, wenn es darum geht, dass die Autonomie einer anderen Person respektiert werden muss. Diese Verpflichtung ist nicht nur in der Medizinethik grundlegend (Beauchamp/Childress 2019, S. 99–154), sondern sie strukturiert wesentlich das Zusammenleben in liberalen Gesellschaften (Quante 2010, S. 143–202). Der Autonomiebegriff in der Medizinethik ist dabei stark geprägt von der Tradition des politischen Liberalismus und deckt sich m. E. weitgehend mit der von John Stuart Mill formulierten Funktion von Autonomie als „Freiheit, einen Lebensplan, der unseren eigenen Charakteranlagen entspricht, zu entwerfen“ (Mill 2009, S. 41).[2] Die Pflicht, die Autonomie des anderen zu respektieren, besteht also darin, die möglicherweise sehr anderen Vorstellungen einer guten Lebensführung der anderen Person zu akzeptieren. Anders gesagt: Es ist die Pflicht, zu akzeptieren, dass eine andere Person ihr Leben an anderen moralischen Gütern (s. Abschnitt 1.2) orientiert als man selbst. Das impliziert im Gegenzug das *Recht* einer jeden Person darauf, ihr Leben nach ihren eigenen Vorstellungen des Guten führen zu dürfen. Diese Konzeption eines Rechts auf eine autonome Lebensführung geht also einher mit einer weitgehenden Subjektivierung von Vorstellungen guten Lebens (Habermas

---

2 Im englischen Original: „liberty [...] of framing the plan of our life to suit our own character“ (Mill 2009, S. 40). Auf die Nähe zum utilitaristischen Freiheitsbegriff verweist auch Haker 2020, S. 224, die von „preferential autonomy“ spricht.

1991, S. 103–108).[3] Die einzige Grenze, die Mill für diese Freiheit der Lebensführung akzeptiert, ist die Beeinträchtigung der Freiheit und des Wohlergehens anderer Personen (Mill 2009, S. 34).

Die so verstandene Pflicht, die Selbstbestimmung anderer Personen zu respektieren, trifft damit aber gerade keine Aussage darüber, ob Selbstbestimmung als ein erstrebenswertes Gut zur Gestaltung der eigenen Lebensführung gilt, denn sie ist ja gerade die Pflicht, die Freiheit zur Wahl unterschiedlicher moralischer Güter zu respektieren. In diesem Sinne geht es auch darum, die Freiheit anderer zu respektieren, sich freiwillig in Abhängigkeiten zu begeben und die Freiheit ihrer Lebensführung einzuschränken – z. B. indem sie sich in der Ehe abhängig machen vom Wohlergehen einer anderen Person, das Wohlergehen ihrer Kinder über das eigene Wohlergehen stellen oder aber indem sie sich z. B. einem religiösen Gelübde unterwerfen.

Der Begriff der *Verletzlichkeit* bezeichnet ebenfalls keine normative Pflicht. Auch wenn das an prominenter Stelle vorgeschlagen wurde (Rendtorff 2002, S. 237), ergibt es wenig Sinn, von „vulnerability" als einem eigenständigen normativen Prinzip zu sprechen, in dem unmittelbar eine moralische Verpflichtung zum Ausdruck kommt. Auch bei Rendtorff ist die in diesem Prinzip begründete Verpflichtung nicht die Vulnerabilität selbst, sondern der Schutz vulnerabler Personen. Vulnerabilität wird von Rendtorff unter Rückgriff auf Lévinas faktisch als anthropologische Universalie verstanden: „Vulnerability should be considered as a universal expression of the human condition" (Rendtorff 2002, S. 237). Die moralischen Pflichten, die mit dieser anthropologischen Vorstellung verbunden werden, sind Schutzpflichten gegenüber allen Menschen. Wie diese Pflichten zu begründen sind und welche Reichweite sie haben, bleibt allerdings offen.

Mit Blick auf das Verhältnis von Autonomie und Verletzlichkeit läuft ein Vergleich entsprechender normativer Verpflichtung also auf die klassische Frage des Verhältnisses von Schutzpflichten zur Pflicht des Respektes vor der Autonomie hinaus. Ein Blick auf das medizinrechtlich einschlägige Verständnis des Rechts auf Autonomie zeigt zudem, wie eng das Recht auf Autonomie und das Recht auf Schutz der körperlichen Integrität miteinander verzahnt sein können. Denn einschlägige höchste Gerichtsurteile aus dem Kontext des Medizinrechts sowohl in Deutschland (BGH 2 StR 454/09, Rnd. Nr. 35) als auch in der Schweiz (BGE 117 Ib 197) argumentieren an zentraler Stelle so, dass sie das Recht auf Autonomie als das Recht verstehen, Eingriffe in die körperliche Integrität jederzeit

3 Zu der m. E. berechtigten Kritik an der mit dieser Subjektivierungsthese implizierten Unkritisierbarkeit von Lebensformen vgl. z. B. Jaeggi 2014, S. 38–40.

abwehren zu dürfen. Die Vorstellung eines Rechts auf Autonomie setzt also die Vorstellung eines Körpers voraus, der verletzt werden kann.

In positiver Hinsicht umfasst das Recht auf Autonomie dann auch das Recht der betroffenen Person, auf diesen grundlegenden Schutz der körperlichen Integrität zu verzichten. Das bedeutet in der Regel, dass die betreffende Person ein anderes Gut als die Bewahrung der eigenen körperlichen Integrität höher gewichtet, z. B. die Aussicht, dass durch einen medizinischen Eingriff in die körperliche Integrität die eigene Gesundheit wiederhergestellt oder körperliche Leiden gelindert werden können. Autonomie ist damit als Recht zur Freiheit der Güterabwägung formuliert, das aber das grundlegendere Recht des Schutzes der Integrität des Körpers voraussetzt. Das bedeutet zugleich, dass das Recht auf Schutz der Integrität des Körpers nicht einfach in der Autonomie der Person begründet werden kann, zeigt aber auch, dass beide Begriffe in ihrer normativen Funktion nicht notwendig in einem kategorischen Gegensatz zueinander stehen.

1.2 Autonomie und Verletzlichkeit als moralische Güter (oder Übel)

Unter moralischen Gütern verstehe ich das, was durch eine Handlung oder eine Reihe von zusammenhängenden Handlungen (durch eine Praxis) realisiert werden soll.[4] Insofern die Handlung oder die Praxis auf die Realisierung eines Gutes ausgerichtet ist, wird durch das Handeln die Realisierung des Gutes von der handelnden Person erstrebt und ist darum für die handelnde Person gut.[5] Im Horizont einer liberalen Gesellschaftsordnung sind solche Güter zunächst überwiegend als subjektive moralische Güter im Blick, also als das, was eine Person für sich selbst als Gut erstrebt. Darüber hinaus gibt es aber auch Güter, die gemeinsam erstrebt werden („common goods"; MacIntyre 2001) und möglicherweise auch objektive Güter, deren Realisierung möglich sein muss, um als freie Person am gesellschaftlichen Leben teilhaben zu können (Taylor 1985; Nussbaum 2000; Nussbaum 2018).

Dass *Autonomie* in diesem Sinne ein erstrebenswertes, subjektives moralisches Gut darstellen kann, scheint weitgehend unbestritten. Zu beachten ist da-

---

4 Zum Handlungs- und Praxisbegriff vgl. Jaeggi 2014, S. 95–103.

5 Ich setze hier also ähnlich wie Aristoteles dezidiert bei einem Begriff von „Gut" an, der das Gutsein des Handlungsgutes aus dem adjektivischen Gebrauch von gut ableitet (Aristoteles 2007, 1094a) und grenze mich damit gegen Schleiermacher ab, der den substantivischen Gebrauch von Gut dem adjektivischen Gebrauch entgegensetzt (Schleiermacher 2002, S. 544 f.; Reuter 2007, S. 23).

bei, dass Autonomie eigentlich den Status eines Meta-Gutes hat, denn erstrebt wird die Möglichkeit, autonom zwischen unterschiedlichen Gütern gemäß den eigenen Präferenzen wählen und sie realisieren zu können. Das Streben nach Autonomie richtet sich also auf eine bestimmte Art und Weise des Erstrebens von Gütern überhaupt und damit auf eine bestimmte Art und Weise der Lebensführung. In diesem Sinne scheint Autonomie in weiten Teilen unserer Gesellschaft ein moralisches Meta-Gut zu sein, das gesellschaftlich erstrebt wird: Das zeigt sich z. B. daran, dass es ein weithin anerkanntes Ziel der Erziehung von Kindern ist, diese zu einer selbständigen Lebensführung zu befähigen. Im Blick ist mit der Autonomie als moralischem Gut also eine Selbstständigkeit der Lebensführung, bei der eine Person selbst darüber bestimmt, wie sie ihr Leben führt und sich darin weitgehend unabhängig macht von Einflüssen anderer. Dabei wird man allerdings anerkennen müssen, dass eine vollständige Unabhängigkeit von anderen in der Lebensführung nicht möglich ist: Jeder Mensch bleibt in der Regel auf die Unterstützung und Hilfe anderer angewiesen – mal mehr, mal weniger.[6] Das begrenzt die Autonomie der Person, hebt sie aber nicht auf: Es handelt sich vielmehr um eine Güterabwägung zwischen dem Meta-Gut der Selbstbestimmung und anderen Gütern, für deren Realisierung man auf die Unterstützung anderer angewiesen ist.

Eine autonome Lebensführung kann auch angesichts solcher partiellen Abhängigkeiten dadurch realisiert werden, dass man sich autonom zu diesen Abhängigkeiten verhält. Es geht in diesem Sinne bei der Autonomie als moralischem Gut also um eine erstrebte Autorität über die eigene Lebensführung (Schaber 2012), die auch angesichts von Abhängigkeiten bestehen kann. Das *Recht* auf Autonomie (s. Abschnitt 1.1) schützt nun aber nicht nur die Orientierung des Lebens am moralischen Gut der autonomen, selbständigen Lebensführung, sondern es schützt ebenso die Orientierung des Lebens z. B. am moralischen Gut des Dienstes für andere und einer damit verbundenen Aufgabe eigener Selbständigkeit, die ihrerseits in Spannung steht zum Gut der autonomen Lebensführung.

Verletzungen hingegen gelten eher als zu vermeidendes Übel denn als moralisches Gut, weil sie in der Regel Personen daran hindern, moralische Güter autonom zu realisieren. Erstrebt wird wohl in der Regel eher das Gegenteil, nämlich die Unverletztheit, also die Integrität. Schon allein die Tatsache, dass Verletzungen *widerfahren*, stellt sie in einen gewissen Gegensatz zur Vorstellung einer autonomen Lebensführung. Denn das moralische Gut der Autonomie rückt

---

6 Darauf verweisen zu Recht u. a. Vertreterinnen der Care Ethik. Vgl. z. B. Tronto 1993, S. 100; und Held 2006, S. 21 f., 45 f.

die Person immer von ihrer das Leben gestaltenden Seite her in den Blick. Selbstbestimmt leben heißt, die Kontrolle über das zu behalten, was im eigenen Leben geschieht, und das steht in einem gewissen Gegensatz zum bloßen Hinnehmen von Widerfahrnissen wie Verletzungen. Man kann Widerfahrnisse zwar erstreben – Beispiele dafür sind der Wunsch, dass mir jemand etwas schenken möge oder die Sehnsucht danach, von einer anderen Person geliebt zu werden –, aber für die Realisierung des erstrebten Widerfahrnisses bleibt man auf andere angewiesen. Darum bedeutet ein Widerfahrnis zu erstreben immer, einen Teil der eigenen Selbständigkeit (Autonomie) zugunsten von Abhängigkeit von anderen aufzugeben. Das ist zwar im Rahmen der Autonomie möglich, zeigt aber auch, dass das moralische Gut der Autonomie in diesem Fall dem höheren Gut der erwünschten Widerfahrnis untergeordnet wird. Insofern die Realisierung eines Widerfahrnisses immer schon die Unterstützung durch andere voraussetzt, verweist das Erstreben eines Widerfahrnisses auf einen sozialen Interaktionsraum, von dem die Person abhängig ist, um dieses Gut zu realisieren.

Solche erstrebten Widerfahrnisse sind aber in aller Regel keine Verletzungen. Einzig in dem Fall, dass eine Person sich selbst verletzen oder durch andere verletzt werden will, kann man davon sprechen, dass eine Verletzung ein erstrebtes moralisches Gut darstellt. In solchen Fällen wird die Verletzung selbst als subjektives Gut durch die handelnde Person im Rahmen ihrer autonomen Lebensführung erstrebt. In den meisten Fällen allerdings wird das Ziel der Selbstverletzung wohl nur instrumentell erstrebt, also nicht um seiner selbst willen, sondern um durch die Verletzung etwas anderes zu realisieren, z. B. um die Aufmerksamkeit anderer zu gewinnen, um ein Leiden auszudrücken oder – z. B. im Fall einer masochistischen Neigung – um des mit dem Leiden verbundenen Lustgewinns willen. Auch die Selbsttötung kann als ultimative Form der Selbstverletzung als Beispiel dafür dienen, dass eine Verletzung subjektiv als moralisches Gut erstrebt wird. Allerdings ist auch hier fraglich, ob das Gut um seiner selbst willen erstrebt wird oder um eines anderen, höheren Gutes willen, wie z. B. der Vermeidung größerer Übel, die sich nicht anders als durch die Selbsttötung vermeiden lassen (z. B. des Leidens unter einer unheilbaren Krankheit, das selbst durch palliative Maßnahmen nicht zu lindern ist). Das Erstreben von Verletzungen als moralischem Gut ist also denkbar, wenn auch in der Regel nur als instrumentelles Gut und nicht als intrinsisches Gut.

Wenn Verletzungen unter bestimmten Bedingungen aber als Gut erstrebt werden können, folgt daraus notwendigerweise auch, dass Menschen es rational begründet für erstrebenswert halten können, *verletzlich* zu sein, denn nur wer verletzlich ist, kann auch erstreben, verletzt zu werden. Anders als die Begriffe der Autonomie und der Verletzung ist der Begriff der *Verletzlichkeit* aber der Begriff einer bloßen Möglichkeit: Er verweist darauf, dass ein Mensch sich verletzen *kann*, nicht darauf, dass jemand verletzt ist. Der Begriff verweist also auf eine Eigenschaft, deren Pendant genau genommen nicht die Autonomie, sondern allenfalls die Eigenschaft der Autonomie*fähigkeit* von Personen ist. Dass Menschen sich verletzen können, dass sie verletzlich sind, ist zunächst ein nur schwer zu bestreitendes Faktum. Darum kann die ethisch relevante Frage nicht lauten, ob man Verletzlichkeit erstrebt, sondern es geht um die Frage der Haltung zur faktischen Verletzlichkeit als Menschen: Soll man die Überwindung der je eigenen Verletzlichkeit erstreben oder ist es im Gegenteil erstrebenswert, die eigene Verletzlichkeit zu akzeptieren und eine Lebensführung zu erstreben, die die durch die Verletzlichkeit gesetzten Grenzen und Abhängigkeiten akzeptiert?

Mit dem Begriff der Haltung aber steht im Rahmen der güterethischen Reflexion auf die Verletzlichkeit des Menschen eine Frage der Tugendethik im aristotelischen Sinne im Raum. Denn die argumentative Logik einer aristotelischen Tugendethik lässt sich mit Christoph Rapp (2011, S. 69) dahingehend zusammenfassen, dass das gute Leben des Menschen darin besteht, dass er oder sie erstrebt, gemäß dem zu leben, was der ihm bzw. ihr eigentümlichen Natur als Mensch am besten entspricht (Aristoteles 2007, 1097b–1098a (I, 6)). Die dementsprechend bestmöglichen Zustände des Menschen sind es, die mit dem Begriff der Tugend bezeichnet werden. Sie sind für Aristoteles erlernbare Haltungen, die im Menschen das Beste hervorbringen, das dieser seiner menschlichen Natur entsprechend tun kann. Wenn man also von der Verletzlichkeit der menschlichen Natur ausgeht, dann wäre eine bestmögliche, tugendhafte Haltung des Menschen diejenige, dass er oder sie lernt, mit der gegebenen Verletzlichkeit zu leben: Akzeptanz der Verletzlichkeit wäre dann eine Tugend.

Geht man hingegen von der Fähigkeit des Menschen zur autonomen Wahl der Lebensführung aus, so wird diese durch die Verletzlichkeit des Menschen immer schon begrenzt, weil eine Verletzung widerfährt und nicht Resultat des eigenen autonomen Strebens ist. Eine Anthropologie, die also die Autonomiefähigkeit des Menschen ins Zentrum stellt, würde argumentieren, dass die Freiheit des Menschen sein Menschsein ausmacht. Dass der Mensch nicht auf seine biologische Natur festgelegt ist, sondern sie mit jeder Entscheidung, die er oder sie trifft, erst hervorbringt, macht für Pico della Mirandola das eigentliche Sein des Menschen aus (Pico della Mirandola 1997, S. 8), das ihn von allen anderen Lebewesen unterscheidet. Eine tugendhafte Lebensführung, die dieser Natur des Menschen als autonomen Wesen entspricht, müsste darum bestrebt sein, die Verletzlichkeit zu überwinden. Nicht die Akzeptanz der Verletzlichkeit wäre dann die Tugend, sondern die autonome Überwindung derselben.

Damit wird deutlich, dass die güterethische Frage der Verletzlichkeit zurückverweist auf die normativen Entscheidungen, die im Horizont der Anthropologie gefällt werden: Wie ist das Verhältnis von Autonomiefähigkeit und Verletzlichkeit im Horizont der Anthropologie zu bestimmen?

2 Autonomie und Verletzlichkeit im Horizont einer normativen Anthropologie

Der eigentliche Widerspruch zwischen einer moralischen Orientierung an der Verletzlichkeit des Menschen und einer Orientierung an der Autonomie des Menschen scheint also auf der Ebene der dabei jeweils implizierten Anthropologie zu liegen. Diese bezeichne ich als eine normative Anthropologie, um das Missverständnis zu vermeiden, dass eine Anthropologie bloß beschreiben würde, was der Mensch ist. Vielmehr wird Anthropologie aus der Perspektive ethischer Reflexion immer schon als normativ gehaltvolle Reflexion auf das Sein des Menschen verstanden, insofern es immer auch darum geht, was der Mensch sein soll bzw. was eine erstrebenswerte Form des Menschseins darstellt (Schoberth 2006, S. 86; Coors 2020, S. 12f.).

2.1 Unabhängigkeit versus reziproke Abhängigkeit

Der Konflikt zwischen einer Ethik der Autonomie und einer Ethik der Verletzlichkeit wird so häufig als Konflikt unterschiedlicher anthropologischer Vorstellungen konfiguriert: Gehen wir in der Ethik von einer Vorstellung des Menschen aus, nach der dieser in der Lage ist, sich von anderen unabhängig selbst zu bestimmen, oder gehen wir von der Vorstellung aus, dass der Mensch genau dazu nicht in der Lage ist, gerade weil er abhängig und verletzlich ist? In dieser Weise wird der Gegensatz z. B. im Kontext der Care-Ethik (Tronto 1993, S. 101f.; Held 2006, S. 13), aber auch von Charles Taylor (Taylor 1985) oder Martha Finemann (Fineman 2008; 2010) skizziert.

Die von diesen Autorinnen und Autoren kritisierte Anthropologie geht davon aus, dass moralisch relevante Beziehungen zwischen Menschen nach dem Modell eines Vertragsschlusses zwischen an sich unabhängigen Individuen zu verstehen sind (Fineman 2008). Ein klassisches Beispiel für dieses Konzept des moralischen Liberalismus findet sich in John Rawls Theorie der Gerechtigkeit. Bekannterweise rekonstruiert Rawls die Gerechtigkeitsprinzipien methodisch, indem er von der Imagination eines Urzustandes ausgeht, in dem die Regeln für ein gerechtes Zusammenleben in der Gesellschaft zwischen Personen im Rahmen einer Vertragsverhandlung ausgehandelt werden. Zu den Bedingungen dieses imaginären

Urzustandes (Rawls 1999, S. 102–168) gehört dabei, dass die Personen, die hier über den Gesellschaftsvertrag verhandeln, hinter dem Schleier des Nichtwissens (Rawls 1999, S. 118–123) agieren. So wissen sie unter anderem nicht, welche Rolle sie in der Gesellschaft einnehmen oder welche Vorstellungen vom guten Leben sie haben (Rawls 1999, S. 118). Sie haben insbesondere aber auch keinerlei Interessen aneinander (Rawls 1999, S. 125) – ob sie also miteinander verwandt, befreundet oder verfeindet sind, beeinflusst in keiner Art und Weise, wie sie sich in der Aushandlung des Gesellschaftsvertrages verhalten. Stattdessen konzentrieren sie sich vollständig darauf, dass sie ihre ihnen selbst im Urzustand inhaltlich unbekannte Vorstellung des Guten nach Abschluss des Gesellschaftsvertrages und der Lüftung des Schleiers des Nichtwissens bestmöglich realisieren können. Diese Bedingungen des Urzustandes sollen im Rahmen der Gerechtigkeitstheorie sicherstellen, dass die durch dieses Verfahren konstruierten Prinzipien der Gerechtigkeit nicht durch persönliche Interessen der Menschen aneinander beeinflusst sind.

Zugleich ist aber die Folge dieser methodischen Anweisungen, dass Rawls mit einem imaginären Verständnis von radikal individualisierten, rational egoistischen Personen arbeitet. Die faktisch immer schon gegebene Sozialität von Menschen wird durch diese Methode rekonstruktiv so analysiert, dass alles, was in diesen sozialen Beziehungen moralisch für das gesellschaftliche Zusammenleben relevant ist, als Ergebnis einer vertraglichen Vereinbarung von isolierten freien Personen verstanden werden können muss. Alles an diesen zwischenmenschlichen Beziehungen, das in einem imaginären vorvertraglichen Zustand schon gegeben sein könnte, muss dann methodisch um der größtmöglichen Objektivität der Gerechtigkeitsprinzipien willen ausgeblendet werden.[7] Das erste Gerechtigkeitsprinzip, das aus diesem Verfahren folgt, ist bei Rawls das Prinzip eines gleichen Rechtes aller auf ein größtmögliches System von gleichen Freiheiten (Rawls 1999, S. 266). Dass alle Menschen in einer liberalen Gesellschaft einander als in gleichem Maße freie Individuen anerkennen, beruht also auf der Imagination aller Menschen als radikal individualisierter Personen, die sich

7 Man kann hier einwenden, dass damit nicht ausgeschlossen ist, dass es jenseits der Zugehörigkeit der Personen zu einer politisch organisierten Gesellschaft dennoch moralisch relevante Beziehungen für Personen gibt, wie z. B. die persönlichen Beziehungen zu Freunden oder zur Familie. Allerdings scheint mir das Problem schon darin zu liegen, dass diese Beziehungen durch diese Art der Rekonstruktion der politischen Person aus dem Bereich der politischen Moral ausgeschieden werden, indem eine klare Unterscheidung zwischen dem Bereich des Privaten und des Öffentlichen eingezogen wird, die dazu führt, dass das Private nicht öffentlich relevant ist. Vgl. zur Kritik der normativen Unterscheidung von Privat und Öffentlich z. B. Tronto 1993, S. 10 f., 96, 165 f., 178.

durch einen Vertrag zueinander in ein moralisch relevantes, gesellschaftliches Verhältnis setzen. Dieses Verhältnis ist dann das Verhältnis freier, autonomer Individuen.

Demgegenüber verweisen die Vertreterinnen und Vertreter einer vulnerabilitätssensiblen Ethik darauf, dass die Vorstellung vom Menschen als einem in diesem Sinne autonomen Individuum nicht nur illusorisch, sondern auch nicht erstrebenswert ist: So entwickelt z. B. die Care-Ethikerin Nel Noddings eine Theorie der Genese von Moralität, die darauf basiert, dass die Fähigkeit zur Moral auf dem Widerfahrnis von Sorgebeziehungen beruht (Noddings 2013, S. 33–35, 173 f.; vgl. auch Tronto 1993, S. 110; Held 2006, S. 44 f.). Die Fähigkeit, sich um andere um ihrer selbst willen zu sorgen, setzt voraus, dass Menschen in gelingenden Sorgebeziehungen aufwachsen. Der Anfang der Moralfähigkeit ist also die Angewiesenheit auf die Sorge anderer und eben diese Angewiesenheit auf die Sorge anderer wird begründet mit der Verletzlichkeit des Menschen, die bei Säuglingen und Kindern besonders ausgeprägt ist, die aber das gesamt menschliche Leben prägt. Als vulnerable, als verletzliche Wesen sind Menschen grundsätzlich auf die Hilfe anderer angewiesen, und darum überhaupt moralfähige Wesen. In der Verletzlichkeit aller gründet die „inter-dependency" (Tronto 1993, S. 101; Held 2006, S. 46), die reziproke Abhängigkeit, der dann wiederum die gegenseitige Sorge füreinander als positives moralisches Ideal entspricht. Verletzlichkeit begründet also Abhängigkeit von anderen: Menschen sind, wie Alasdair MacIntyre es formuliert, „dependent rational animals" (2001), und darin bleibend auf die Hilfe anderer Menschen angewiesen. So entsteht das Streben nach einem Zusammenleben, das dann als öffentliches Leben politisch zu gestalten ist, überhaupt erst aus der Verletzlichkeit des Menschen.

Allerdings folgt aus der in der Verletzlichkeit begründeten Erfahrung einer Abhängigkeit von der Hilfe anderer logisch nicht zwangsläufig, dass gelingende Sorgebeziehungen als moralisches Gut erstrebt werden. Denkbar wäre auch, dass die Erfahrung der Abhängigkeit dazu führt, dass die eigene Abhängigkeit von anderen überwunden werden soll, z. B. dadurch, dass man andere in Abhängigkeit von sich selbst bringt oder alle sich in freiwillige Abhängigkeit von einem absolutem Souverän begeben, wie es Thomas Hobbes in seinem Kontraktualismus vorschlägt – der ja auch auf die Verletzlichkeit der Individuen reagiert (Hobbes 2012). Denkbar wäre aber z. B. auch ein Streben nach der Überwindung der Verletzlichkeit.

Zwar lässt sich das Faktum der Verletzlichkeit des Menschen und der daraus sich ergebenden gegenseitigen Abhängigkeit kaum bestreiten. Ob das aber bedeutet, dass moralische Sorgebeziehungen oder ein Subjekt, das sich von Sorgebeziehungen weitgehend unabhängig macht, erstrebenswerter sind, ergibt sich daraus noch nicht. Die Frage, die sich damit aus der Perspektive einer normativen

Anthropologie stellt, ist also, ob es moralisch erstrebenswert sein kann, die Verletzlichkeit des Menschen zu überwinden oder nicht. Dafür bedarf es aber zunächst einmal einer präziseren Klärung des Begriffs der Verletzlichkeit.

2.2 Begriffliche Klärungen: Verletzlichkeit, Verletzung und Integrität

Der Begriff der Verletzlichkeit ist, wie bereits oben angedeutet, ein *potentialis*, also die Beschreibung einer Möglichkeit bzw. einer Disposition. Dem Wortlaut nach beschreibt der Begriff die Möglichkeit, verletzt zu werden. Der Begriff „Vulnerabilität" leitet sich vom lateinischen „vulnus" für „Wunde" ab: Es geht also um die Möglichkeit, sich zu verwunden. Wunden werden dem Körper zugefügt: Sie sind sichtbare Verletzung der körperlichen Integrität. Dass Menschen stets mit der Möglichkeit leben, solche Wunden zu erleiden, ist das, was als das Phänomen der Verletzlichkeit, der Vulnerabilität, bezeichnet werden kann. Was wir unter Verletzlichkeit verstehen, hängt also daran, was wir unter einer Verletzung verstehen, und die prototypische Verletzung, die die Metapher „Vulnerabilität" nahelegt, ist die Wunde, also eine physische Verletzung des Körpers. Dass die Verletzung der körperlichen Integrität der Ausgangspunkt ist, von dem aus die dann auch auf andere Bereiche anwendbare Metapher der Verletzlichkeit bzw. Vulnerabilität zu verstehen ist, ist die Grundthese, die im Folgenden vorausgesetzt wird.

Der direkte Gegenbegriff zu „Verletzung" ist der Begriff der Integrität. Das lateinische *integritas* ist nach gängigen lateinischen Wörterbüchern mit „unversehrt" zu übersetzen. „Versehren" ist aber wiederum nur ein inzwischen altertümlich klingender Begriff für „verletzen" bzw. „verwunden" (Grimm/Grimm 1956, S. 1259). „Integer" bedeutet also nichts anderes als „unverletzt" oder „unverwundet". Was integer ist, ist nicht verletzt, was verletzt ist, ist immer in seiner Integrität verletzt. Der Begriff der Verletzlichkeit verweist also auf ein Doppeltes: Die Vorstellung einer Integritätssphäre und die Möglichkeit, dass diese Sphäre verletzt wird.[8] Der Begriff der Verletzlichkeit – wie auch der Begriff der Integrität – hängen damit aber an der Vorstellung eines Gegenübers von Innen und Außen, die durch eine Grenze getrennt sind: Das, was durch die Integritätssphäre umfasst wird, steht dem gegenüber, was dieser Integritätssphäre äußerlich ist, und im Falle der Verletzung in diese Sphäre eindringt und damit die Integrität zerstört.

---

8 Der Begriff „Sphäre" verweist hier auf einen durch eine Grenze umschlossenen Raum und ist nicht im Sinne eines antiken Modells von Kugelsphären zu verstehen.

Die Metaphorik der Verletzung bzw. der Verwundung verweist dabei auf die konstitutive Rolle der Körperlichkeit bzw. Leiblichkeit der Integritätssphäre des Menschen.

Menschliche Personen als verletzlich, als vulnerabel zu charakterisieren, impliziert also, dass man von der menschlichen Person als einer körperlichen bzw. leiblichen[9] Integritätssphäre ausgeht, die einer Umwelt gegenübersteht, aus der ihr Verletzungen widerfahren können. Diese räumliche Ordnungsvorstellung ist bereits *normativ* strukturiert, weil Verletzung immer die Bedrohung der Integrität darstellt: Insofern also der Erhalt der Integrität als moralisch erstrebenswert gilt, ist die Verletzung der Integrität ein moralisches Übel. Wird die Zerstörung der Integrität erstrebt, ist die Verletzung der Integrität ein Gut. Zur entscheidenden Frage bezüglich des Verständnisses der Verletzlichkeit des Menschen wird damit, was den normativen Wert der körperlichen Integritätssphäre des verletzlichen Menschen konstituiert und warum diese Integrität erhalten und vor Verletzungen geschützt werden soll.

2.3 Verletzlichkeit leiblicher Personen

Die Metaphorik der Begriffe Vulnerabilität (Verwundbarkeit) und Verletzlichkeit verweist darauf, dass insbesondere der menschliche Körper für die Integritätssphäre steht, die den Menschen als verletzliches Wesen ausmacht. Der Körper markiert den Raum der Person, die verletzlich ist (so z. B. auch Mackenzie et al. 2014, S. 1, 7). Dementsprechend begegnen z. B. im Transhumanismus u. a. Vorstellungen, die auf eine Überwindung der Verletzlichkeit des Menschen durch die Überwindung seiner Körperlichkeit zielen (Watzka 2020). Die Frage nach der Konstitution der zu schützenden bzw. der verletzbaren Integritätssphäre deckt sich also mit derjenigen nach der Konstitution körperlicher Integrität und der Bestimmung der Grenze zwischen dem Innen und dem Außen des verletzlichen Körpers des Menschen. Das Phänomen der Selbstverletzung verweist dabei darauf, dass diese Grenzziehung selbst nicht einfach räumlich, z. B. entlang der Oberfläche des Körpers, gezogen werden kann, denn in der Selbstverletzung widerfährt der Mensch sich selbst äußerlich. Der menschlichen Körperlichkeit eignet also eine Ambiguität: Der Körper ist zugleich das, was den Raum des Innen der Integritätssphäre bestimmt, und kann doch zugleich das Außen repräsentieren, das diese Integritätssphäre verletzt.

---

9 Die Begriffe Körper und Leib werden im Folgenden differenziert werden (s. Abschnitt 2.3); hier lasse ich die Konkretisierung vorerst bewusst offen.

Identifizieren wir in diesem Sinne das Potenzial des Menschen, verletzt zu werden, mit seiner körperlichen Existenzform, dann ist die Frage, ob es für den Menschen erstrebenswert sein kann, seine Verletzlichkeit zu überwinden, die Frage danach, ob es für den Menschen erstrebenswert sein kann, seine körperliche, leibliche Existenzweise zu überwinden, oder ob es erstrebenswert ist, als körperliches und damit verletzliches Wesen zu existieren. Die traditionelle Anthropologie sah den Körper ausgehend von Aristoteles als das Material (*materia*) an, das durch die Form (*forma*) der Seele zu einem Seienden wurde (z. B. Aquin 1961, I, q. 75, a. 1). Im Horizont dieser Ontologie wird der Körper aufgrund des naturgemäßen Strebens der Vernunft-Seele (Aquin 1962, II-1, q. 1, a. 2) nach der Schau Gottes (Aquin 1963, II-1, q. 3, a. 8) zu etwas, das in seiner Integrität zu schützen ist. Das Beseeltsein des Körpers stellt seine normative, teleologisch begründete Integrität her. Wer den Körper verletzt, verletzt die ganze Person aus Seele und Körper, die von ihrem angenommenen *telos* her als moralisch schützenswert galt.

Die dem zugrundeliegende Naturteleologie wurde mit der Aufklärung fraglich und an die Stelle einer teleologischen Naturauffassung trat eine Verankerung der Moral in reziprok begründbaren normativen Pflichten, die an die universale Vernunftnatur des Menschen appelliert. Moralischer Wert wird nun nicht mehr teleologisch, sondern deontologisch begründet. Vernunft und Bewusstsein treten dabei in gewisser Weise das Erbe der Seele an (Steger/Brunner 2015; Rieger 2019, S. 254 f.). Ort der Autonomie bleibt dabei – wie auch schon bei Thomas von Aquin – die Vernunftnatur des Menschen. Als dasjenige Wesen, das in der Lage ist, gemäß vernünftigen, allgemein nachvollziehbaren moralischen Gesetzen zu handeln, ist der Mensch im Sinne Kants zur Autonomie fähig (Kant 1996).

Während also die Verletzlichkeit des Menschen Ausdruck seiner Körperlichkeit bzw. Leiblichkeit ist, ist die Autonomiefähigkeit Ausdruck der Vernunftnatur des Menschen. Die normative Spannung zwischen einer Orientierung an der Autonomie des Menschen und der Anerkennung der je eigenen Verletzlichkeit entspricht damit der normativ anthropologischen Spannung zwischen Vernunft- und Körpernatur des Menschen. Darum kann man auf der einen Seite argumentieren, dass der Körper des Menschen deswegen schützenswert ist, weil er der Körper einer vernünftigen Person ist, die in der Lage ist, ein autonomes Leben zu führen. Andererseits stellt sich die Frage, ob man auch argumentieren kann, dass die Fähigkeit zur autonomen Lebensführung abhängig ist von der körperlichen bzw. leibhaftigen Verfasstheit der menschlichen Person.

Aufschlussreich ist nun, dass ausgerechnet in eben jener philosophischen Tradition, die das rationale, autonome Subjekt ins Zentrum einer transzendentalen Anthropologie stellt, die leibliche Konstitution als transzendentale Bedingung der Möglichkeit des Weltbezugs dieses rationalen Subjekts wieder entdeckt wurde: Bei Edmund Husserl (Husserl 1963), der sich in seinem Programm einer transzendentalen Phänomenologie konsequent am Reduktionismus René Descartes orientierte, taucht die Körperlichkeit des Menschen in zwei argumentativen Positionen auf: einmal als Gegenstand des reflektierenden Bewusstseins, dem der eigene Körper, aber auch die Körper anderer Personen als Gegenstand für das Bewusstsein erscheint. Körper sind in dieser Perspektive Gegenstände wie alle anderen Gegenstände auch. Zugleich ist aber der eigene Körper „Organ des Bewusstseins" und wird in dieser Funktion nicht mehr als Körper, sondern als Leib bezeichnet: Durch den Leib wird die Welt dem Bewusstsein im leiblichen Wahrnehmen und Handeln überhaupt erst zugänglich und darum ist der Leib anders als alle anderen Objekte dasjenige, „in dem ich unmittelbar schalte und walte, und insonderheit walte in jedem seiner Organe" (Husserl 1963, S. 128 (§ 44)). Weil wir immer zugleich Leib sind und Körper haben (Plessner 1975, S. 231 f.), kann der Leib des Menschen in der Situation der Selbstverletzung eben jene oben skizzierte Ambiguität aufweisen, zugleich Grenze des Innen der Integritätssphäre zu sein und sich selbst als äußerlicher Körper gegenüber zu treten.

Nun kann Husserl allerdings die Identität von Leib-Sein und Körper-Haben nur mit Blick auf den *Eigen*leib konsistent begründen, es gelingt ihm aber nicht, zu begründen, warum andere Menschen unserem Bewusstsein nicht ausschließlich als Körpergegenstand, sondern als leibhaftige Personen mit Bewusstsein erscheinen.[10] Dass ihm dies nicht gelingt, liegt an seinem transzendentalen Ansatz in cartesianischer Tradition: Von der Notwendigkeit des „Ich denke, also bin ich" führt zwar ein Weg zum Leib als Bedingung der Möglichkeit des Selbst, eine Welt zu haben, auf die es sich beziehen kann, aber es führt kein Weg zur Wirklichkeit des leiblichen Anderen. Zwar kann Husserl aufzeigen, dass es dem Bewusstsein denk*möglich* ist, davon auszugehen, dass Andere, die mir begegnen, genauso leiblich in der Welt verortet sind wie ich, aber er kann nicht begründen, warum der oder die Andere für uns wirklich leibliche Person und nicht nur Körpergegenstand ist.

Der französische Philosoph Maurice Merleau-Ponty hat diesen gordischen Knoten der Husserl'schen Phänomenologie durchschlagen, indem er Husserls Argumentation vom Kopf auf die Füße stellt: Wenn ich, so Merleau-Ponty, davon ausgehe, dass der andere mir als selbständige Person erscheint und ich ihm ebenfalls als solche, dann muss ich davon ausgehen, dass ich und der andere jeweils genau diejenigen sind, als die wir einander leiblich erscheinen. Denn genau das ist im Zweifelsfall alles, was ich vom anderen kenne – seine leibliche

---

10 Vgl. dazu und zum Folgenden ausführlicher Coors 2020, S. 54–56. Dort findet sich auch weitere Literatur.

Erscheinung (Merleau-Ponty 1966, S. 9). Das Sein der Person *ist* ihr leibliches Sein und nicht ein hinter der leiblichen Existenz zu rekonstruierendes transzendentales Bewusstsein. Das gemeinsame, objektivierende Bewusstsein der Welt – und damit auch des Körpers als eines Gegenstands in der Welt – ist gegenüber diesem leiblichen Zur-Welt-Sein logisch sekundär. Auf die Welt und auf die anderen sind wir zuerst leiblich bezogen – wahrnehmend und handelnd vor allem Bewusstsein von Gegenständlichkeit, das erst aus der intersubjektiven Beziehung leiblicher Wesen entsteht. Der Leib ist die „Verankerung" des Selbst in der Welt (Merleau-Ponty 1966, S. 174), das Selbst kann sich nur im Leib auf die Welt beziehen. Ein leibloses Selbst kann weder wahrnehmen noch handeln. Eben darum ist ein leibloses, unverletzliches Sein des Menschen nicht erstrebenswert.

3 Verletzlicher Leib und das moralische Gut der Autonomie

Anhand von Husserl lässt sich zeigen, dass es gerade in derjenigen philosophischen Tradition, die am konsequentesten die Autonomie vernünftiger Personen betont hat, wieder zu einer Rückbindung des rationalen, autonomen Bewusstseins an die leibliche Konstitution der Person kommt. Merleau-Ponty geht es dann nicht mehr nur um den Leib als transzendentaler Bedingung der Möglichkeit der Weltbeziehung, sondern die Leiblichkeit des Selbst ist (onto-)logisch dem Bewusstsein des Selbst vorgeordnet: Menschen sind zuerst und vor allem anderen leiblich aufeinander und die Welt bezogen und in ihr verankert. Ein autonomes Selbst, dass seine leibliche Verletzlichkeit überwinden will, in dem es seinen Leib auf den Status eines bloßen äußern Körpers reduziert, von dem sich das autonome Selbst entweder transhumanistisch abtrennen lässt, oder der zum bloßen Gestaltungsgegenstand der Autonomie des Subjekts wird, reduziert das menschliche Selbst auf eine welt- und beziehungslose Entität. Diesem leiblosen Selbst fehlt der oder die Andere, an dem oder der es überhaupt zum Selbst werden kann. Darum gibt es das Selbst nur als *leibliches* Selbst in der Beziehung zu anderen leiblichen Personen (Waldenfels 2000), und damit gibt es auch die Autonomie nur als leibliche Autonomie. Und insofern sie die Autonomie leiblicher Personen ist, ist sie immer die Autonomie *verletzlicher* Personen.

Der Leib als das Beziehungsorgan, durch das der Mensch in der Welt verankert und auf die Welt bezogen ist, muss als Beziehungsorgan offen sein, um sich auf die Um- und Mitwelt zu beziehen, und in dieser Öffnung bleibt er immer verletzbar. Er bildet keine geschlossene, sondern eine nach Außen hin offene Integritätssphäre, die osmotisch mit ihrer Umwelt interagiert. Die Verletzlichkeit leiblicher Personen ist die Kehrseite ihrer Fähigkeit, sich wahrnehmend, sinnlich auf andere leibliche Personen und die gemeinsame Welt zu beziehen und in ihr zu handeln. Die Überwindung der Verletzlichkeit des Menschen zu erstreben, ließe sich nur konsistent denken, wenn man auch die Überwindung der Beziehungsfähigkeit und Weltgebundenheit des Menschen für erstrebenswert hielte.

Weil der Leib in seiner Weltoffenheit verletzbar ist, ist er auf Schutz angewiesen. Wenn es aber aufgrund der notwendigen leiblichen Verankerung des Selbst in der Welt nicht erstrebenswert sein kann, die verletzliche Leiblichkeit des Selbst im Streben nach größtmöglicher Autonomie zu überwinden, verbleibt als moralisch erstrebenswertes Gut nur das moralische Streben nach Schutz der leiblichen Integrität der autonomen Person. Dieser Schutz kann aber nur als gemeinsames moralisches Gut realisiert werden, weil jede Person jeweils darauf angewiesen ist, dass der oder die andere nicht die eigene leibliche Integrität verletzt und damit die Grundlage der Fähigkeit zur autonomen Lebensführung zerstört. Weil Menschen leibliche, verletzliche Personen sind, stehen sie zueinander in einem Verhältnis reziproker Abhängigkeit und können ihr moralisches Streben nach Autonomie nur realisieren, indem sie ihre leibliche Integrität gegenseitig im Rahmen von Sorgebeziehungen schützen und sich damit immer auch in Abhängigkeit von anderen begeben.[11]

Literatur

Aquin, Thomas von (1961): *Summa Theologiae I: Prima Pars.* 3. Aufl. Madrid: B. A. C.

Aquin, Thomas von (1962): *Summa Theologiae II. Prima Secundae.* 3. Aufl. Madrid: B. A. C.

Aristoteles (2007): *Nikomachische* Ethik. Griechisch-Deutsch, übers. V. O. Gigon, hrsg. v. R. Nickel. Düsseldorf: Patmos.

Beauchamp, Tom L./Childress James F. (2019): *Principles of Biomedical Ethics.* 8. Aufl. Oxford: Oxford University Press.

Coors, Michael (2020): *Altern und Lebenszeit: Philosophische und theologische Studien zur Anthropologie des Alterns.* Tübingen: Mohr Siebeck.

Fineman, Martha Albertson (2008): „The Vulnerable Subject: Anchoring Equality in the Human Condition“. In: *Yale Journal of Law and Feminism* 20, S. 1–23.

Fineman, Martha Albertson (2010): „The Vulnerable Subject and the Responsive State“. In: *Emory Law Journal* 60. Nr. 2, S. 215–275.

Grimm, Jacob/Grimm, Wilhelm (1956): *Das Deutsche Wörterbuch.* Bd. 25. Leipzig: S. Hirzel.

Habermas, Jürgen (1991): *Erläuterungen zur Diskursethik.* Frankfurt a. M.: Suhrkamp.

Haker, Hille (2020): *Towards a Critical Political Ethics. Catholic Ethics and Social Challenges.* Basel: Schwabe.

11 Hier kann dann z. B. auch eine Begründung der Menschenrechte in der Vulnerabilität des Menschen ansetzen, wie sie z. B. Kirchschläger 2015 vorschlägt.

Held, Virginia (2006): *The Ethics of Care: Personal, Political, and Global*. Oxford: Oxford University Press.
Hobbes, Thomas (2012): *Leviathan* (Clarendon Edition of the Works of Thomas Hobbes, Bd. 3–5). Oxford: Oxford University Press.
Husserl, Edmund (1963): *Cartesianische Meditationen und Pariser Vorträge* (Husserliana, Bd. 1). Haag: Nijhoff.
Jaeggi, Rahel (2014): *Kritik von Lebensformen*. Frankfurt a. M.: Suhrkamp.
Kant, Immanuel (1996): „Grundlegung zur Metaphysik der Sitten". In: *Werkausgabe*. Bd. 7. Wilhelm Weischedel (Hrsg.). Frankfurt a. M.: Suhrkamp, S. 7–102.
Kirchschläger, Peter G. (2015): „Das Prinzip der Verletzbarkeit als Begründungsweg der Menschenrechte". In: *Freiburger Zeitschrift für Philosophie und Theologie* 62, S. 121–141.
Klein, Rebekka A. (2015): „Schmerzfrei Leben? Religionsphilosophische Perspektiven auf den Diskurs über die Affirmation und Integration von Verletzlichkeit". In: *Neue Zeitschrift für Systematische Theologie und Religionsphilosophie* 57, S. 301–317.
MacIntyre, Alasdair (2001): *Dependent Rational Animals. Why Human Being Need the Virtues*. Chicago, La Salle: Open Court.
Mackenzie, Catriona/Rogers, Wendy/Dodds, Susan (2014): „Introduction: What Is Vulnerability, and Why Does It Matter for Moral Theory?". In: Catriona Mackenzie/Wendy Rogers/Susan Dodds (Hrsg.): *Vulnerability: New Essays in Ethics and Feminist Philosophy*. Oxford: Oxford University Press, S. 1–29.
Merleau-Ponty, Maurice (1966): *Phänomenologie der Wahrnehmung*. Übers. v. Rudolf Böhm. 6. Aufl. Berlin: De Gruyter.
Mill, John Stuart (2009): *On Liberty/Über die Freiheit*. Englisch/Deutsch. Stuttgart: Reclam.
Noddings, Nel (2013): *Caring. A Relational Approach to Ethics and Moral Education*. 2. Aufl. Berkley, Los Angeles, London: University of California Press.
Nussbaum, Martha (2000): *Women and Human Development: The Capabilities Approach*. New York: Cambridge University Press.
Nussbaum, Martha (2018): *Die Grenzen der Gerechtigkeit. Behinderung, Nationalität und Spezieszugehörigkeit*. Frankfurt a. M.: Suhrkamp.
Pico della Mirandola, Giovanni (1997): *Oratio de hominis dignitate/Rede über die Würde des Menschen*. Latein/Deutsch. Stuttgart: Reclam.
Plessner, Helmuth (1975): *Die Stufen des Organischen und der Mensch*. 3. Aufl. Berlin: De Gruyter.
Quante, Michael (2008): *Menschenwürde und personale Autonomie. Demokratische Werte im Kontext der Lebenswissenschaften*. Hamburg: Meiner.
Rawls, John (1999): *A Theory of Justice. Revised Edition*. Cambridge: Harvard University Press.
Rapp, Christoph (2011): „Aristoteles". In: Marcus Düwell/Marcus Hübenthal/Micha H. Werner (Hrsg.): *Handbuch Ethik*. 3. Aufl. Stuttgart: Metzler, S. 69–81.
Rendtorff, Jacob Dahl (2002): „Basic Ethical Principles in European Bioethics and Biolaw: Autonomy, Dignity, Integrity and Vulnerability – Towards a Foundation of Bioethics and Biolaw". In: *Medicine, Health Care and Philosophy* 5, S. 235–244.
Reuter, Hans-Richard (2007): „Das Gute, das höchste Gut und die Güter. Fundamentalethische Überlegungen im Anschluss an Friedrich Schleiermacher und Charles Taylor". In: Hans-Richard Reuter/Torsten Meireis (Hrsg.): *Das Gute und die Güter. Studien zur Güterethik*. Münster: LIT, S. 19–41.

Ricœur, Paul (2005): „Ethik und Moral". In: Peter Welsen (Hrsg.): *Vom Text zur Person. Hermeneutische Aufsätze (1970–1999).* Hamburg: Meiner, S. 251–267.

Rieger, Hans-Martin (2019): *Leiblichkeit in theologischer Perspektive.* Stuttgart: Kohlhammer.

Schaber, Peter (2012): „Menschenwürde. Ein für die Medizinethik irrelevanter Begriff?". In: *Ethik in der Medizin* 24, S. 297–306.

Schleiermacher, Friedrich (2002): „Über den Begriff des höchsten Gutes. Erste Abhandlung". In: *Kritische Gesamtausgabe.* I. Abt., Bd. 11. Martin Rössler (Hrsg.). Berlin, New York: De Gruyter, S. 535–553.

Schnell, Martin W. (2017): *Ethik im Zeichen vulnerabler Personen: Leiblichkeit – Endlichkeit – Nichtexkulsivität.* Weilerswist: Velbrück Wissenschaft.

Schoberth, Wolfgang (2006): *Einführung in die theologische Anthropologie.* Darmstadt: Wissenschaftliche Buchgesellschaft.

Springhart, Heike (2016): *Der verwundbare Mensch: Sterben, Tod und Endlichkeit im Horizont einer realistischen Anthropologie.* Tübingen: Mohr Siebeck.

Steger, Florian/Brunner, Jürgen (2015): „Vom Verschwinden der Seele in der neuzeitlichen Medizin – oder: Von den zahlreichen Lokalisationsbemühungen in der Geschichte der Medizin". In: Jörg Dierken/Malte Krüger (Hrsg.): *Leibbezogene Seele? Interdisziplinäre Erkundungen eines kaum noch fassbaren Begriffs.* Tübingen: Mohr Siebeck, S. 13–27.

Taylor, Charles (1985): „Atomism". In: Charles Taylor: *Philosophy and the Human Sciences. Philosophical Papers.* Bd. 2. Cambridge, New York: Cambridge University Press, S. 187–210.

Tronto, Joan C (1993): *Moral Boundaries: A Political Argument for an Ethic of Care.* New York: Routledge.

Waldenfels, Bernhard (2000): *Das leibliche Selbst. Vorlesungen zur Phänomenologie des Leibes.* Frankfurt a. M.: Suhrkamp.

Watzka, Heinrich (2020): „Descartes' späte Rache. Der körperlose Geist in der Maschine der Transhumanisten". In: Stephan Herzberg/Heinrich Watzka (Hrsg.): *Transhumanismus. Über die Grenzen technischer Selbstverbesserung.* Berlin, Boston: De Gruyter, S. 107–130.

Noelia Bueno Gómez

Zum post-biopolitischen Umgang mit Leid und Verletzlichkeit

Abstract: *Towards a post-biopolitical use of suffering and vulnerability.* This chapter is dedicated to the experience and the phenomenon of vulnerability in relation to the phenomenon of suffering. It emphasizes the dimensions and features of vulnerability that result from vulnerabilization-processes and social suffering. I argue for the importance of considering the mechanisms of biopower in order to better understand the problems of the group-management of vulnerability and the socio-political management of suffering. Considering a *polis* organized in a way that does not create social suffering or vulnerability, but that is able to re-house them as human conditions, I describe the characteristics of a non-biopolitical management of them. Such a management would not result from the control over the bodies and the life of the individuals, would not aim to create new sufferings and vulnerabilities, would not have a stigmatizing or excluding effect and would not instrumentalize the individual experiences of suffering and the individual vulnerabilities.

1 Leiden

Die Frage nach dem Leiden verweist auf ein weites und sperriges Themenfeld, in dem es schwer ist, Kategorien zu bilden. Die Erfahrung des Leidens entzieht sich den Versuchen, es zu vermessen, zu klassifizieren oder zu definieren. Indem man diese sperrige Natur des Leidens ernst nimmt, kann ein Raum entstehen für das leidende Individuum, den dieses mit eigenen Ausdrücken und Beschreibungen seines Leidens sowie mit eigenen Strategien zum Umgang mit dem Leiden füllen kann. Dass Erfahrung von Leid und Schmerz in mehrfacher Hinsicht über die Möglichkeiten des sprachlichen Ausdrucks hinaus gehen, zeigt sich auch in der neuesten Schmerzdefinition der International Association for the Study of Pain (IASP).[1]

---

1 Diese definiert Schmerz folgendermaßen: „An unpleasant sensory and emotional experience associated with, or resembling that associated with, actual or potential tissue damage“. Ein Addendum zu dieser Definition lautet: „Verbal description is only one of several behaviors to express pain; inability to communicate does not negate the possibility that a human or a non-human animal experiences pain“ (Raja et al. 2020, S. 1977).

 https://doi.org/10.1515/9783110734522-005

Das Subjekt jeder Leidenserfahrung ist das leidende Wesen selbst, und das Verbergen oder die Verleugnung dieses Subjekts würde zu einer Instrumentalisierung seines Leidens führen. Die Instrumentalisierung des fremden Leidens besteht in der Aneignung dieses Leidens zur Realisierung von Zielen, die nichts mit der Linderung des Leidens zu tun haben oder die den betroffenen Personen paternalistische oder nicht einvernehmliche Lösungen aufzwingen. Ein Beispiel für solche Instrumentalisierungen sind z. B. Gedenkveranstaltungen für die Opfer unterschiedlicher Konflikte, die nicht das Ergebnis des Leidens und der Erfahrung der Opfer selbst sind, sondern ohne diese organisiert werden und den Interessen staatlicher Institutionen dienen (anders gesagt, der politischen Manipulation der Opfer). Zwar kann man seinen eigenen Köper anbieten, um das Leiden anderer zum Ausdruck zu bringen, aber das ist immer mit dem Risiko verbunden, dass die Art und Weise, wie man das Leiden des anderen zum Ausdruck bringt, nicht dem entspricht, wie die betroffene Person ihr Leiden selbst wahrnimmt. Insbesondere wenn die Betroffenen selbst ihren Schmerz und ihr Leid ausdrücken können und wollen, sollte niemand diesen Ausdruck durch andere substituieren (Das 1997). Dem Leiden anderer gerecht zu werden ist äußerst schwer und darum sollte man dieser Aufgabe, wenn sie unbedingt notwendig ist, nur mit größter Vorsicht nachkommen. Ein gutes Beispiel dafür ist die Tradition der Zeugnisrede wie z. B. bei Anna Achmátowas Gedichten über das Leben unter dem Stalinismus (Achmátowa 1988) oder Swetlana Alexijewitschs Buch über Tschernobyl (Alexijewitsch 2019).

Auch theoretische Diskurse über das Leiden können zu einer Ausbeutung der Leidenden führen. Um Leiden für die theoretische Reflexion zu erfassen, müssen wir versuchen, es in Definitionen, Systematiken und Klassifikationen zu erfassen. Die verschiedenen Fachrichtungen artikulieren hier verschiedene theoretische Annäherungen. Die Subjektivität von Leidenserfahrungen schließt die theoretische Auseinandersetzung mit dem Leiden und der Leidensfähigkeit des Menschen nicht aus. Trotzdem muss man beachten, dass Begriffe des Leidens den Leidenserfahrungen nicht gleichwertig sind und diese nicht ersetzen können. Der Begriff ist aus Erfahrung geboren, aber er erschöpft sie nicht. Er ist nützlich für die Wissenschaft, muss aber ständig in Bearbeitung bleiben und darf niemandem aufgezwungen werden.

Mein Vorschlag ist, Leiden als eine subjektiv erlebte unangenehme oder beängstigende Erfahrung zu verstehen, die jemandem psychisch, physisch und existenziell schaden kann.[2] Kollektive Erfahrungen des Leidens sind dann zwar

---

2 Ich gehe davon aus, dass sowohl Leiden als auch Schmerz unangenehme Erfahrungen sind, die das gesamte psycho-physische Individuum betreffen. „Leiden" ist ein eher allgemeiner Begriff.

möglich, aber, wie im Fall des kollektiven Gedächtnisses (Halbwachs 1967) gilt für sie, dass die Kollektivität der Leidenserfahrung darauf verweist, dass es sich um Erfahrungen handelt, die daraus entstehen, dass Individuen in einer Gemeinschaft Leiden teilen, und nicht, dass die Gesellschaft oder die Gruppe an Stelle der Individuen die Leidenserfahrung durchmacht. Denn die grundlegende Individualität ist dem Verständnis einer Leidenserfahrung intrinsisch.

Leidenserfahrungen bestehen aus drei Momenten: aus dem Erlebnis oder der Wahrnehmung, dem Ausdruck und dem Umgang damit. Grundsätzlich reicht das Erlebnis eines Leidens aus, um zu leiden: Man kann leiden, ohne das Leid auszudrücken, und man kann mit ihm auch umgehen, ohne dies auszudrücken oder zu kommunizieren. Nach Dilthey (2013) braucht das Erlebnis nur einen Eindruck oder das Bild einer Störung und einer unangenehmen Emotion (vgl. auch Damasio 2006). Das Erlebnis des Leidens geht damit einem Urteil über das Leiden immer voraus. Man muss kein selbstbewusstes Subjekt sein, um leiden zu können. Auch Säuglinge oder Tiere können leiden.[3]

Schmerz wird im Folgenden verstanden als „a process resulting from a somatosensory perception, subsequently present in the brain as a mental image and followed by an unpleasant emotion as well as changes in the body“, dessen Wahrnehmung von kulturellen, erzieherischen und persönlichen Faktoren beeinflusst wird (Bueno Gómez 2017). Es gibt verschiedene Arten von Schmerz (Svenaeus 2014), wie nozizeptiven und neuropathischen Schmerz. Dennoch können alle nach einem ähnlichen Schema verstanden werden: Wahrnehmung, Ausdruck und Umgang mit dem Schmerz (dasselbe gilt für das Leiden). Auch wenn Leid und Schmerz beide dadurch gekennzeichnet sind, dass sie unangenehm sind, handelt es sich um unterschiedliche Phänomene. Nach meinem Verständnis kann Leiden nicht auf die bewusste Reflexion über Schmerz reduziert werden, denn Schmerz ist nur eine von vielen möglichen Quellen von Leiden und nicht die einzige. Stress, Angst, Trauer, Armut oder Sklaverei sind weitere mögliche Ursachen für Leiden. Beides, Leid und Schmerz, wird von psychosomatischen Lebewesen (nicht nur in ihrem Geist bzw. Körper) erlebt. Vgl. dazu in Bueno Gómez 2017 die Diskussion über E. Cassells Konzept des Leidens: Er definiert Nicht-Leidende als „intakte Wesen“, was ich für problematisch halte (Cassell 2004).

Mit der existenziellen Dimension des Leidens ist gemeint, dass seine Auswirkungen mit der eigenen Verbundenheit zur Welt zu tun haben können, wie es sich z. B. in unserem Wunsch, am Leben zu bleiben, äußern kann.

3 Der als „Nozizeption“ bezeichnete Prozess, der die Verarbeitung von noxischen Ereignissen (z. B. einer Wunde) durch das Gehirn beschreibt, ist unabhängig vom Bewusstsein und kann auch ohne explizite negative Wahrnehmung auftreten. Es gibt eine nozizeptive Aktivität (dies meint eine erste nozizeptive Antwort auf viele noxische Reize, die der vollständigen und bewussten Schmerzwahrnehmung vorausgeht) in Zellen, Tieren und betäubten Menschen, sodass dieser erste Schritt der Schmerz- und Leidenswahrnehmung unabhängig vom Bewusstsein ist (Cervero 2012). Damit ist hier natürlich nicht ausgeschlossen, dass auch Tiere Selbstbewusstsein haben und unangenehme Emotionen erleben, die charakteristisch sind für Schmerzen (Damasio 2021).

Der Ausdruck eines Leidens ist die Äußerung dessen, was im Leiden als Last erlebt wird. Ausdrücke des Leidens sind z. B. besondere Gebärden, Weinen, Schreie, Klagen, und auch die Verbalisierung durch Beschreibung der Charakteristika des Leidens (z. B. seine Intensität und Dauer) und wie es wahrgenommen wird. Der Ausdruck des Leidens kann die Leiderfahrung beeinflussen, er kann das Leiden lindern oder auch steigern. Die Form der ganzen Leidenserfahrung (und nicht nur die Form des Ausdrucks) ist sozial und kulturell bedingt (Damasio 2006; Rey 1995; Le Breton 1999).[4] Das schließt die Wahrnehmung von Leiden und Schmerz ein.[5] Nicht immer kann ein Eindruck ausgedrückt werden. Wenn ein Säugling leidet, kann er schreien und weinen, treten aber besondere Krankheiten, wie z. B. die Europäische Schlafkrankheit, die Oliver Sacks in seinem Buch *Awakenings* beschreibt (Sacks 1990), auf, können diese die Möglichkeiten des Ausdrucks verhindern. Seine Patienten litten an Mutismus und Akinesie (einer Unfähigkeit, die Muskeln willentlich zu bewegen), aber als sie dank der von ihm verabreichten Medikamente aufwachten, gaben sie an, dass sie in diesem Stadium der Krankheit tatsächlich bei Bewusstsein waren und fühlen konnten, obwohl sie sich nicht ausdrücken konnten.

Die Möglichkeit, mit dem Leiden umzugehen, verwandelt das Erleben des Leides in eine Erfahrung: Es geht hier darum, sich zu seiner Leiderfahrung zu verhalten. Er oder sie negiert das Leid, lehnt es ab, akzeptiert es, konfrontiert sich mit der Wirklichkeit des Leidens oder wählt eine andere mögliche Strategie, wie die der Sublimierung oder performative Rituale. Die Art und Weise des Umgangs mit Leid war häufig eine kollektive. Anthropologen (Van Gennep 1986 und Turner 1997) und Soziologen (Sennett 2012) interpretieren z. B. Rituale und Initiationsriten, die den Übergang von einer Lebensphase zur nächsten markieren, in diesem Sinne als Mechanismen zur Stärkung sozialer Verbindungen. Aber neben den positiven, sozialen oder kulturellen Verhaltensmöglichkeiten gibt es auch Tendenzen, das Leiden der Individuen im Sinne fremder Interessen (die nicht auf eine Aufhebung des Leidens zielen) zu manipulieren. Beispiele dafür sind die schon erwähnte politische Manipulation von Opfern oder die spektakuläre Inszenierung des Leidens aufgrund kommerzieller Interessen (wie z. B. eine morbide Fern-

4 Man lernt, welche Gebärden oder Ausdrücke geeignet sind, um verschiedene Arten des Leidens auszudrücken, und welche nicht, ebenso in welchen sozialen Kontexten sie akzeptabel sind. Zudem sind die Ausdrücke des Leidens und des Schmerzes nicht geschlechtsneutral.

5 Kulturelle Muster und Erziehungsaspekte beeinflussen die Schmerz- und Leidenswahrnehmung, wie z. B. die Schmerztoleranz („the maximum intensity of a pain-producing stimulus that a subject is willing to accept in a given situation“) und die Schmerzschwelle („the minimum intensity of a stimulus that is perceived as painful“), wie sie von der International Association for the Study of Pain definiert werden (vgl. http://www.iasp-pain.org, besucht am 02.04.2021).

sehsendung, die Leiden zu zeigen versucht, nur um durch hohe Einschaltquoten möglichst viel finanziellen Gewinn zu machen).

1.1 Umgangsformen mit dem Leiden

Man kann im Großen und Ganzen zwei Herangehensweisen bezüglich des Umgangs mit dem Leiden unterscheiden: (1) Interventionen, die von der Annahme ausgehen, dass das Leiden das Selbst zerstören kann, und (2) Interventionen, die von der Annahme ausgehen, dass das Leiden das Selbst konstruktiv erweitern kann. Diesen beiden Arten des Umgangs mit dem Leiden entsprechen zwei Arten, das Leiden zu deuten:

- Im ersten Fall wird das Leiden als etwas intrinsisch Negatives, als eine Entfremdung, ein Verlust oder eine Bedrohung des Selbst verstanden. Das Leiden kommt dann als eine destruktive Macht in den Blick, die es zu meiden gilt. Epikur und der posthumanistische Denker David Pearce vertreten beispielsweise diese Position, wenn auch ihre entsprechenden Perspektiven und Argumente sehr unterschiedlich sind.
- Im zweiten Fall wird das Leiden als etwas intrinsisch Positives gesehen: nicht nur als eine Art und Weise, das eigene Selbst besser zu erkennen, oder als eine Möglichkeit, einen Sinn im Leben zu finden (wie etwa die Möglichkeit, am Ende des Tages wieder Mut zu entwickeln, wie es Frankl (2015) formuliert), sondern auch unabhängig von seinen Folgen und Effekten gilt das Leiden als etwas Positives. Wir finden diese Tendenz in der katholischen asketisch-mystischen Tradition, z. B. bei Gema Galgani oder Marthe Robin, die sich das Leiden wünschten, weil sie es als Geschenk Gottes verstanden, oder auch bei Simone Weil, die das Leiden als notwendiges Schicksal auffasste und es als etwas Gutes akzeptierte (ohne Glauben an das Heil, d. h. ohne dass sie das Leiden als etwas Wertvolles empfand) (Bueno Gómez 2019). Mit dieser Einstellung konnten sie ihre Leiden besser akzeptieren, kontrollieren und in ihre Leben integrieren. Dies führte bei ihnen auch dazu, dass sie das Leiden absichtlich suchten bzw. ihm auswichen.

Die Gefahr einer positiven Deutung des Leidens liegt darin, dass sie zu einer Rechtfertigung des Leidens von Menschen missbraucht werden kann. Sie kann auch dazu führen, dass das individuelle Leiden durch übergreifende Narrative unterdrückt, minimiert oder negiert wird. Zudem können derartige Rechtfertigungen ein Grund dafür sein, das Leiden absichtlich zu suchen, oder sie können dazu genutzt werden, soziale Ungerechtigkeit zu rechtfertigen.

Die destruktive Natur des Leidens darf man nicht negieren, denn sie verweist bleibend darauf, dass das Leiden als etwas intrinsisch Negatives auch zu bekämpfen ist. Dennoch kann Leiden in geringem Maße in manchen Situationen notwendig sein, um schwereres Leiden zu vermeiden, wie z. B. im Fall von Nebenwirkungen eines Medikaments, das eine Krankheit heilen kann. Dies ist eine der zwei möglichen Rechtfertigungen von Leiden: (1) weitere, größere Leiden zu vermeiden. Die zweite Rechtfertigung (2) sehe ich darin, dass eigenes Leiden das Leiden von anderen lindern kann (Lévinas 1991), entweder weil Mitleid mich dazu bewegt, dem anderen zu helfen, indem ich den anderen achte,[6] oder indem ich mich um den anderen kümmere und sein Leiden mit ihm teile. In all diesen Fällen gilt aber das Leiden an sich als etwas Negatives, auch wenn es positive Folgen hervorbringt.

Es ist möglich, die Erfahrung des Leidens in ein gutes Leben zu integrieren.[7] Die Idee, dass wir das Leid konfrontieren können und dass wir anderen in ihrem Ringen mit dem Leiden helfen können, hat eine ermächtigende Dimension. Gleichzeitig kann unsere eigene Erfahrung des Leidens hilfreich für andere sein. Es gibt Ressourcen, die es uns ermöglichen, konstruktiv mit Leiden umzugehen. Meiner Meinung nach bleibt das Leiden aber an sich etwas Negatives, also etwas, das es zu vermeiden gilt. Damit spreche ich mich aber nicht unkritisch für Vorschläge aus, die das Leiden abschaffen wollen (wie z. B. Pearce 1995; 2007) obwohl ich der Meinung bin, dass das Leid in seiner Negativität ernst genommen und diskutiert werden sollte, im Gegensatz zum positiven Leidensbild der katholischen Tradition.[8]

1.2 Soziales Leiden

Leiden als individuelle Erfahrung zu konzipieren widerspricht nicht der Idee eines sozialen Leidens. Gemeint ist mit sozialem Leiden vielmehr ein individuelles

6 Im Sinne von Simone Weils „attention", ein Begriff, den sie zwar in einem anderen Kontext verwendet, der aber auch hier moralisch relevant ist, insofern er bedeutet, für einen anderen da zu sein, ohne etwas zu tun oder zu erwarten: Insofern er die bloße Aufmerksamkeit gegenüber der Präsenz des anderen meint (Weil 1966).

7 Es gibt aber auch eine Art von Leiden, die niemand in ein gutes Leben integrieren kann. Extremes Leiden kann jede Möglichkeit des Lebens unmöglich machen. In solchen Situationen dringt das Leiden in das ganze Leben ein, sodass keine Ruhe übrigbleibt. Derartige Erfahrungen können irreversibel sein.

8 Ich habe dieses Thema in meinem Buch *Filosofía del sufrimiento* (*Philosophie des Leidens*) (Bueno Gómez 2022) ausführlicher behandelt.

Leiden, das seinen Ursprung in sozialen Strukturen, Bedingungen und Einrichtungen hat. Es geht um die Art und Weise, wie die Gesellschaft sich organisiert und dadurch Leiden der Individuen verursacht. Soziales Leiden ist demnach sozialen Ursprungs, das heißt, es resultiert aus der sozialen Organisation und hat mit sozialen Problemen zu tun (wie z. B. Armut oder Arbeitslosigkeit). Das Individuum aber erlebt das soziale Leiden als tatsächliches Leiden individuell. Dies geschieht bei jedem politischen oder sozialen Programm, das um der wünschenswerten Zwecke willen Mittel rechtfertigt, die dazu führen, dass soziale Gruppen, denen die Verfechter dieses Programms selbst nicht angehören, zu Opfern von Leiden gemacht werden (zum Beispiel die malthusianische Idee, dass Armut notwendig sei).

Es gibt eine Tendenz, soziales Leiden zu normalisieren oder es als Teil der natürlichen Ordnung der Welt zu betrachten. Die philosophische (auch anthropologische und soziologische) Perspektive auf das soziale Leiden identifiziert die besonderen Mechanismen, die in einer Gesellschaft Leiden verursachen, mit dem Ziel, diese zu verändern. Das ist z. B. die Ansicht von Simone Weil, wenn sie behauptet, dass die vollständige Liste aller Leiden der Arbeitnehmer die Liste aller zu ändernden Umstände darstellt (Weil 1949).

Soziale Ordnungen und Institutionen ermöglichen einerseits den Umgang mit Leid, z. B. durch die Organisation von Pflege oder durch die Möglichkeit der Teilnahme an Ritualen. Sie verursachen aber auch Leiden und Angst, z. B. durch Manipulation und die Aneignung des Leidens zum Zwecke der Machtausübung. Es gibt aber darüber hinaus auch Maßnahmen moralischer Art, mit dem Leiden umzugehen, die kulturell und sozial unterschiedlich moduliert werden, wie Trost oder Sorge oder auch Ablehnung und Verlassenheit. Eine Maßnahme ästhetischer Art zum Umgang mit dem Leid wäre hingegen z. B. die der Sublimierung. Mir geht es im Folgenden darum, die biopolitischen und nekropolitischen Maßnahmen des Umgangs mit Leiden zu identifizieren und beschreiben, um zu verstehen und beurteilen, was angesichts dessen die sozialphilosophische Aufgabe im Umgang mit Leiden ist.

Kategorisierungen und Klassifikationen des Leidens sind dabei auch eine Art und Weise, das Phänomen des Leidens zu normalisieren und Grenzen zwischen dem, was Leiden ist, und dem, was es nicht ist, zu postulieren. So hat z. B. die Medizin ihre eigene Sprache des Leidens, die – darin abhängig von Descartes – zwischen Körper und Seele unterscheidet. Diese medizinische Sprache des Leidens ist sehr nützlich, um einige Arten von Schmerz, Leiden und Krankheiten zu behandeln. Auch das Recht hat eine eigene Sprache des Leidens. Im Recht braucht es wiederum eine besondere Typologie des Schadenersatzes, eine Klassifikation des Leidens, die es erlaubt, Schaden zu erkennen und demjenigen, der für den Schaden haftet, eine entsprechende Strafe aufzuerlegen. Medizin und

Recht (auch das Wirtschaftssystem) administrieren auf diese Art und Weise das Leiden: Sie lindern, behandeln, manipulieren, verursachen und balancieren es.[9] Sie ermöglichen es, bestimmte Arten des Leidens zu erkennen, können aber nie den gesamten Umfang aller Modi von Leiden erfassen, und laufen dabei Gefahr, alternative Ausdrucks- und Umgangsformen für das Leiden auszuschließen oder zu missachten. Sie sollten darum nicht die definitive Sprache des Leidens sein, weil es Dimensionen des Leidens gibt, die sie nicht reproduzieren können oder an denen sie kein Interesse haben. Leiden ist eine Erfahrung des Seins und jeder Versuch, Leidenserfahrungen zu definieren, während die Subjekte des Leidens aus der Rede über das Leid ausgeschlossen werden, stellt eine unangemessene Aneignung fremden Leidens dar, es sei denn, dieser Versuch fasst in irgendeiner Weise die Bedeutung dieser Erfahrung so, dass er weder die Erfahrung noch das Subjekt, das in der ersten Person das Leiden erlebt hat, ersetzt oder ausschließt. In diesem Sinn besteht heutzutage die Gefahr, die Theodizee durch eine Sociodizee zu ersetzen, d. h. durch die Annahme, dass die realen Leiden von realen Wesen für die Aufrechterhaltung einer höheren Ordnung nützlich sind, auch dann, wenn sie vermeidbare Konsequenzen ungerechter Institutionen sind (Das 1997).

2 Verletzlichkeit

Verletzlichkeit ist die Voraussetzung dafür, Schaden erleiden zu können. Alle lebendigen Wesen sind verletzlich und diese Vulnerabilität bestimmt ihre Existenz. Auch wenn wir nicht immer leiden, sind wir auf die eine oder andere Art und Weise immer verletzlich: Dies ist die sogenannte „ontologische Vulnerabilität", die konstitutiv ist für den Menschen, aber auch für Tiere, möglicherweise sogar für Pflanzen oder Ökosysteme. Man kann Vulnerabilität als eine Art von Anfälligkeit verstehen: Achilles war nur an seiner Ferse vulnerabel, seine Ferse war der Ort seiner Anfälligkeit (von der Paris wusste und es zu seinen Gunsten nutzte). Man bringt die ontologische Verletzlichkeit mit der Körperlichkeit in Verbindung: Als lebendige Wesen leben wir mit Körpern, die beschädigt werden können. Natürlich können Menschen auch psychologisch beschädigt werden, aber die Betonung des Zusammenhangs von Vulnerabilität und Körperlichkeit resultiert aus der Tatsache, dass wir uns Verletzung und Schmerz (aber auch Leiden) sowie die Bedro-

9 Zur Beziehung von Recht und Leid vgl. Madrid 2010. Zu Aneignungen, Verfremdungen, und den Grenzen der medizinischen Sprache des Leidens siehe Nancy 2000, Sanz 2017 oder Hitchens 2012.

hungen durch Verletzungen, leichter durch unsere Körperlichkeit bewusst machen können (Leder 1990).[10]

Die „Vulnerabilisierung" der Menschen, also derjenige Prozess, in dem ein Mensch durch das Verhalten anderer Menschen vulnerabel gemacht wird, verweist ebenfalls auf die Körperlichkeit des Menschen. Die ontologische Verletzlichkeit ist unmittelbar mit unserer Existenz als lebendigen und verkörperten, psycho-physischen Wesen verbunden. Vulnerabilisierung kann aber unsere Körperlichkeit so betonen, dass der Körper allein in den Vordergrund tritt. Z. B. wurde in der Sklaverei (als extremer Art von Vulnerabilisierung) die Person des Sklaven oder der Sklavin als reiner Körper verstanden, der als Arbeitskraft dienen muss und der willkürlich misshandelt werden durfte: Die totale Herrschaft über eine Person ist eine Art, den Körpern die Menschheit auszutreiben (Mbembe 2011).

Die Akzeptanz einer ontologischen Verletzlichkeit impliziert die Vorstellung, dass wir auch dann, wenn wir keinen Schaden erlitten haben, von internen oder externen Gefahren bedroht sind. Im Kontext der Reaktionen der USA auf die Terroranschläge vom 11. September 2001 betonte Judith Butler, dass es nutzlos und ungerecht ist, auf das Bewusstsein der eigenen Vulnerabilität aufgrund der erfahrenen Verletzung mit dem Versuch absoluter Kontrolle zu reagieren (zudem noch auf Kosten von Grundfreiheiten). Im Gegenteil könnte nach Butler die Anerkennung der eigenen Vulnerabilität eine gute Möglichkeit dafür darstellen, empathischer im Umgang mit der Vulnerabilität der anderen zu werden und um die eigene Position auf der internationalen Bühne zu hinterfragen.

Der Verweis auf die ontologische Vulnerabilität des Menschen wurde auch im Rahmen der Care-Ethik als Kritik an den anthropologischen Voraussetzungen einer Autonomie-basierten Ethik genutzt. Gleichwohl geht auch Carol Gilligan nicht davon aus, dass Gerechtigkeitsethik und Care-Ethik inkompatibel sind (Gilligan 1982). Autoren wie Fineman verstehen Autonomie und Vulnerabilität als sich gegenseitige ergänzende Begriffe (Fineman 2008; 2010). Die Anerkennung der ontologischen Vulnerabilität bezieht sich auf die menschliche Endlichkeit nicht nur in dem Sinne, dass wir sterbliche Wesen sind, sondern auch in dem Sinne, dass unsere Macht und unsere Kraft begrenzt ist. Ein Aspekt dieser Endlichkeit ist auch die Grenze unserer Autonomie und unserer Unabhängigkeit, sowie die Tatsache, dass wir in sozialen Beziehungen leben und dass wir kulturell und sozial beeinflusst werden. Das heißt, wir können unsere Entscheidungen

---

10 Die Materialität der Vulnerabilität drückt sich darin aus, dass Menschen und andere Tiere über einen Körper mit Organen verfügen. Im Fall von Pflanzen drückt sich die Materialität in ihrem Organismus aus, beim Ökosystem in seinen Teilen. Das entsprechende Gleichgewicht (im Falle des Ökosystems) oder die Homöostase (mit Blick auf lebende Wesen) zwischen diesen materialen Teilen ist ebenfalls verletzlich.

nicht so treffen, als ob wir allein in der Welt wären. Darum findet der Begriff der „relationalen Autonomie" (Mackenzie/Rogers/Dodds 2014; Casado da Rocha 2014) im Feld der Bioethik zunehmend Verbreitung: Es ist ein realistischeres Konzept als die Vorstellung einer reinen Autonomie.

Mir scheint allerdings, dass die Care-Ethik noch nicht alle Schlussfolgerungen aus der Annahme, dass Verletzlichkeit für das Menschsein konstitutiv ist, gezogen hat. Wir können den Ansatz beim Konzept der Vulnerabilität als ein Ergebnis feministischer, post-kolonialer Theorien und auch bestimmter Theorien sozialer Gerechtigkeit verstehen, die das Bedürfnis des Menschen nach gegenseitiger Sorge und Unterstützung betonen und die Abhängigkeit, Bedürftigkeit und Fragilität menschlichen Lebens in den Blick nehmen. So kann dieser Ansatz die (Aufklärungs-)Konzeption des Subjekts als autonomes, rationales und unabhängiges Subjekt hinterfragen. Denn diese Konzeption erscheint beeinflusst von einer patriarchalen, kolonialen und klassenorientierten modernen Vorstellung vom „Menschen", wie Autorinnen und Autoren wie Braidotti (2015) betonen. Das Paradigma der Aufklärung geht von einer Vorstellung der Subjektivität aus, nach der diese etwas Gegebenes und im Wesentlichen Unveränderliches ist – etwas, das, wenn es verwundet wird, in einem bestimmten endgültigen Sinnhorizont wiederhergestellt werden kann. Wenn wir jedoch das Paradigma der Verletzlichkeit ernst nehmen, könnte es das Verständnis von Subjektivität tiefgreifend verändern, und mit ihr unsere Vorstellung anthropologischer Ontologien, wie auch unsere Vorstellung von Ethik und Politik. Wir haben es dann nämlich mit einem ontologisch fragilen und zerbrechlichen Subjekt zu tun, das auf die eine oder andere Weise bereits verwundet *ist*, und dessen Wunden offen bleiben können. Die ontologische Verwundbarkeit ernst zu nehmen würde bedeuten, vom Standpunkt dieser offenen Wunde und ihrer Exposition ausgehend zu denken. Es müsste dann möglich sein, eine Gesellschaft (im Sinne der griechischen *polis*) zu gestalten, die in der Lage ist, Verwundbarkeit nicht als Mangel, sondern als konstitutiven und unveräußerlichen Ausgangspunkt zu denken. Das bedeutet, weder die ontologische Verwundbarkeit noch diejenigen Verwundbarkeiten zu leugnen, die Ergebnis von Vulnerabilisierungsprozessen im Rahmen perverser Logiken der Konstruktion einer Polis sind, die die Bürger einem repressiven Modell des Subjekts unterwerfen, weil sie die Fragilität leugnen und Abhängigkeit als Abweichung von der Norm interpretieren. Was ich betonen möchte, ist, dass Abhängigkeit die Norm ist.

Ich habe bereits darauf hingewiesen, dass ein erster Zusammenhang zwischen Verletzlichkeit und Leiden darin besteht, dass Verletzlichkeit in der Möglichkeit des Leidens bestehen kann. Es gibt aber noch weitere Zusammenhänge: Die Wahrnehmung unserer Verletzlichkeit oder die Wahrnehmung der Verletzlichkeit anderer kann Leiden oder Angst verursachen. Zugleich kann ein Vorteil der Wahrnehmung von Verletzlichkeit darin bestehen, Leiden vorauszusehen und Schäden zu vermeiden.

Im Unterschied zum Leiden kann man Verletzlichkeit nicht einfach als Erfahrung konzeptualisieren. Es ist möglich, vulnerabel zu sein, ohne es zu merken – Leiden hingegen ist immer mit einem unangenehmen Gefühl verbunden. Trotzdem gibt es Versuche, Vulnerabilität aus einer bloß individualistischen Perspektive zu verstehen. Diese Tendenz unserer Zeit macht für sich genommen bereits eine bestimmte Art der Reflexion auf Vulnerabilität notwendig. Man betont in dieser Perspektive nicht die soziale (und eventuell strukturelle) Natur verschiedener Prozesse der Vulnerabilisierung und auch nicht die Probleme, die die biopolitische Behandlung der verschiedenen Arten der verursachten oder aufgetretenen Vulnerabilität generiert. Nicht einmal wenn wir über mit Krankheiten assoziierte Vulnerabilität sprechen, können wir das Phänomen der Vulnerabilität getrennt von der sozialen Gerechtigkeit und der Biopolitik betrachten, weil Umweltrisiken, die sich auf die Gesundheit auswirken, nicht gleichmäßig verteilt sind und Arme stärker durch sie geschädigt werden, und weil das Vulnerabilitätsmanagement, das eine Vulnerabilisierung von Bevölkerungsgruppen aus strategischen oder wirtschaftlichen Gründen einschließen kann, nicht allen gleichermaßen nützt.

Vulnerabilität ist nicht eine Erfahrung, obwohl man die eigene Vulnerabilität erfahren kann (z. B. wenn jemand sich ausgesetzt, schutzlos fühlt). Das beste Bild für die Erfahrung von Verletzlichkeit ist für mich die Nacktheit – nicht im Sinne der Intimität, sondern der Hilflosigkeit. Darum zählt es zu den größten Vertrauensbeweisen, die eigene Nacktheit des Körpers oder der Seele für andere sichtbar zu machen, weil wir uns damit bewusst der Gefahr des Schadens aussetzen im Vertrauen darauf, dass der andere auch um seine grundsätzliche Verletzlichkeit weiß und uns darum nicht verletzen wird. Ein Bild für Vulnerabilität ist das nackte Findelkind, das der Kälte ausgesetzt wird: „Das Kind, zerlumpt und barfuß, unschlüssig, wirft auf die Steine seine zwei kleinen Füße, die von Frost und Kälte zerbrochen sind. Vom Hunger verblasst, ruht es sich mit seinem Gesicht auf den Steinen aus“.[11] Die nackte Frau, die vergewaltigt wurde, oder die Kinder, Frauen und Männer, die fast nackt die europäische Küste erreichen – in allen diesen Situationen ist Vulnerabilität schon wahrgenommen, sodass hier immer schon eine Erfahrung von Leiden vorliegt. Die Bedrohung durch das Leid verursacht bereits Leiden, und Leiden selbst bringt wiederum neue Verletzlichkeiten hervor.

11 „Farrapento e descalzo, nas pedras / os pobres peíños, / que as xiadas do inverno lañaron, apousa indeciso Esvaecido ca fame, / descansa co rostro nas pedras“ (De Castro 2009, S. 206).

Ohne die Existenz anderer Formen des Leidens und der Verwundbarkeit zu leugnen, plädiere ich für die Notwendigkeit, von uns selbst als verwundbaren Wesen zu denken, um so die biopolitischen Verwaltungen der Verwundbarkeit und des Leidens identifizieren zu können. Das Ziel ist, eine Gesellschaft (*polis*) zu schaffen, die in der Lage ist, das Leben zu erhalten, ohne dafür bestimmte lebende Körper zu unterdrücken, und die in der Lage ist, die biopolitische Logik aufzuheben, die darin besteht, einige einzubeziehen und andere auszuschließen.

3 Jenseits der ontologischen Verletzlichkeit: Die „vulnerablen Gruppen"

Obwohl Menschen konstitutiv vulnerabel sind, ist offensichtlich, dass nicht alle es in gleichem Maße sind. Mit dem Aufstieg der Sozial- und Wohlfahrtsstaaten, der theoretischen Hilfe der Sozialwissenschaften und dem Bewusstsein der Not, der Vulnerabilität und dem Risiko besonderer Bevölkerungsgruppen, setzten auch die Versuche ein, Sozialschutzmaßnahmen umzusetzen. Auch im Feld der Bioethik haben verschiedene internationale ethische Deklarationen wie der Belmont Report (The National Commission 1978), die CIOMS-Guidelines (Council for the International Organizations of Medical Science 1993) oder die Deklaration von Helsinki (2000) die Idee der gruppenbezogenen Vulnerabilität aufgegriffen, um Gruppen besser zu schützen. Die Aufnahme des Konzepts der Vulnerabilität hat auch das Verständnis der menschlichen Entwicklung verändert, wie es in den Entwicklungshilfeprogrammen der Vereinten Nationen, wie dem PNUD 2014, vorausgesetzt wird (Mbonda 2016). Die Einführung eines Konzepts der „ontologischen Vulnerabilität" oder der „Vulnerabilität im Lebenszyklus" kann ein Bewusstsein dafür schaffen, dass es eine gemeinsame, konstitutive Fragilität gibt. Dass wir alle abhängig und auf Schutz angewiesen sind, stellt einen guten Ausgangspunkt für die Wahrnehmung der Verantwortung zum Schutz und zur Unterstützung anderer dar.

Allerdings ergeben sich bei dieser Verwendung des Begriffs der Vulnerabilität verschiedene Probleme. Besondere Maßnahmen zum Schutz vulnerabler Gruppen erfordern die Identifizierung und Klassifizierung von Personengruppen. Wenn die vorausgesetzte Definition der Verletzlichkeit einer Gruppe dem Individuum als eine äußere Bedingung gegenübertritt, der gegenüber sich dieses Individuum nur passiv verhalten kann, kann dies zu Stigmatisierungen, zu „pathogener Verwundbarkeit" als Ausschluss oder Vulnerabilisierung von Gruppen (Mackenzie et al. 2014) oder zu paternalistischen Maßnahmen führen. Im Kontext der Forschungsethik ist die Identifizierung und der Schutz vulnerabler Gruppen problematisch, weil sie die Forschung an diesen Gruppen (schwangere Frauen, Kleinkinder, Senioren, etc.) einschränken kann. So könnten diese Patientengruppen eventuell gegen mögliche Nebenwirkungen neuer Medikamente geschützt werden, wenn denn die Möglichkeit bestünde, diese Nebenwirkungen zu erforschen.

Wie bereits ausgeführt, kann die Identifizierung vulnerabler Gruppen unerwünschte negative Konsequenzen haben, wie verschiedene Untersuchungen gezeigt haben (Fineman 2008; Mackenzie et al. 2014), auch wenn der Eingang des Konzeptes der Vulnerabilität in die Entwicklung von Gesetzen, Normen, Politiken und Organisationssystemen auch Vorteile hat (Mbonda 2016). Die Anerkennung der ontologischen Vulnerabilität kann der Ausgangspunkt einer Politik sein, die sich an der Freiheit des Lebens und seiner freien Sozialität orientiert. Im Folgenden beschäftige ich mich mit biopolitischen Problemen des Umgangs mit vulnerablen Gruppen.

Wenn man eine Gruppe als vulnerabel identifiziert, gibt es das Risiko, dass die betroffenen Personen stigmatisiert und primär über ihre Vulnerabilität definiert werden, auch wenn das Ziel darin besteht, diese Gruppe zu schützen. Dies kann zu einer Reduktion ihrer Identität auf Vulnerabilität führen, in deren Horizont sie nur noch als passive und abhängige Wesen wahrgenommen werden. Das aber wird in einer spätkapitalistischen Gesellschaft, die die Unabhängigkeit und die Individualisierung fördert, negativ gesehen, und kann darin resultieren, dass diese Personen für ihre Situation selbst verantwortlich gemacht werden.[12] Außerdem kann es dazu führen, dass die Gruppe, auch wenn die spezifische Vulnerabilität sozio-strukturelle Ursachen hat, pathologisiert wird. Sogar die Sozialhilfe und die Sozialarbeit sind in westlichen Gesellschaften oft nach diesen Parametern organisiert (Solé Blanch/Pié Balaguer 2018).

Ein weiteres Problem des gruppenbezogenen Vulnerabilitätsbegriffes ist die Ausschließung weiterer Gruppen, die im Gegenzug als „nicht vulnerabel“ klassifiziert werden, was auch eine Art von Vulnerabilisierung sein kann (Phillips 2018), sowie die Nutzung der Klassifikationen „vulnerable Gruppe“ als Euphemismus, durch den besondere soziale Probleme versteckt und die Identifizierung der wirklichen Ursache der Probleme vermieden wird.[13]

Diese erste Gruppe von Problemen (Stigmatisierung, die Konstruktion der Individuen als Opfer, Beschuldigung der Individuen und Pathologisierung der Vulnerabilität) hat mit der Art und Weise zu tun, wie diese Gruppen konzipiert

---

12 Zur Kriminalisierung der Armen vgl. Wacquant 2010, zur Beschuldigung der Armen vgl. Sen 1992.

13 José Antonio Madrid sieht diese Probleme im Sprachgebrauch des Begriffs „Vulnerabilität“ im World Development Report 2000/2001: Attacking Poverty (Solé Blanch/Pié Balaguer 2018).

und konstruiert werden: Dies geschieht aufgrund vorgegebener Parameter, die in der Regel nicht auf die Anforderungen und Erfahrungen der Beteiligten eingehen.

Die zweite Gruppe von Problemen (Ausschließung „nicht vulnerabler" Gruppen, „vulnerable Gruppen" als Euphemismus) bezieht sich auf einen Umgang mit dieser Art der Vulnerabilität, die nicht auf die strukturelle Lösung der Probleme zielt, sondern einen symptomorientierten oder palliativen Umgang darstellt, der den Status quo nicht verändern will, und für den mögliche negative Nebenwirkungen (wie die Vulnerabilisierung anderer Gruppen) keine Rolle spielen.

Diese Probleme machen einen gruppenbezogenen Vulnerabilitätsbegriff nicht ungültig. Sie verweisen aber doch darauf, dass diese besondere Art und Weise, vulnerable Gruppen zu strukturieren, konstruieren, manipulieren und kontrollieren, problematisch ist.

Man kann meines Erachtens die Probleme des Umgangs mit vulnerablen Gruppen und des gesellschaftspolitischen Umgangs mit Leid besser verstehen, wenn man die Mechanismen der Biomacht berücksichtigt. Ziel dessen ist es, die genannten Probleme besser identifizieren zu können und die Frage zu stellen, ob ein Umgang mit Leiden und Vulnerabilität möglich ist, der nicht darin resultiert, Kontrolle über die Körper und das Leben der Individuen auszuüben. Es geht also um einen Umgang mit der Verletzlichkeit, der keine neuen Vulnerabilitäten und Leiden verursacht, der nicht stigmatisiert oder ausgrenzt und der die individuellen Erfahrungen des Leidens und die individuellen Vulnerabilitäten nicht instrumentalisiert. Wenn es solch eine Art und Weise des Umgangs mit Vulnerabilität und Leid gibt, dann kann sie nicht von oben verordnet werden, sondern sie muss Resultat der freien Soziabilität der Menschen sein.

4 Biopolitik und Biomacht

Jede Politik thematisiert und organisiert das Zusammenleben. Die Verletzlichkeit des Lebens und das Leiden lebendiger Wesen sind Ressourcen, die die Politik zu ihrem eigenen Vorteil nutzt. Sie kann dabei so weit gehen, dass sie die Normen, die Bürokratie oder ihren eigenen Fortbestand vor die spontane Entstehung und Entfaltung des Lebens und die freie Sozialität der Menschen stellt. Wenn Politik nicht nur das Leben für diese oder andere Ziele organisiert, sondern auch Leben und Tod hervorbringt,[14] manipuliert und kontrolliert, dann sprechen wir von „Biopolitik".

---

14 In dem Sinne, dass wir das Leben für Interessen außerhalb seiner selbst hervorbringen. Zum

In seinem Werk *Sexualität und Wahrheit* (1983), in dem Foucault diesen Begriff eingeführt hat, will er ergründen, mit welchen normativen, normalisierenden, kontrollierenden Diskursen und Techniken dem Menschen als „lebendigem Körper“ Macht aufgezwungen wird – im Hinblick auf seine Krankheiten, seine Sexualität, seine Gesundheit, sein Vergnügen und sein Leiden, letztendlich sogar mit Blick auf Geburt und Tod. Bessere, ausgefeiltere Technologien und wissenschaftliche Erkenntnisse fördern präzisere Kontrolle über individuelle Personen und Bevölkerungen, wie man am Beispiel von totalitären Systemen sehen kann. Foucault benutzt die Begriffe „Biomacht“ und „Biopolitik“, um die neuen Mechanismen der Macht ab dem 17. Jahrhundert zu definieren, die man nicht mehr im Sinne der „souveränen Macht“ des alten Rechts als das Recht „sterben zu machen oder leben zu lassen“ verstehen kann. Die neue Macht kann „Leben machen oder in den Tod stoßen“. Die Biomacht tötet oder lässt Leben einfach nicht zu; sie kontrolliert, reguliert und administriert Leben und Tod. Der Begriff „Biomacht“ bezeichnet die Mechanismen, die von der Politik oder einer allgemeinen Machtstrategie über die biologischen Züge der menschlichen Art ausgeübt werden (Foucault 2008).[15]

Die Idee ist, dass Macht und Wissen (die Macht benutzt die Technologie und die Erkenntnis) zu Transformationsagenten des menschlichen Lebens werden. Sie kalkulieren bewusst und verwandeln ihre Strategien über das Leben und seine Mechanismen: wie Leben sich entwickelt, wie es sich verlängert oder verkürzt, wie man das Leben für weitere Ziele benutzen kann. Nach Foucault hat die Macht über das Leben sich seit dem 17. Jahrhundert in zwei Hauptformen ausgebildet:

Zum einen zielt sie auf die politische Anatomie des menschlichen Körpers. Das heißt, Macht konzentriert sich auf den Körper als Maschine, auf „seine Dressur, die Steigerung seiner Fähigkeiten, die Ausnutzung seiner Kräfte, das parallele Anwachsen seiner Nützlichkeit und seiner Gelehrigkeit, seine Integration in wirksame und ökonomische Kontrollsysteme“ (Foucault 1991, S. 170).

Zum anderen zeigt sich die Macht über das Leben in der Biopolitik der Bevölkerung. Hier konzentriert sich Macht auf den Gattungskörper,

---

Beispiel eine Politik, die höhere Geburtenraten erzwingt (einschließlich Abtreibungsverbote), damit die Bevölkerung wächst, z. B. mit dem Ziel, in Kriegszeiten eine größere Armee zur Verfügung zu haben. Auch das Gegenteil ist möglich: Zwangsabtreibungen für bestimmte Gruppen von Menschen aus rassistischen Gründen kann ebenfalls ein Resultat biopolitischer Maßnahmen sein.

15 „So müsste man von ‚Biopolitik‘ sprechen, um den Eintritt des Lebens und seiner Mechanismen in den Bereich der bewussten Kalküle und die Verwandlung des Macht-Wissens in einen Transformationsagenten des menschlichen Lebens zu bezeichnen“ (Foucault 1991, S. 170).

> der von der Mechanik des Lebenden durchkreuzt wird und den biologischen Prozessen zugrunde liegt. Die Fortpflanzung, die Geburten- und die Sterblichkeitsrate, das Gesundheitsniveau, die Lebensdauer, die Langlebigkeit mit allen ihren Variationsbedingungen wurden zum Gegenstand eingreifender Maßnahmen und regulierender Kontrollen [...]. (Foucault 1991, S. 166)

Biopolitik und Biomacht sind keine neuen Phänomene, sondern alte, vielleicht sogar intrinsische Phänomene der Politik an sich, wie sie die westliche Hegemonialtradition gedacht hat. Politik war schon am Anfang unserer Tradition teilweise „Biopolitik". Das Leben war nicht von der Politik abgegrenzt, wie bereits die Beschreibung der Polis und die politische Philosophie von Aristoteles zeigen. Was im 19. Jahrhundert aufkommt, sind die moderne Medizin (klinische Medizin und Epidemiologie) und die Sozialwissenschaften. Sie alle können genutzt werden, um das Leben der Bevölkerungen zu messen, zu überwachen und zu manipulieren. Dank dieser neuen Erkenntnisse und Technologien aus dem 18. und 19. Jahrhundert konnte Politik ganz in Biopolitik übergehen. Mit anderen Worten: Politik kann nicht nur teilweise Biopolitik, sondern gänzlich Biopolitik sein, und jede Macht kann Biomacht sein.

Die biopolitischen Systeme stützen sich auf eine verfügbare Reserve von Leben, die sie für ihre eigenen Interessen nutzen. Leben ist gleichzeitig verletzbar und beharrlich. Beide, Verletzbarkeit und Beharrlichkeit, sind Quellen und Ressourcen für die biopolitische Maschinerie. In den letzten Jahren hat Achille Mbembe eine neue Phase der Biopolitik identifiziert: die Nekropolitik, die Macht, den Tod zu verursachen. Sie wird sichtbar in Situationen wie „Ausnahmezuständen" und „Feindschaftsbeziehungen", durch die das Recht, wahllos zu töten und zu verletzen, gerechtfertigt zu sein scheint. Nekropolitik wird als ein Mechanismus des neuen Kapitalismus verstanden, eine neue Phase eines Prozesses, den schon Foucault beschrieben hat, als er Biomacht bestimmte als „ein unerlässliches Element bei der Entwicklung des Kapitalismus, der ohne kontrollierte Einschaltung der Körper in die Produktionsapparate und ohne Anpassung der Bevölkerungsphänomene an die ökonomischen Prozesse nicht möglich wäre" (Foucault 1991, S. 168). Außerdem identifiziert Mbembe die Sklaverei und den Kolonialismus als Hauptmomente der Biopolitik.

Das Problem ist, dass die biopolitische oder nekropolitische Organisationen des Lebens überwiegend repressiv sind, dass sie soziales Leiden und Vulnerabilität verursachen: Leben muss besorgt, organisiert werden. Aber es ist eine Sache, das Zusammenleben zu organisieren und die spontane Emergenz des Lebens und seine Sozialität zu schützen. Eine andere Sache aber ist es, das Leben zu modulieren, manipulieren, hervorzubringen oder zu zerstören. Kann Politik ohne Repression, Instrumentalisierung der Vulnerabilität und ohne soziales Leiden organisiert werden? Ist heutzutage, in den Zeiten, in denen die Sozialtechnologien und die Biomedizin der Biopolitik dienen können, und ihr Potenzial, ihre Macht und ihre Kontrollmechanismen auf unerwartete Extreme erweitern können, eine alternative Politik zu konturieren möglich?

5 Biopolitischer Umgang mit Leid und Verletzlichkeit

Die Biomacht hat die biomedizinischen Ergebnisse, den Umgang mit und die Messsysteme des Leidens, des Schmerzes und der Verletzlichkeit benutzt, um damit andere Ziele zu verfolgen als das Leben an sich. Beispiele dafür sind die technowissenschaftlichen Ressourcen, die im Dienst der Sklaverei, des Kolonialismus und des Imperialismus für Unterdrückungspolitiken wie Sexismus, Ausbeutung der Arbeitskraft, oder für ökonomische Politiken, die Armut oder Not verursachen, eingesetzt wurden. So werden zum Beispiel Landarbeiterinnen einer indischen Region (Maharashtra) dazu gezwungen, sich einer Hysterektomie zu unterziehen, um ihre Arbeitsproduktivität angeblich zu steigern, weil sie ohne Menstruation produktiver seien. Gleichzeitig werden sie unter Druck gesetzt, Schulden aufzunehmen, um den chirurgischen Eingriff in privaten Krankenhäusern zahlen zu können.[16]

Die zeitgenössische Herausforderung besteht darin, eine Politik zu fördern, die das Leben nicht für Zwecke manipuliert, die dem Leben nicht inhärent sind und die das Leben sich entwickeln lassen. Solch eine Politik würde die freie Sozialität des Lebens, in der Menschen für sich selbst das Zusammenleben organisieren, fördern, ohne Unterdrückung und Repression, ohne eine andere Interferenz als die minimalen Störungen, die notwendig sind, um das Wiederauftreten von unterdrückerischen oder gewalttätigen Dynamiken zu verhindern.

Biomedizin und Sozialwissenschaften im Kontext dieser freien Politik würden das Leben an sich – das ganze Leben der Individuen und ihre Beziehungen – zum Ziel haben. Die Biomedizin sollte sich dabei auf das Ziel der Erforschung von Methoden zur Vermeidung des iatrogenen Schmerzes und des Leidens konzentrieren, und sie sollte ihre Unabhängigkeit von wirtschaftlichen Interessen wahren. Damit soll eine Übermedikalisierung der Bevölkerung vermieden werden, zudem sollen gesündere Lebensstile gefördert werden, die in wissenschaftlicher

---

16 Vgl. https://www.20minutos.es/noticia/3679357/0/cientos-de-mujeres-se-extirpan-el-utero-para-no-perder-su-empleo-en-la-india, besucht am 22.12.2021.

Evidenz begründet sind. Schließlich sollen Erfahrungen von betroffenen Gruppen, wie z. B. Patientenvereinigungen, miteinbezogen werden.

In technowissenschaftlichen Gesellschaften, in denen der Wissenschaft ein hohes Maß an Legitimität zugewiesen wird, soll auf die Tendenz hingewiesen werden, Leiden oder Vulnerabilität exklusiv medizinisch zu konzeptualisieren, zu erklären und zu behandeln – entsprechend dem vorherrschenden Verständnis von Medizin nach dem pharmakologischen Modell im Kontext des Finanzkapitalismus und der Biomedikalisierung der Gesellschaft.[17] Aber Leiden und Vulnerabilität sind nicht nur und nicht immer medizinische Phänomene. Wenn ihre Ursachen institutionell oder strukturell sind, können die Lösungen nur in einer Reform der Gesellschaft oder in sozialem Wandel bestehen.

Weil wir vulnerabel sind und leiden können, brauchen wir soziale und politische Systeme, die das Leben an sich schützen und die keine sozialen Leiden verursachen.

6 Fazit: Auf dem Weg zu einem post-biopolitischen Umgang mit Leid und Verletzlichkeit

Eine erste Bedingung für einen post-biopolitischen Umgang mit Vulnerabilität ist es, sicherzustellen, dass dieser Umgang nicht mehr Vulnerabilität oder Leiden verursacht. Dies ist ein intrinsisches Problem vieler existierender gruppenbezogener Konzeptionen zum Umgang mit sozialen Leiden und Vulnerabilität. Zweitens gilt es, sicherzustellen, dass die wirklichen Ursachen der Probleme identifiziert und angesprochen werden. Wenn sich viel mehr Männer als Frauen in Internierungslagern für illegale Einwanderer befinden, so bedeutet dies eine erhöhte Vulnerabilität für diese Männer (ohne die Verletzlichkeit von Frauen zu leugnen). Wir sollten uns darum nicht fragen, wie man die Vulnerabilität der Einwanderer besser klassifizieren kann, sondern wie man die Vulnerabilisierung der Einwanderer vermeiden kann. Die strukturelle Antwort ist klar: Sie dürfen nicht länger als illegale Personen gelten, sondern sollten, wie in Uganda, als le-

17 Das pharmakologische medizinische Modell gibt der Behandlung von Krankheiten durch Medikamente den Vorrang vor anderen Ansätze wie z. B. der Veränderung des Lebensstils oder dem Umweltschutz. Die unterschiedlichen Ansätze sind nicht grundsätzlich unvereinbar, aber der internationale Kontext mächtiger Pharmaunternehmen, die auf dem Gesundheitsmarkt wettbewerbsfähig sein wollen, lässt das pharmakologische Modell, das beispielweise von Ivan Illich kritisiert wird, überwiegen (Illich 1976).

gale Bürger empfangen werden (Monreal 2019). Im Grunde geht es darum, gegen alle Formen der Unterdrückung zu kämpfen, die Verwundbarkeit und soziales Leid verursachen.

Es besteht die Tendenz, Strukturen, Prozesse, Kreisläufe und Räume der Vulnerabilisierung zu schaffen oder zu erhalten und sie anschließend so zu behandeln, als ob sie natürliche Phänomene wären. Das bedeutet, soziales Leid und Verwundbarkeit, die aus Vulnerabilisierungsprozessen resultieren, bewusst oder unbewusst mit ontologischer Verwundbarkeit zu verwechseln. Diese Tendenz verbindet sich oft mit der Verleugnung der eigenen ontologischen Verwundbarkeit und dem Versuch, diese Verleugnung mit einer exzessiven Machtausübung oder Gewalt zu kompensieren. Zum Beispiel sind Frauen ontologisch nicht verletzlicher als Männer, aber wir haben Räume und Welten geschaffen, die Frauen als verletzlicher konstruieren. Eine Frau, die ein Baby stillt, ist nur dann verletzlich und zerbrechlich, wenn wir Zivilisation als einen Kampf der Kräfte verstehen, in dem jede Person, die sich nicht mit Gewalt verteidigen kann, Gefahr läuft, jederzeit von einer anderen Person angegriffen zu werden. Wenn wir Zivilisation als auf die Erhaltung des Lebens ausgerichtet verstehen und gegenseitige Unterstützung als Motor der Evolution ansehen können (Kropotkin 2016), dann sehen wir in einer stillenden Frau nicht ein Paradigma der Verletzlichkeit, sondern ein Paradigma der Stärke.

Drittens sollte man anderen keine Gruppenidentität auferlegen. Stattessen sollte die gemeinsame Vulnerabilität als eine „geteilte Kraft" von unten nach oben entstehen (Solé Blanch/Pié Balaguer 2018). Jeder Ausdruck von Vulnerabilität sowie jeder Ausdruck von Leiden ist legitim. Es ist eine Heuchelei, ausgrenzende biopolitische Strukturen aufrechtzuerhalten und gleichzeitig Menschen unter die Kategorie einer besonders verletzlichen Gruppe zu fassen, ohne auf ihre Erfahrungen einzugehen und ohne einen Finger zu rühren, um strukturelle Veränderungen vorzunehmen, die sich wirklich auf ihre Situation auswirken würden. Anstatt verwundbare Menschen zu Opfern zu machen ist es notwendig, die Würde ihrer Positionen und ihre Erfahrungen anzuerkennen.

Viertens ist es notwendig, sich für die Denormalisierung, insbesondere die Denormalisierung von Abhängigkeit und Verletzlichkeit einzusetzen. Was als normal gilt, ist nicht offensichtlich. Die Normalität wird nach hegemonialen Werten konstruiert und ist normativ, weil sie unterscheidet zwischen dem, was „normal" (also akzeptabel) und dem, was „nicht normal" (also nicht akzeptabel, pathologisch, problematisch oder nicht integriert) ist. Eine Denormalisierung würde gegen die Stigmatisierung der Vulnerabilität helfen und dafür sorgen, dass Vulnerabilität als eine Möglichkeit betrachtet werden kann, drohende Leiden zu vermeiden. Es kann sogar helfen, aus der Not eine Tugend zu machen, und die gemeinsame, offensichtliche Schwäche in eine gemeinsame Stärke zu verwandeln, die die individuellen Erfahrungen nicht instrumentalisiert und die sich auf das Wachstum des Lebens fokussiert.

Eine strukturelle Lösung sollte nicht darin bestehen, neue Schubladen für neue Formen der Vielfalt zu schaffen, wie Mercedes Sánchez für den Bereich der Pädagogik formuliert hat (Sánchez Sanz 2019), sondern die Vulnerabilisierungsprozesse und die damit assoziierten Macht-Beziehungen zu identifizieren und zu bekämpfen sowie besonders auf die biopolitische Logik der ausschließenden Inklusion zu achten.[18] Die Kategorisierung von neuen vulnerablen Gruppen kann eventuell ein Zwischenschritt, aber nicht das Ziel der Politik sein. Der Schutz verletzlicher Gruppen sollte Hand in Hand gehen mit der gleichzeitigen Entwicklung von Formen des Zusammenlebens, die die konstitutive Verletzlichkeit auf eine Weise anzunehmen erlauben, sodass diese nicht mit Gewalt oder der Unterdrückung anderer kompensiert werden muss. Es ist notwendig, Gesellschaften und Welten (im Sinne der *polis*) zu schaffen, die das Leben wirklich unterstützen und die erlauben, die unvermeidliche Vulnerabilität anzunehmen, ohne sie als Entschuldigung für die Ausübung von übermäßiger Macht oder Gewalt gegen andere zu benutzen. Sie sollten es ermöglichen, die Ursachen des sozialen Leids und der Verwundbarkeit zu identifizieren, und versuchen, diese strukturell zu bekämpfen. Es sollte darum gehen, eine Gesellschaft, eine Polis, zu erschaffen, die in der Lage ist, vulnerable Personen wieder aufzunehmen, ohne sie dabei zu stigmatisieren oder als Ausnahmen zu betrachten.

Literatur

Achmátowa, Anna (1988): *Gedichte*. Frankfurt a. M.: Suhrkamp.

Alexijewitsch, Swetlana A. (2019): *Tschernobyl. Eine Chronik der Zukunft*. Frankfurt a. M.: Suhrkamp.

Braidotti, Rosi (2015): *Lo posthumano*. Barcelona: Gedisa

Bueno Gómez, Noelia (2017): „Conceptualizing Suffering and Pain". In: *Philosophy, Ethics and Humanities in Medicine* 12. DOI: https://doi.org/10.1186/s13010-017-0049-5, besucht am 20.07.2021.

Bueno Gómez, Noelia (2019): „‚I Desire to Suffer, Lord, Because Thou Didst Suffer': Teresa of Avila on Suffering". In: *Hypatia* 34. Nr. 4, S. 755–776. DOI: https://doi.org/10.1111/hypa.12488, besucht am 20.07.2021.

Bueno Gómez, Noelia (2022): *Filosofia del sufrimiento*. Valencia: Tirant lo Blanch.

18 Dies klingt absichtlich paradox, ist es aber nicht: Die biopolitische Logik besteht darin, die vollständige menschliche, soziale und politische Inklusion einiger auf Kosten der menschlichen, sozialen und politischen Ausgrenzung anderer zu erreichen, wie es bei der Sklaverei oder der Situation von Frauen in patriarchalen Institutionen der Fall war.

Butler, Judith (2006): *Precarious Life.* London, New York: Verso.
Casado da Rocha, Antonio (2014): *Autonomía con otros.* Madrid: Plaza y Valdés.
Cassell, Eric J. (2004): *The Nature of Suffering and the Goals of Medicine.* Oxford: Oxford University Press.
Cervero, Fernando (2012): *Understanding Pain.* Cambridge (MA): MIT Press.
Council for International Organizations of Medical Sciences (CIOMS) (1993): *International Ethical Guidelines for Biomedical Research Involving Human Subjects. Genf: CIOMS.*
Damasio, Antonio (2006): *El error de Descartes.* Barcelona: Crítica.
Damasio, Antonio (2021): *Feeling and Knowing, Making Minds Conscious.* New York: Pantheon.
Das, Veena (1997): „Sufferings, Theodicies, Disciplinary Practices, Appropriations". In: *International Social Science Journal* 49, S. 563–572.
De Castro, Rosalía (2009): *Poesía completa.* Madrid: Abada.
Dilthey, Wilhelm (2013): *Der Aufbau der geschichtlichen Welt in den Geisteswissenschaften.* Berlin: Holzinger.
Fineman, Martha A. (2008): „The Vulnerable Subject: Anchoring Equality in the Human Condition". In: *Yale Journal of Law and Feminism* 20. Nr. 1, S. 1–23.
Fineman, Martha A. (2010): „The Vulnerable Subject and the Responsive State". In: *Emory Law Journal* 60. Nr. 2, S. 251–275.
Foucault, Michel (1991): *Der Wille zum Wissen. Sexualität und Wahrheit 1.* Frankfurt a. M.: Suhrkamp.
Foucault, Michel (2008): *Seguridad, territorio y población.* Madrid: Akal.
Frankl, Viktor (2015): *El hombre en busca de sentido.* Barcelona: Herder.
Gilligan, Carol (1982): *In a Different Voice. Psychological Theory and Women's Development.* Harvard: Harvard University Press.
Halbwachs, Maurice (1967): *La mémoire collective.* Zweite, überarbeitete und erweiterte Auflage. Paris: Les Presses universitaires de France.
Hitchens, Christopher (2012): *Mortality.* Australia and New Zealand: Allen & Unwin.
Illich, Ivan (1976): *Medical Nemesis. The Expropriation of Health.* New York: Pantheon.
Kropotkin, Piotr (2016): *El apoyo mutuo* (1920): Logroño: Pepitas de calabaza.
Le Breton, David (1999): *Antropología del dolor.* Barcelona: Seix Barral.
Leder, Drew (1990): *The Absent Body.* Chicago: The University of Chicago Press.
Lévinas, Emmanuel (1991): *Entre nosotros. Ensayos para pensar en otro.* Valencia: Pre-Textos.
Mackenzie, Catriona/Rogers, Wendy/Dodds, Susan (2014): „Introduction: What Is Vulnerability, and Why Does It Matter for Moral Theory". In: Catriona Mackenzie/Wendy Rogers/Susan Dodds (Hrsg.): *Vulnerability. New Essays in Ethics and Feminist Philosophy.* New York: Oxford University Press, S. 1–31.
Madrid, Antonio (2010): *La política y la justicia del sufrimiento.* Madrid: Trotta.
National Commission for the Protection of Human Subjects of Biomedical and Behavioral Research (1978): *Belmont Report. Ethical Principles and Guidelines for the Protection of Human Subjects of Research,* http://videocast.nih.gov/pdf/ohrp_belmont_report.pdf, besucht am 8.4.2022.
Mbembe, Joseph-Achille (2011): *Necropolítica.* Santa Cruz de Tenerife: Melusina.
Mbonda, Ernest-Marie (2016): „Développement Humain, Sécurité Humaine et Vulnérabilité Humaine: Quelle Approche Pour l'analyse de La Situation Des ‚Sociétés Entravées'?". In: *Ethica* 20. Nr. 2, S. 151–167.
Monreal, Borja (2019): *Ser pobre.* Madrid: La Huerta Grande.

Nancy, Jean-Luc (2000): *L'Intrus*. Paris: Galilée.
Pearce, David (1995): „The Hedonistic Imperative". https://www.hedweb.com/hedethic/tabconhi.htm, besucht am 20.07.2021.
Pearce, David (2007): „The Abolitionist Project". https://www.abolitionist.com, besucht am 20.07.2021.
Phillips, Stephen (2018): „Vulnerability in Immigration Detention. Are Some More Vulnerable than Others?". https://www.asyluminsight.com/c-stephen-phillips?rq=phillips#.Xbl1RyV7 m3U, besucht am 20.07.2021.
Raja, Srinivasa N./Carr, Daniel B./Cohen, Milton/Finnerup, Nanna B./Flor, Herta/Gibson, Stephan/Keefe, Fracis J./Mogil, Jeffrey S./Ringkamp, Matthias/Sluka, Kathleen A./Song, Xue-Jun/Stevens, Bonnie/Sullivan, Mark D./Tutelman, Perri R./Ushida, Takahiro/Vader, Kyle (2020): „The Revised International Association for the Study of Pain Definition of Pain: Concepts, Challenges, and Compromises". In: *Pain* 161, S. 1976–1982.
Rey, Roselyne (1995): *The History of Pain*. Cambridge (MA), London: Harvard University Press.
Sacks, Oliver (1990): *Awakenings*. New York: Vintage Books.
Sánchez Sanz, Mercedes (2019): *Pedagogías queer. ¿Nos arriesgamos a hacer otra educación?* Madrid: Los libros de la catarata.
Sanz, Marta (2017): *Clavícula*. Barcelona: Anagrama.
Sen, Amartya (1992): „Sobre Conceptos y Medidas de Pobreza". In: *Comercio Exterior* 42. Nr. 4, S. 310–322.
Sennett, Richard (2012): *Juntos: Rituales, placeres y política de cooperación*. Barcelona: Anagrama.
Solé Blanch, Jordi/Pié Balaguer, Asun (2018): *Políticas del sufrimiento y la vulnerabilidad*. Navarra: Icaria & Antrazyt.
Svenaeus, Fredrik (2014): „The Phenomenology of Suffering in Medicine and Bioethics". In: *Theoretical Medicine and Bioethics* 35. Nr. 6, S. 407–420.
Turner, Victor (1997): *The Ritual Process: Structure and Anti-Structure*. New York: Routledge.
Van Gennep, Arnold (1986): *Los ritos de paso (1909)*. Madrid: Taurus.
Viola, Alessandra/Mancuso, Stefano (2013): *Verde brillante. Sensibilità e intelligenza del mondo vegetale*. Florenz, Mailand: Giunti Editore.
Wacquant, Loïc (2010): *Castigar a los pobres*. Barcelona: Gedisa.
Weil, Simone (1949): *L'Enrancinement*. Paris: Éditions Gallimard.
Weil, Simone (1966): *Attente de Dieu*. Paris: Éditions Fayard.

Tobias Eichinger

Vulnerabilität und Verantwortung

Ethische Aspekte der Moralisierung von Gesundheit

Abstract: *Vulnerability and responsibility: Ethical Aspects of the moralization of health.* Based on an anthropological concept of vulnerability, according to which all human beings as human beings are in principle, inescapably and lifelong susceptible to damage, injury and other forms of impairment, philosophical and moral aspects of health come into focus from a medical ethics perspective. Since the respective state of health can be influenced and shaped to a certain extent by the individual him- or herself, considerations on what can be derived from the fact of human vulnerability for the individual not only lead to the difficult and fundamental problem of determining what the concept of health actually entails and means; through the connection between vulnerability and health, rather, another ethically weighty complex comes into play, which includes questions of responsibility. First and foremost, these questions concern the responsibility of the individual for his or her own behavior, and here in a specific way regarding the health implications and effects of the same.

Die Corona-Krise, die inzwischen über Monate und Jahre hinweg beinahe sämtliche Lebensbereiche und gesellschaftlichen Bezüge weltweit beeinträchtigt, hat dazu geführt, dass ihrem globalen Ausmaß entsprechend vielerorts Fragen aufgeworfen wurden und zum Teil neu verhandelt werden müssen, die grundlegende Bedingungen der öffentlichen, politischen und gesellschaftlichen Ordnung des Zusammenlebens der Menschen betreffen. Ob dies Themen wie soziale Ungleichheit, politische Entscheidungsprozesse, das Verhältnis von Medizin, Wissenschaft und medialer Öffentlichkeit oder die Bedeutung von Sport und Kultur betrifft, in nahezu allen Bereichen des Lebens sind zahlreiche Probleme und Konflikte zutage getreten, die durch die um sich greifende Infektionskrankheit neu entstanden sind oder schon länger existieren. Die Pandemie hat aber auch eine Tatsache unabweisbar in den Fokus gebracht, die nicht nur die Voraussetzung der unermüdlichen Arbeit von Virolog:innen ist, sondern die vor allem aus einer philosophisch-anthropologischen Perspektive von höchster Relevanz ist: Der Mensch ist ein verletzliches Lebewesen. Und das unabhängig davon, in welcher Region der Welt dieses Wesen lebt, in welchen sozialen und wirtschaftlichen Verhältnissen es sich befindet oder wie alt es ist, und unabhängig von dergleichen

 https://doi.org/10.1515/9783110734522-006

individuellen Differenzen mehr – die grundsätzliche Möglichkeit, von einem Virus infiziert und krank zu werden, stellt in diesem Sinne eine anthropologische Konstante dar. Vulnerabilität als Signum des Menschseins.

In der Bioethik konzentriert sich die Debatte um Vulnerabilität in der Regel auf ein bestimmtes, spezifischer gefasstes Konzept, das vor allem im Bereich der Forschungsethik, aber auch in der klinischen Ethik und der Ethik des öffentlichen Gesundheitswesens Anwendung findet. Hier wird der Begriff der Vulnerabilität verwendet, um Gruppen oder Einzelpersonen zu identifizieren, denen es grundsätzlich oder unter bestimmten Umständen an bestimmten Fähigkeiten mangelt, die in einem ethisch grundlegenden Sinne von Bedeutung sein sollen: Etwa Autonomie und Selbstbestimmung, die Fähigkeit, die eigenen zentralen Interessen und Ziele im Leben zu verfolgen, oder auch volle Entscheidungs- und Handlungsfähigkeit stehen dann im Fokus (vgl. Hurst 2008). In diesen Kontexten sind immer auch die Auswirkungen der Vulnerabilität auf andere Menschen von entscheidendem Interesse, die sich hieraus ergebenden sozialen moralischen Verpflichtungen oder auch Fragen danach, wie es konkret gelingen kann, dem Schutzbedürfnis der Verletzbaren gerecht zu werden, und an wen sich entsprechende Forderungen eigentlich richten (s. ten Have 2015). Und so bezieht sich der Schwerpunkt der gängigen bioethischen Herangehensweise zur Vulnerabilität auf die normative Dimension, die Aspekte der Kooperation, der gegenseitigen Unterstützung, des Schutzes, der Fürsorge und des Wohlergehens umfasst – Aspekte und Dimensionen auf der zwischenmenschlichen, der sozialen oder interpersonellen Ebene.

Im Folgenden soll eine weitere Hinsicht diskutiert werden, die nicht im Mittelpunkt der üblichen Vulnerabilitätsdebatte steht und die sich grundlegend von der skizzierten interpersonellen Ebene abhebt. Diese Hinsicht betrifft die intrapersonelle Ebene der Vulnerabilität: Was folgt aus der Tatsache der menschlichen Vulnerabilität für die einzelne Person und ihre Selbstbeziehung, ihre Lebensweise und den Umgang mit der eigenen Körperlichkeit? Dieser Perspektivwechsel macht deutlich, dass hier ein etwas anders akzentuierter Begriff von Vulnerabilität zugrunde gelegt wird als derjenige, der in der bioethischen Debatte üblicherweise verwendet und diskutiert wird. Es wird von einem breiteren Verständnis von Vulnerabilität ausgegangen, das diese als *anthropologische Konstante* auffasst. Dieser Auffassung zufolge ist es eine Tatsache, dass alle Menschen als menschliche Wesen prinzipiell, unausweichlich und lebenslang anfällig sind für Schäden, Verletzungen und für eine Vielzahl von verschiedenen anderen Formen von Beeinträchtigungen (vgl. Eichinger 2017). Nicht zuletzt die Corona-Pandemie, die ausnahmslos alle Menschen gefährdet und einem Infektionsrisiko aussetzt, führt das deutlich vor Augen. Und mehr noch, Menschen sind nicht nur potenziell anfällig für derartige Ansteckungen, Verletzungen und Beeinträchtigungen, die sie unter bestimmten Umständen erleiden können, sondern über kurz oder lang werden sie zwangsläufig von Manifestationen der menschlichen Vulnerabilität heimgesucht, wenn sie älter und älter werden, wenn ihre körperliche Leistungsfähigkeit und Ausdauer nachlassen und die Kräfte schwinden, wenn sie hinfällig und gebrechlich werden, wenn ihr Leben zu Ende geht und sie sterben. So muss auch das gesündeste, stärkste, vitalste und autonomste Individuum schließlich der Tatsache ins Auge sehen, dass kein Mensch in diesem existenziellen Sinn unverletzlich ist.

Wie im Folgenden erläutert werden soll, ist von dieser anthropologischen Prämisse ausgehend aus medizinethischer Sicht neben der Verletzungs- und Erkrankungsmöglichkeit ein weiterer Begriff und grundlegender menschlicher Zustand zentral: der Zustand der Gesundheit, ist es doch der gesunde Mensch, der erkrankt, der verletzt oder beeinträchtigt wird.[1] Da nun diese Dimension des Lebens und Befindens in einem gewissen Umfang vom Individuum selbst beeinflusst und gestaltet werden kann, führen Überlegungen dazu, was sich aus der Tatsache der menschlichen Vulnerabilität für den Einzelnen und die Einzelne ableiten lässt, nicht nur zu dem schwierigen und grundlegenden Problem, zu bestimmen, was es heißt, gesund zu sein und was der Begriff der Gesundheit eigentlich beinhaltet und bedeutet; durch den Zusammenhang von Vulnerabilität und Gesundheit kommt vielmehr ein weiterer ethisch gewichtiger Komplex ins Spiel, der Fragen der Verantwortung umfasst. In erster Linie betreffen diese Fragen die Verantwortung des Individuums für das eigene Verhalten und hier in spezifischer Weise in Bezug auf gesundheitliche Implikationen und Auswirkungen desselben.

1 Formen der Vulnerabilität

Zunächst gilt es, grundlegende Konzepte zu bestimmen. Vulnerabilität wird im Folgenden in einem weiten Sinne verstanden, der sich aus der Tatsache ergibt, dass sich jeder Mensch über den gesamten Verlauf seines Lebens in einem permanenten Zustand der Vulnerabilität befindet, einem Zustand potenzieller Beeinträchtigung, in dem er grundsätzlich nicht davor bewahrt ist, verletzt oder

---

1 Im Folgenden soll hier auf den Bereich der körperlichen oder somatischen Gesundheit fokussiert werden. Für Fragen der mentalen oder psychischen Gesundheit sind viele der beschriebenen konzeptuellen und normativen Zusammenhänge ganz ähnlich zutreffend, an einigen Stellen allerdings wären hier eigens vertiefende und weiterführende Untersuchungen gefordert, um der Spezifik von *mentaler* oder *psychischer Vulnerabilität* gerecht zu werden – und die den Rahmen des vorliegenden Beitrags sprengen würden.

geschädigt werden zu können. Andere Begriffe, die eng mit Vulnerabilität verbunden sind und sich nicht immer trennscharf voneinander abgrenzen lassen, sind Anfälligkeit, Gebrechlichkeit, Abhängigkeit, Bedürftigkeit, Behinderung, Verletzlichkeit und Verwundbarkeit, Morbidität und Mortalität (vgl. MacIntyre 2001). All diese Begriffe bezeichnen Dispositionen, die jedes menschliche Individuum zwangsläufig aufweist, und in diesem Sinne ist Vulnerabilität als eine anthropologische Konstante zu verstehen.

Nun lässt sich dieses breite und universelle Konzept, das eine Disposition beschreibt, anhand der Bedingungen und Umstände seiner möglichen Realisationen in zwei Hauptformen unterscheiden: Der eine Typ betrifft Manifestationen der Verletzlichkeit, die ausnahmslos und ausweglos jeden Menschen ereilen und die in diesem Sinne *notwendig* genannt werden können. Der andere Typ sich realisierender Vulnerabilität dagegen betrifft Verletzungen und Einschränkungen, die individuell sehr unterschiedlich auftreten können und bei weitem nicht jeden und jede heimsuchen, die insofern als *kontingent* bezeichnet werden können – um es etwas verkürzt, aber prägnanter zu formulieren, lassen sich demnach Formen notwendiger Vulnerabilität von Formen kontingenter Vulnerabilität unterscheiden. Notwendige Vulnerabilität betrifft die existenziellen Bedingungen der Abhängigkeit an den Polen des Lebens, denen zu entkommen niemand hoffen kann. Die radikale Ausgesetztheit gleich zu Beginn des Lebens, wenn ein Mensch als Neugeborenes ohne natürlichen Schutz und ohne die Fähigkeit, aus eigener Kraft zu überleben, unentrinnbar auf die Hilfe und Fürsorge anderer angewiesen ist, sowie die Situation im letzten Kapitel des Lebens, wenn das Alter typischerweise seinen Tribut fordert und Gebrechlichkeit und schwindende Kräfte das autonome Individuum mehr und mehr zwingen, auf ein aktives und unabhängiges Leben zu verzichten, und zu einem irreversiblen Zustand manifest gewordener Vulnerabilität führen. Diese Formen der Vulnerabilität des Neugeborenen und des sehr alten und sterbenden Menschen, die nicht mehr länger als Dispositionen drohen, sondern als reale Beeinträchtigungen eingetreten sind, lassen sich insofern als notwendig bezeichnen, da sie unvermeidlich sind und ausnahmslos jedes einzelne Individuum betreffen – ganz unabhängig davon, ob ein Mensch bis ins hohe Alter kerngesund und fit ist oder ob altersbedingte Beeinträchtigungen bereits früh einsetzen und Jahrzehnte des Lebens prägen. Die Endlichkeit des menschlichen Lebens und die prinzipielle Sterblichkeit des Menschen sind ultimativer Ausdruck der notwendigen Vulnerabilität.

Zwischen den allerersten und den letzten Lebensabschnitten und -momenten liegt die lange Zeitspanne, in der kontingente Formen von Vulnerabilität auftreten können. Dieser Begriff der Vulnerabilität bezieht sich auf die Möglichkeit, verletzt zu werden und Schaden zu erleiden als ein Risiko und eine Bedrohung, die eintreten können, aber nicht müssen, wie dies bei notwendiger Vulnerabilität der Fall ist. Kontingente Vulnerabilität in diesem Sinn zeigt sich oft unerwartet und kann sich mehr oder weniger plötzlich oder aber allmählich manifestieren. Typische Beispiele für plötzliche Ereignisse sind Beeinträchtigungen, die durch äußere Faktoren verursacht werden und als Unfall oder Widerfahrnis auftreten – ein Blitzschlag wäre ein klassisches Beispiel, auch der sprichwörtliche Hammer, der den Finger statt den Nagel trifft. Diese Manifestationsformen von exogener Vulnerabilität, die aus heiterem Himmel ohne vorherige Hinweise und von außen kommen können, sollen hier als Verwundbarkeit bezeichnet werden. Kontingente Vulnerabilität kann sich jedoch auch schleichend und ‚von innen' her realisieren, verursacht durch Faktoren wie Krankheit, Schwächung oder andere Formen der Beeinträchtigung. Zwar kann freilich auch ein innerlich verursachtes Leiden ähnlich plötzlich ausbrechen, wie es bei einer Verletzung durch ein äußeres Ereignis typischerweise der Fall ist, doch kommt eine Erkrankung in der Regel nicht völlig unvorhergesehen aus dem Nichts und überrascht die Person, die gerade noch vollkommen gesund war, von einem Moment auf den anderen mit ihrer Wirkung. Weniger ereignishaft und vielmehr prozesshaft, bedeutet kontingente Vulnerabilität in diesem Sinne eine Form körperlicher Anfälligkeit, die durch interne Faktoren gebildet und ausgelöst wird und häufig als Krankheit erscheint. Neben der exogenen Verwundbarkeit lässt sich als zweite Form kontingenter Vulnerabilität die endogene Variante als *Pathibilität* bezeichnen (s. Sadegh-Zadeh 2012, S. 89). Im Gegensatz zu dem plötzlichen Ereignis von außen, das jeden und jede in gleicher Weise unvorhergesehen treffen kann und in diesem Sinne völlig unabhängig von der betroffenen Person ist, kann die Disposition einer Bedrohung von innen, krank und schwach zu werden, sehr unterschiedlich und in hohem Masse von individuellen Bedingungen und persönlichen Faktoren wie der genetischen Konstitution, den Umweltbedingungen und nicht zuletzt von Faktoren der persönlichen Lebensweise abhängig sein.

Bei einer Untersuchung der intrapersonalen Ebene, d. h. einer Betrachtung der Folgen, die sich aus der grundlegenden Vulnerabilität für das Individuum selbst ergeben, muss nun ein weiteres, nicht weniger fundamentales Konzept miteinbezogen werden, das als Ergänzung zum Konzept der Vulnerabilität gesehen werden kann: das Konzept der Gesundheit. Für jede der drei verschiedenen Vorstellungen von Vulnerabilität – die notwendige Vulnerabilität, die kontingente exogene Verwundbarkeit und die kontingente endogene Verwundbarkeit (Pathibilität) – spielt die Gesundheit eine spezielle Rolle und es gilt, verschiedene Implikationen zu berücksichtigen, die sich aus diesen Beziehungen ergeben.

2 Vulnerabilität und Gesundheit

Notwendige Vulnerabilität ist für jede und jeden unvermeidbar, was auch bedeutet, dass es hierfür letztlich keinen Unterschied macht, ob man früher oder später mit einer Manifestation von Vulnerabilität konfrontiert wird. Jeder Mensch muss schließlich sterben, ungeachtet der persönlichen Eigenheiten und des individuellen körperlich-geistig-seelischen Zustands. Das Universelle dieser Notwendigkeit impliziert nun, dass für ihr Bestehen der jeweilige Gesundheitszustand völlig unerheblich ist. Jedes Individuum wird einmal aufhören zu existieren. Die einzigen Aspekte hierbei, die durch gesundheitliche Faktoren beeinflusst werden können, sind der Zeitpunkt und die Art und Weise, wie das Ende verläuft. Während zu Beginn des Lebens die Abhängigkeit von allgemeiner Fürsorge und Schutz weniger eine Frage des Gesundheitszustandes des Kindes ist als vielmehr ein Aspekt seiner normalen Entwicklung (abgesehen von Fällen, in denen ein Kind so schwer oder chronisch krank ist, dass diese gesundheitliche Einschränkung zu einer Entwicklungsverzögerung führt), spielt am Ende des Lebens der Gesundheitszustand in der Regel eine entscheidendere Rolle für den zeitlichen Verlauf und den Schweregrad der Manifestation der finalen vulnerablen Lebensphase. Daher ergeben sich auch normative Implikationen für die eigene Einflussnahme auf gesundheitlich-körperliche Belange, welche die endgültige Entkräftung beschleunigen oder aber verlangsamen können. Nicht zuletzt mit Blick auf die letzte Lebensphase gilt es, vorher ein gesundes Leben zu führen, präventive Maßnahmen zu ergreifen und unangemessene Risiken zu vermeiden (was die unwiderlegbare Tatsache der Sterblichkeit selbst betrifft, operieren Bewältigungsstrategien eher im psychisch-mentalen Bereich, wo die persönliche Einstellung zur eigenen Endlichkeit, etwa Gelassenheit, von Bedeutung und normativ erforderlich sein könnte). Da das Individuum einen gewissen Einfluss auf den Verlauf seines unausweichlichen körperlichen Verfalls hat, so die Folgerung, ist es mehr und mehr auch dazu verpflichtet, dieses Vermögen zu nutzen. Entsprechende Forderungen, mehr oder weniger explizit vorgetragen, finden sich zuhauf in wissenschaftlichen Publikationen und Ratgebern, die sich dem gesunden Altern in seinen mannigfachen Spielarten widmen (vgl. exemplarisch Jacobi et al. 2004; Wahl/Kruse 2010). Diese normative Logik folgt dem Gedanken der Eigenverantwortung, welche am besten dadurch realisiert wird, dass vorzeitiges Altern und ein vorzeitiger Tod vermieden werden. Ihren radikalen Ausdruck findet diese Position in den Überzeugungen und Zielsetzungen der sogenannten Anti-Aging-Medizin, die das Altern zu einer Art moralischem Indikator erklärt, der anzeigt, ob man sein Leben richtig und diszipliniert gelebt hat – oder nicht (vgl. Viehöver 2008).

So wie die Manifestation notwendiger Vulnerabilität in Form einer prinzipiell begrenzten Lebenszeit nicht von der Gesundheit abhängt, so ist auch die erste Art kontingenter Vulnerabilität, hier als exogene Verwundbarkeit bezeichnet, die Möglichkeit also, durch äußere Faktoren, durch einen Unfall oder einen plötzlichen Schicksalsschlag verletzt und beeinträchtigt zu werden, kaum mit dem Gesundheitszustand der betreffenden Person verbunden. Blitze unterscheiden nicht zwischen gesunden und kranken Menschen, zwischen starken und schwachen oder gar lebenden und nicht-lebenden Objekten, die sie treffen. Daher sind auch normative Implikationen, die sich aus der kontingenten Verletzbarkeit für das Individuum und sein Gesundheitsverhalten ergeben könnten, schwer zu erkennen. Konsequenzen für den Alltag betreffen eher Sicherheitsmaßnahmen, die dann jeweils auf bewusst gesuchte Risiken abgestimmt sind, wie die Einhaltung von Verhaltensregeln, etwa das Tragen von Sicherheitsgurten und Schutzkleidung oder das Praktizieren von Safer Sex unter gegebenen Bedingungen, und generell die Vermeidung von gefährlichen Situationen und Umgebungen. Es ist im Einzelnen nicht leicht zu bestimmen, wo jeweils die Grenze zwischen angemessenem, vernünftigem oder sogar dringend empfohlenem Sicherheitsverhalten auf der einen Seite und übertriebenem und überängstlichem Verhalten auf der anderen Seite gezogen werden kann. Sicherlich führt das Bestreben, die Gefahr der kontingenten Vulnerabilität so weit wie möglich zu minimieren, zu einem übervorsichtigen und letztlich abgeschotteten Leben. Das fiktive Ideal dahinter scheint Unverwundbarkeit zu sein – eine uralte Vision der menschlichen Kultur- und Geistesgeschichte, die manchmal in der Enhancementdebatte aufleuchtet und die das ausdrückliche Ziel einiger posthumanistischer Autor:innen ist, die auf die Überwindung der körperlichen Existenz abzielen, welche als Quelle menschlicher Vulnerabilität identifiziert wird (vgl. einschlägig Kurzweil 2005). Wenn es um Vulnerabilität und moralische Verantwortung geht, ist kontingente exogene Vulnerabilität als Verwundbarkeit entweder eine Frage von (un-)vorsichtigem Verhalten der einzelnen Person (welches durch Anordnungen staatlicher oder anderer Autoritäten befördert und beschränkt werden kann) oder von vagen und unzugänglichen Akteuren wie Natur, Gott oder Schicksal.

Ganz anders erscheint nun eine Betrachtung der dritten Art von Vulnerabilität, der endogenen kontingenten Vulnerabilität, die die Möglichkeit des Erkrankens umfasst, der sogenannten Pathibilität. Für das Risiko, zu erkranken, ist neben äußerlichen Faktoren wie pathogenen Umwelteinflüssen der aktuelle Gesundheitszustand der entscheidende Faktor. Dies lässt sich beinahe schon aus der Begrifflichkeit ableiten, da Erkranken als Schwächung des Gesundheitszustandes verstanden werden kann. Der Gesundheitszustand wiederum ergibt sich aus den Wechselwirkungen von Erbanlagen, individuellem Verhalten und Umwelteinflüssen. Da die Beeinflussung und Veränderung des individuellen Genoms ein kompliziertes und sehr kostspieliges Unterfangen ist (zumal es *ex post* stattfinden müsste und abgesehen davon derzeit fast unmöglich und moralisch sehr umstritten ist) und da Umwelt- und Umgebungsbedingungen für den Einzelnen in einer gegebenen Situation oft nur schwer zu verändern sind, umfasst der Bereich, durch dessen Gestaltung der eigene Gesundheitszustand sehr effektiv beeinflusst werden kann, das individuelle Verhalten, Gewohnheiten sowie Alltags- und Lebensstilentscheidungen. Der hohe Grad an Beeinflussbarkeit ist auch der Grund für besonders starke normative Implikationen dieses Aspekts. Wo man in Bezug auf die eigene Gesundheit selbst einen Unterschied bewirken kann, sollte man dies auch tun. Hier entfaltet sich ein ganzes Bündel von Maßnahmen und Anpassungen. Wenn Sie Ihr Leben und Ihren Lebensstil gesundheitlich makellos gestalten wollen, können und sollten Sie Maßnahmen hinsichtlich Ihrer Ernährungsweise ergreifen, wie oft und natürlich was Sie essen und trinken, ob und wie Sie sich bewegen, wie lange Sie tagsüber sitzen, wann und wie lange Sie schlafen, ob Sie schädliche Substanzen wie Alkohol, Nikotin, Zucker, Fett und so weiter zu sich nehmen. Es ist klar ersichtlich, dass der Bereich des individuellen Gesundheitsverhaltens stark auf die normative Figur der Eigenverantwortung bezogen ist. Die entsprechende Forderung nach Eigenverantwortung besteht darin, dafür zu sorgen, gesund zu bleiben und unnötige Beeinträchtigungen durch Lebensstilentscheidungen, die ganz in der eigenen Verantwortung liegen, zu vermeiden. In diesem Sinne betonen und setzen viele Autor:innen voraus, dass ein gesundheitsbewusstes Verhalten und entsprechende Entscheidungen über die individuelle Lebensführung unterstützenswert seien und realisiert werden sollten (s. kritisch Fitzpatrick 2001; Schmidt 2008). Und nicht nur in akademischen Zirkeln und von sogenannten „Expert:innen“ wird diese Ansicht vertreten, auch die öffentliche Meinung scheint einer Art Gesundheitsimperativ zu folgen.

3 Moralisierung der Gesundheit

Bei aller Ausrichtung des gesundheitlichen Zeitgeistes auf Prävention, Achtsamkeit und Nachhaltigkeit ist aus ethischer Sicht zu klären, inwieweit der gesundheitliche Imperativ eine moralische Norm beinhaltete, die über das Gewicht einer bloßen Option zur freien Wahl der Lebensführung hinausgeht. Die Organisationstheoretiker Carl Cederström und André Spicer analysieren diesen Punkt in ihrem Buch *Das Wellness-Syndrom* in klarer und kritischer Weise. Im gängigen Gesundheitsimperativ erkennen sie einen zeitgenössischen Ausdruck dessen, was sie als „Biomoral“ bezeichnen, nämlich „die moralische Forderung, glücklich und gesund zu sein“ (Cederström/Spicer 2016). Für sie ist klar, dass unter dem Paradigma der Biomoralität das Ziel eines gesunden Lebens einem moralischen Imperativ gleichkommt. Wie die beiden Autoren schreiben, „verwandelt sich medizinisches Wissen unmerklich in eine moralische Sprache“, und ein subtiler Übergang von einer deskriptiven Sprache zu einer normativen Sprache sei zu konstatieren. Gesundheitsverhalten sei nicht mehr eine Frage der freien, von persönlichen Präferenzen geleiteten Wahl, sondern eine moralisch aufgeladene Angelegenheit, bei der Entscheidungen nicht mehr wertneutral offen sind, sondern klar in eine – in die einzig richtige – Richtung weisen. Dies könne auch als Manifestation einer Moralisierung der Gesundheit gesehen werden.

Moralisierung als wissenschaftlicher Begriff stammt aus der Psychologie. Der US-Psychologe Paul Rozin entwickelte ihn in den 1990er Jahren zur Bezeichnung einer „Umwandlung einer bloßen Präferenz in ein Werturteil, meist mit einem negativen moralischen Status“ (Rozin 1999, S. 220). Präferenzen, die bei Menschen sehr unterschiedlich sein können – die eine Frage des individuellen Geschmacks, der jeweiligen Vorlieben und Abneigungen sind – und in diesem Sinne persönliche Entscheidungen darstellen, die normativ neutral sind, werden zu guten oder schlechten Entscheidungen und damit zum Gegenstand moralischer Kritik. Ein Prozess der Moralisierung tritt häufig bei Fragen auf, die die biologische Dimension des menschlichen Lebens betreffen, wie Sexualität oder Ernährung, oft mit gesundheitlichen Bedenken und Fragen der Disziplin verbunden. Typische Beispiele sind Vorstellungen von gesunder Ernährung, Fitness, dem Umgang mit Rauchen und Drogenkonsum sowie Fragen der Ursachen und Kontrolle bzw. Vermeidung von Übergewicht. Wie Rozins Definition besagt, geht es bei der Moralisierung meist um einen negativen moralischen Status, der Verhaltensweisen und Entscheidungen zugeordnet wird, die bislang neutral waren. Im Falle der Gesundheit ist es offenkundig nicht die Gesundheit selbst, die in den Fokus einer negativen und argwöhnischen Beurteilung fällt, sondern eher ihr Gegenteil bzw. Verhaltensweisen und Entscheidungen, die der Gesundheit schaden und in diesem Sinne häufig „ungesund“ genannt werden. Demgemäß spricht Rozin über die Moralisierung des Rauchens, des Drogenkonsums und des Fleischessens. Im Folgenden sollen der Begriff und der Prozess der Moralisierung zum einen in einer tugendethischen Perspektive verstanden werden, d. h. sich auf Implikationen für das Individuum selbst beschränken; und zum anderen soll Moralisierung weiter als Rozins Bestimmung gefasst werden und nicht nur auf negative Bewertungen beschränkt bleiben, sondern auch eine positive moralische Übertragung einschließen, die zu dem Imperativ führt, in einer bestimmten Weise zu handeln und Optionen zu wählen, anstatt Optionen zu vermeiden oder zu verbieten. Somit vollzieht sich Moralisierung nicht nur (negativ) in Verurteilung und Abwertung, sondern auch (positiv) in Aufwertung und Wertsteigerung. Gegenwärtig scheint die Gesundheit bestens geeignet, die entsprechende Funktion voll zu erfüllen, nämlich Moral und ideales Verhalten zu bescheinigen (vgl. auch

Brandt/Rozin 1997; Metzl/Kirkland 2010). Wie die Gesundheitswissenschaftlerin Bettina Schmidt es in ihrem Buch *Exklusive Gesundheit* formuliert: „Gute Gesundheit ermöglicht es jedem, seine Zugehörigkeit zur Gesellschaft der Anständigen zu bezeugen“ (Schmidt 2017, S. 8). Diese Beobachtung lässt sich gut mit Verweis auf die Tatsache stützen, dass Gesundheit und der Diskurs über Gesundheit in vielerlei Hinsicht von Begriffen und Ausdrücken unterwandert sind, die eine starke moralische, mitunter theologisch-religiöse Konnotation mit sich bringen. So zählen zu gängigen Begriffen in diesem Diskurs „Sünde“, „Erlösung“, „Bestrafung“, „Schuld“, „Tadel“, was oft mit klassischen protestantischen Elementen wie „Selbstdisziplin“, „Kontrolle“ und „Mäßigung“ verflochten ist.

Die Moralisierung der Gesundheit und damit die Tatsache, dass Gesundheit mittlerweile ein moralisch stark aufgeladenes Thema geworden ist, bei dem sich immer mehr Optionen bieten und Menschen vor immer mehr Entscheidungen gestellt werden, die in einem mehr oder weniger starken normativen Sinne vorgeprägt sind, scheint eng mit dem Gesundheitsbegriff und vorhandenem Wissen über Gesundheit zusammenzuhängen.

4 Gesundheit und ihre Ansprüche

Gesundheitsfragen hängen notwendigerweise mit dem Körper und körperlichen Zuständen zusammen. Natürlich sind auch andere Dimensionen wie die mentale, psychologische, spirituelle, soziale und politische Ebene für Gesundheit wichtig und sogar untrennbar an sie gebunden, doch herrscht bis zu einem gewissen Grad über jeden dieser Aspekte Uneinigkeit, während kaum Zweifel am grundlegenden Status des körperlichen Zustands als Bedingung der Möglichkeit, gesund zu sein, bestehen. Relevant für die Frage der Moral und Moralisierung ist nun, dass der Körper und seine Funktionen ein Wissensgebiet darstellen, das von der Sichtweise der Naturwissenschaften und ihren Erklärungsmodellen dominiert wird. Dieses Wissen und Verständnis erhebt den Anspruch, in normativer Hinsicht objektiv und neutral zu sein und objektive Wahrheiten zu liefern. Für die medizinische Perspektive relevant ist dabei vor allem das Wissen über Kausalzusammenhänge und Wechselwirkungen zwischen verschiedenen Funktionen, Mechanismen, Einflüssen und Faktoren des menschlichen Organismus und seiner Umwelt. Hier spielen auch negative Einflüsse auf den Körper, also Gesundheitsrisiken und Gesundheitsgefährdungen eine wichtige Rolle. Mit dem allgemeinen Wissenszuwachs wächst auch das Wissen über und das Bewusstsein für gesundheitsreduzierende und -gefährdende Lebensstile und -gewohnheiten, und so wächst in diesem Zuge auch das Wissen über die menschliche Pathibilität als spezifischer Art kontingenter Vulnerabilität.

Gleichzeitig lässt sich ein grundlegender Wandel des vorherrschenden Krankheitsmodells konstatieren. Ein eher enges Verständnis von Krankheit als körperlicher Dysfunktion, wie es lange Zeit den Kern des biomedizinischen Modells bildete, weicht mehr und mehr dem ganzheitlicheren Verständnis eines biopsychosozialen Krankheitsmodells bzw. einer biopsychosozialen Konzeption des Menschen (s. Engel 1977; Egger 2017). Darüber hinaus hat neben diesen Begriffsverschiebungen eine weitere Tendenz zu einem enormen Wissenszuwachs über Gesundheit und Gesundheitszustände beigetragen, nämlich ein grundlegender Wechsel der Perspektive. Die traditionelle Art der Wissensgewinnung in der Medizin richtete ihr Augenmerk primär auf die Erforschung der Entstehung von Krankheiten, das Erkenntnisziel war in erster Linie das Verständnis von Krankheiten, ihrer Genese und Entwicklung. Initiiert durch die Forschungen des Medizinsoziologen Aaron Antonovsky in den letzten 30 Jahren wandelte sich diese Perspektive mehr und mehr in die entgegengesetzte Sichtweise (s. Antonovsky 1997). Die neue Sichtweise konzentriert sich dem gegenüber auf Faktoren, die die Gesundheit und das Wohlbefinden des Menschen unterstützen, und nicht mehr länger auf Faktoren, die Krankheiten verursachen. So weicht das Interesse an der Pathogenese einem Fokus auf die Salutogenese, und das allgemeine Ziel der Medizin verschiebt sich von der Krankheitsbekämpfung hin zur Erhaltung der Gesundheit und Prävention.

Aus theoretischer Sicht ist unstrittig, dass aus Fakten allein keine normativen Schlussforderungen gezogen oder moralische Ansprüche erhoben werden können und es keine belastbare Verbindung zwischen einem Ist und einem Soll geben kann, ohne einen naturalistischen Fehlschluss zu begehen. Diese grundlegende Einsicht aus der Argumentationstheorie gilt freilich auch für das Phänomen der Moralisierung der Gesundheit. Das Wissen über Bedingungen und Risiken von Gesundheit allein kann nicht ausreichen, um normative Schlussfolgerungen wie einen moralischen Imperativ zu einer gesunden Lebensführung zu ziehen. Was für eine derartige moralische Ableitung nötig wäre, ist ein normatives Element in Form eines Wertes, eines Befehls, eines Ziels oder ähnlichem, das einer rein deskriptiven Aussage hinzugefügt werden müsste, um einen normativen Schluss ziehen zu können. Es ist offensichtlich, was in dem vorliegenden Fall das Ziel ist: gesund zu sein und gesund zu bleiben. In moralischer Hinsicht ist dieses Ziel kaum problematisch oder schwer zu rechtfertigen. Bemerkenswert ist jedoch das Ausmaß, in dem das Gesundheitsziel unumstritten zu sein scheint. Mittlerweile gebietet es einer der höchsten gesellschaftlichen Werte, nämlich die Respektierung der Autonomie und der individuellen Entscheidungsfreiheit, anderen Menschen und ihren Entscheidungen gegenüber uneingeschränkte Toleranz entgegenzubringen, worauf auch immer diese Entscheidungen sich beziehen mögen – und sofern die betreffenden Handlungen sich im Rahmen des rechtlich Zulässigen bewegen –, sei es die politische Überzeugung oder die Entscheidung, eine unpolitische Person zu sein; sei es die Wahl der sozialen Lebensweise, die Entscheidung zu einer bestimmten Beziehung oder Familie (oder zu keiner Familie); seien es Entscheidungen über die Verwirklichung der sexuellen Identität und Orientierung; über persönliche Gewohnheiten und Vorlieben in Bezug auf Konsum, Freizeit, Hobbys, Reisen usw. All diese Bereiche der individuellen Wahl liegen in der Sphäre persönlicher Selbstbestimmung, die es in allen erdenklichen Spielarten zu akzeptieren und zu respektieren gilt. Vor diesem Hintergrund scheint Gesundheit eine Ausnahme vom universellen Toleranzprinzip des soziokulturellen Pluralismus zu sein. Oft wird Gesundheit als selbstverständlich anzustrebender und dabei oberster Wert für jeden Menschen vorausgesetzt, unabhängig von seinem kulturellen, religiösen, sexuellen oder politischen Hintergrund. So stellen Trend- und Zukunftsforscher fest, der „Megatrend Gesundheit“ würde längst das gegenwärtige „Gesundheitszeitalter“ bestimmen, wonach Gesundheit „Lebenssinn und Lebensziel“ sei (Zukunftsinstitut 2016). Dies zeugt exemplarisch von der Aufwertung und hohen Wertschätzung, die Gesundheit in den letzten Jahrzehnten erfahren hat.

Dieses Phänomen wird auch bei der Frage deutlich, was angemessene Ziele der Medizin sind und sein sollten. Das traditionelle Konzept konzentrierte sich, wie bereits erwähnt, auf die Krankheitsbekämpfung – ein Unterfangen, das im Erfolgsfall gewissermaßen als Nebeneffekt Gesundheit hervorbrachte. Inzwischen lässt sich hier eine Verschiebung feststellen, in deren Zuge Gesundheit immer mehr zum direkten Zielobjekt medizinischer Praxis wird. Gesundheit ist das explizite Ziel von Präventions- und Bildungsmaßnahmen, sie wird als positive Qualität aufgefasst, die nicht nur wiederhergestellt und bewahrt werden soll, sondern als ein Zustand, der aktiv erzeugt, gemessen und darüber hinaus gesteigert und verbessert werden könnte. Dabei passt das sich wandelnde Gesundheitsverständnis zu Tendenzen, medizinische Interventionen nicht mehr nur mit therapeutischem Zweck zur Kontrolle von Krankheiten und zur Linderung von Schmerzen und Leiden einzusetzen, sondern sowohl in präventiver als auch in optimierender Absicht zur Erhaltung und Verbesserung gesunder Eigenschaften und Fähigkeiten medizinisch-ärztlich tätig zu werden. Ein großer Teil der sogenannten wunscherfüllenden Medizin, die ihr Ziel vor allem in der medizinischen Unterstützung einer individuellen Lebensplanung und einer „Assistenz zum besseren Leben“ (Kettner 2006) sieht, arbeitet auf der Grundlage eines solchen aufgewerteten Gesundheitsbegriffs. Sie geht damit über die klassischen, krankheitsorientierten Ziele der Medizin hinaus. Insofern greift sie Elemente der berüchtigten WHO-Definition von Gesundheit auf, die ihrerseits als überzogen und undurchführbar kritisiert wurde (vgl. WHO 1946; Callahan 1973). Und wie viele andere Aspekte des Bereichs der wunscherfüllenden Medizin betrifft auch der

Gesundheitsbegriff einen Bereich, in dem sich Phänomene einer Kommerzialisierung beobachten lassen. Alle Arten von Produkten und Dienstleistungen werden angeboten und verkauft, die einen Bezug zu oder ein Versprechen von Gesundheit haben, sei es auf Reisen, bei der Arbeit, in der Freizeit oder bei der Ernährung, bis hin zur Idee der Gesundheit selbst, die als Produkt angepriesen und verkauft wird. ‚Gesundheit' ist ein riesiger Markt geworden und fungiert als eines der stärksten Verkaufsargumente.

5 Vom Ideal zur Ideologie

Aus kritischer ethischer Sicht sind hier besonders das moralische Gewicht der Kernidee von Gesundheit sowie mögliche negative Nebenwirkungen des konzeptionell expansiven und praktisch moralisierenden Begriffs zentral, insbesondere soziale, psychologische und ethische Nebenwirkungen. Die Idee, die eigene Lebensführung umfassend und konsequent an gesundheitsrelevanten Kriterien auszurichten (sich ausgewogen zu ernähren, Nikotin, Alkohol und andere Drogen zu meiden, sich zu bewegen etc.), die ihre Umsetzung in einem sich selbst erklärenden und rechtfertigenden Verhalten der verantwortungsbewussten, tugendhaften, weitsichtigen und guten Bürger:innen findet, ist zwar auf den ersten Blick hochvernünftig, ist in ihrer Konkretion aber trügerisch und gleichzeitig mit schwerwiegenden Konsequenzen verbunden. So läuft eine Überschätzung der Gesundheit Gefahr, diese von einem Ideal zu einer Ideologie zu machen. Aus politikwissenschaftlicher Sicht hat Robert Crawford (vor über 40 Jahren) den Ausdruck „Healthism" (etwa „Gesundheitswahn") für eine übertriebene Gesundheitsfixierung geprägt (Crawford 1980), andere Autoren nehmen nicht weniger als eine „Tyrannei der Gesundheit" (Fitzpatrick 2001) wahr. Personen, die dem moralischen Imperativ der Gesundheit nicht folgen wollen oder können, die sich für ungesunde Verhaltensweisen entscheiden, erscheinen als rücksichtslos, egoistisch, faul und als Belastung für die Gesellschaft, sie werden beschuldigt und stigmatisiert. Cederström und Spicer benennen diesen Effekt wie folgt: „Wenn Gesundheit zu einer Ideologie wird, wird die Unfähigkeit, sich anzupassen, zu einem Stigma" (Cederström/Spicer 2016). Dies macht deutlich, wie der sich wandelnde Gesundheitsbegriff mit einigen anderen wirkmächtigen Trends der derzeitigen Situation in Medizin und Gesellschaft einhergeht. Die Vorstellung, dass Gesundheit unmittelbar machbar und auch gefordert ist, trifft auf Vorstellungen von Verantwortung, die im Namen von Freiheit und Autonomie nur noch den einzelnen Menschen berücksichtigen. In immer stärkerem Masse allein für den eigenen Gesundheitszustand verantwortlich gemacht zu werden, absorbiert einerseits die Erkenntnisse und den Boom der personalisierten bzw. individualisierten Medizin, andererseits blendet dieser Ansatz alle anderen bestimmenden Gesundheitsfaktoren aus, die der oder die Einzelne weder kontrollieren noch beeinflussen kann. Dies betrifft selbst die Wahrnehmung und den postulierten Umgang mit Voraussetzungen von Gesundheit bzw. Krankheit, und die Moralisierung von Gesundheit manifestiert sich in ihrer präventiven Form der ‚Risikomoralisierung'. Auf Kosten der Berücksichtigung sozialer und politischer Verhältnisse, der Umwelteinflüsse und Arbeitsbedingungen wird die Zuschreibung von Gesundheitsverantwortung im Sinne einer konsequenten Individualisierung vollständig auf den einzelnen Menschen und dessen Handlungsspielraum verengt. Darüber hinaus muss angesichts der normativen Aufladung des Ziels, gesund zu sein und zu bleiben, im Falle des Scheiterns bei Zielverfehlungen mit moralischen Vorwürfen und Verurteilungen gerechnet werden. Eine problematische Konsequenz kann sich dann schnell in der Beschuldigung derjenigen äußern, die selber eher als Opfer der Verhältnisse anzusehen sind, dem sog. *victim blaming*. Cederström und Spicer bringen derartige gnadenlose und unfaire Effekte einer Verknüpfung von Moralisierung und Individualisierung auf den Punkt: „Gesundheitsprobleme werden zur Todsünde des Einzelnen" (Cederström/Spicer 2016). Was zunächst wie ein Zuwachs an Verantwortung und damit ein Gewinn für die Freiheit jedes einzelnen Individuums aussieht, hat gegenteilige Auswirkungen. Handlungsspielräume werden eher eingeschränkt als erweitert, wenn die Entscheidung für die gesunde Option zunehmend mit der guten und einzig richtigen Entscheidung, auch der eindeutig geforderten Wahl, gleichgesetzt wird. Nicht individuelles Empowerment, sondern moralische Überforderung und gesundheitliche Belastung sind die Folgen.

6 Fazit

Diente die anthropologische Tatsache menschlicher Vulnerabilität als Ausgangspunkt für die Entfaltung des Zusammenhangs zwischen Individualisierung, Eigenverantwortung und einer Neuformulierung des Gesundheitsbegriffs mit all seinen Schwierigkeiten und fragwürdigen Nebenwirkungen, stellt sich nun die Frage, inwieweit aus dem Vulnerabilitätsbegriff auch Argumente gewonnen werden können, die einer moralischen Aufladung von Gesundheit und Gesundheitsverhalten der Einzelnen entgegenwirken können. Vulnerabilität anthropologisch verstanden im Sinne von Krankheitsanfälligkeit als Pathibilität kann als diejenige Form menschlicher Anfälligkeit für Verletzungen, Störungen und Beeinträchtigungen identifiziert werden, auf die der Mensch durch sein eigenes Verhalten und seine persönlichen Alltagsentscheidungen am stärksten Einfluss nehmen kann. Daraus leitet sich für manche eine moralische Forderung nach gesundheitlicher Eigenverantwortung ab, die zu paradoxen Resultaten und einer Verschärfung moralischer Missstände führen kann. Doch kann Vulnerabilität als Grundtatsache der menschlichen Existenz unter einer variierten Perspektive auch als wesentlicher Ansatzpunkt interpretiert werden, von dem aus einer anhaltenden Isolation und Überlastung in Gesundheitsfragen entgegengewirkt werden kann. Die Bioethikerinnen und Philosophinnen Wendy Rogers, Catriona Mackenzie und Susan Dodds sehen Vulnerabilität dementsprechend weniger als defizitär und negativ, sondern stellen ihr Potenzial als verbindendes Element von hohem ethischen Wert heraus: „Ein Fokus auf Vulnerabilität betont unser gemeinsames Menschsein und bietet eine Grundlage für Solidarität" (Rogers/Mackenzie/Dodds 2021, S. 215). Sie nennen „unser gemeinsames Menschsein", um die Ambiguität eines biologischen Wesens auszudrücken, das endlich und gleichzeitig fähig – bzw. dazu verurteilt – ist, über die Notwendigkeit nachzudenken, mit dieser Situation fertig zu werden. Diese Sichtweise legt auch ein Konzept von Gesundheit nahe, das weniger auf die Vermeidung und Abwesenheit von Krankheit und Beeinträchtigung konzentriert ist, sondern vielmehr die Fähigkeit enthält, mit der Tatsache umzugehen, dass man auf andere angewiesen ist. Letztlich erfordert dies eine „Anerkennung der Abhängigkeit", wie bereits der Philosoph Alasdair MacIntyre gezeigt hat (MacIntyre 2001). Das soll natürlich nicht heißen, dass Gesundheit kein wichtiger Wert und kein wichtiges Ziel sei oder dass es unangebracht wäre, aus der Wechselbeziehung zwischen individuellem Verhalten und Gesundheit auf ein gewisses Maß an Eigenverantwortung zu schließen, aber andere zentrale Werte in unserem Leben und in unseren Gesellschaften wie Solidarität, Freude und Freiheit dürfen dabei nicht außer Acht gelassen werden – nicht zuletzt die Freiheit, auch die ungesunde Option wählen zu können, ohne vorbehaltlos kritisiert und dafür verantwortlich gemacht zu werden. Denn das scheint die hoffnungsvolle Kehrseite der anthropologischen Medaille zu sein: dass wir bei all unserer Vulnerabilität Wesen sind, die – auch in pandemischen Zeiten – in der Lage sind, glücklich und unbeschwert zu sein. Und um dieser Fähigkeit zu ihrem Recht zu verhelfen, kann es manchmal klug und wichtig sein, für eine Weile zu vergessen, dass wir verletzlich sind.

Literatur

Antonovsky, Aaron (1997): *Salutogenese: Zur Entmystifizierung der Gesundheit.* Tübingen: Dgvt-Verlag.

Brandt, Allan/Rozin, Paul (Hrsg.) (1997): *Morality and Health. Interdisciplinary Perspectives.* London: Routledge.

Callahan, Daniel (1973): „The WHO Definition of ‚Health'". In: *The Hastings Center Studies* 1. Nr. 3, S. 77–87.
Cederström, Carl/Spicer, André (2016): *Das Wellness Syndrom. Die Glücksdoktrin und der perfekte Mensch.* Berlin: Klaus Bittermann.
Crawford, Robert (1980): „Healthism and the Medicalization of Everyday Life". In: *International Journal of Health Services* 10. Nr. 3, S. 365–388.
Egger, Josef W. (2017): *Theorie und Praxis der biopsychosozialen Medizin. Körper-Seele-Einheit und sprechende Medizin.* Wien: Facultas.
Eichinger, Tobias (2017): „Die Geburt der Medizin aus dem Geiste der Verwundbarkeit". In: *Hermeneutische Blätter* 1, S. 133–143.
Engel, George L. (1977): *„The Need for a New Medical Model: A Challenge for Biomedicine".* In: *Science* 196, S. 129–136.
Fitzpatrick, Michael (2001): *The Tyranny of Health.* New York: Routledge.
ten Have, Henk (2015): „Respect for Human Vulnerability: The Emergence of a New Principle in Bioethics". In: *Journal of Bioethical Inquiry* 12, S. 395–408.
Hurst, Samia A. (2008): „Vulnerability in Research and Health Care. Describing the Elephant in the Room?". In: *Bioethics* 22, S. 191–202.
Jacobi, Günther/Biesalski, Hans Konrad/Gola, Ute/Huber, Johannes/Sommer, Frank (Hrsg.) (2004): *Kursbuch Anti-Aging.* Stuttgart: Thieme.
Kettner, Matthias (2006): „‚Wunscherfüllende Medizin' – Assistenz zum besseren Leben?". In: *G+G Wissenschaft – Wissenschaftsforum in Gesundheit und Gesellschaft* 6, S. 7–16.
Kurzweil, Ray (2005): *The Singularity Is Near: When Humans Transcend Biology.* New York: Viking.
MacIntyre, Alasdair (2001): *Die Anerkennung der Abhängigkeit.* Hamburg: Rotbuch.
Metzl, Jonathan M./Kirkland, Anna (Hrsg.) (2010): *Against Health: How Health Became the New Morality.* New York: New York University Press.
Rogers, Wendy/Mackenzie, Catriona/Dodds, Susan (2021): „Warum die Bioethik ein Konzept von Vulnerabilität benötigt". In: Nikola Biller-Andorno/Settimio Monteverde/Tanja Krones/Tobias Eichinger (Hrsg.): *Medizinethik.* Wiesbaden: Springer, S. 189–219.
Rozin, Paul (1999): „The Process of Moralization". In: *Psychological Science* 10. Nr. 3, S. 218–221.
Sadegh-Zadeh, Kazem (2012): *Handbook of Analytic Philosophy of Medicine.* Dordrecht: Springer.
Schmidt, Bettina (2008): *Eigenverantwortung haben immer die Anderen.* Huber: Bern.
Schmidt, Bettina (2017): *Exklusive Gesundheit. Gesundheit als Instrument zur Sicherstellung sozialer Ordnung.* Wiesbaden: Springer.
Viehöver, Willy (2008): „Auf dem Wege zu einer protestantischen Ethik des Alterns? Anti-Aging als eine Form der methodischen Selbstdisziplinierung des Leibes". In: Karl-Siegbert Rehberg (Hrsg.): *Die Natur der Gesellschaft: Verhandlungen des 33. Kongresses der Deutschen Gesellschaft für Soziologie in Kassel 2006.* Teilbd. 1 u. 2. Frankfurt a. M.: Campus, S. 2756–2767.
Wahl, Hans-Werner/Kruse, Andreas (2010): *Zukunft Altern: Individuelle und gesellschaftliche Weichenstellungen.* Heidelberg: Spektrum Akademischer Verlag.
WHO (1946): „Constitution of the World Health Organization, Official Records of the WHO, No. 1". https://www.who.int/governance/eb/who_constitution_en.pdf, besucht am 13.07.2021
Zukunftsinstitut (Hrsg.) (2016): *Health Trends. Gesundes Leben in der Zukunft.* Frankfurt: Zukunftsinstitut.

Teil II: Verletzlichkeit in unterschiedlichen medizinethischen Themenfeldern

Claudia Bozzaro

Schmerz als Chiffre der Verletzlichkeit

Abstract: *Pain as cipher of vulnerability.* Pain is regarded as the cipher of vulnerability. Therefore, it is evident that obtaining a more comprehensive understanding of vulnerability requires a more precise analysis of the phenomenon of pain. This paper attempts to do just that. Structured in two main parts, the paper analyzes in section one vulnerability based on the example of acute, yet temporary pain. In section two, a presentation of vulnerability takes place through the example of chronic pain. An introductory section defines the conceptual framework used for both analyses. The paper presumes a gradual understanding of vulnerability and applies the concepts of Henk ten Have as a systemization model in order to detail various aspects of vulnerability associated with different experiences of pain. A central result reveals the ambivalent character vulnerability has for human life and the human self-image.

Der Schmerz gilt als Chiffre der Verletzlichkeit (Scarry 1992). Der Schmerz wird versinnbildlicht durch die offene Wunde am Körper nach einer Verletzung und steht damit in einem klaren Zusammenhang zur Ver*wund*barkeit bzw. Vulnerabilität (*vulnus:* die Wunde). Es ist also naheliegend, das Phänomen des Schmerzes genauer zu analysieren, wenn man ein umfassenderes Verständnis von Verletzlichkeit formulieren möchte. Dies ist das Ziel des folgenden Artikels, welcher in zwei Hauptteile untergliedert ist: Im ersten Hauptteil (Abschnitt 2) erfolgt eine Analyse der Verletzlichkeit am Beispiel des akuten, vorübergehenden Schmerzes, im zweiten Teil (Abschnitt 3) am Beispiel des chronischen Schmerzes. Der konzeptionelle Rahmen, in dem die beiden Analysen erfolgen, wird in einem einleitenden Abschnitt (1) abgesteckt. Als zentrales Ergebnis der Analyse wird sich ergeben, dass die Verletzlichkeit einen ambivalenten Charakter für das menschliche Leben und Selbstverständnis hat.

1 Konzeptionelle Vorbemerkungen

Es sind einige konzeptionelle Präzisierungen notwendig, und zwar sowohl in Bezug auf den Schmerz als auch auf die Verletzlichkeit.

Die gängige Rede von „dem Schmerz" ist zunächst problematisch und irreführend. Tatsächlich kann sich dieses Wort auf eine breite Palette unterschiedlichster Erfahrungen beziehen: vom kurzen, aber akuten Schmerz beim Schnitt

 https://doi.org/10.1515/9783110734522-007

mit dem Brotmesser über den existenziell bedrohlichen Tumorschmerz bis hin zum vernichtenden Schmerz, der in der Folter zugefügt wird. Diese Erfahrungen unterscheiden sich in fundamentaler Weise voneinander, und zwar nicht nur quantitativ, also in Bezug auf ihre Intensität und Dauer, sondern auch in qualitativer und normativer Hinsicht. Ich beschäftige mich im Folgenden mit zwei paradigmatischen Schmerzerfahrungen – dem akuten, aber kurzfristig anhaltenden, und dem chronischen Schmerz, und konzentriere mich dabei auf die jeweiligen Dimensionen von Verletzlichkeit.

Eine weitere konzeptionelle Vorbemerkung ist in Bezug auf den Begriff der Verletzlichkeit nötig. Ich werde im Text die beiden Begriffe „Verletzlichkeit" und „Vulnerabilität" synonym verwenden, weil ich mich auf den englischsprachigen Bioethikdiskurs beziehe, in welchem die Verletzlichkeit unter dem Begriff der Vulnerabilität (*vulnerability*) thematisiert und kommentiert wird.

Seit einigen Jahren ist ein reger Diskurs im bioethischen Kontext rund um den Vulnerabilitäts-Begriff entstanden. Dabei sind einige begriffliche Unterscheidungen zum Tragen gekommen, die ich in aller Kürze aufzeigen möchte, da sie auch für den Verlauf der folgenden Untersuchungen teilweise relevant sind. Etabliert hat sich die Unterscheidung zwischen einer *grundlegenden* und einer *spezifischen* Vulnerabilität. Mit der grundlegenden Vulnerabilität ist eine ontologisch bedingte Verletzlichkeit gemeint, die der Leiblichkeit und Endlichkeit im Sinne der *conditio humana* immanent ist (Callahan 2000; Fineman 2008). Sie bezeichnet ein Merkmal, das allem Lebendigen zukommt, sofern es sich um von Interessen geleitete Individuen handelt (Martin/Hurst 2017). Die spezifische Verletzlichkeit dagegen bezeichnet die Tatsache, dass einzelne Personen bzw. Personengruppen in bestimmten Situationen und aufgrund bestimmter Merkmale – wie beispielsweise der Nichteinwilligungsfähigkeit – eine höhere Anfälligkeit haben, Schaden zu erleiden. Diese Auffassung von Verletzlichkeit spielt in verschiedenen Bereichen der Bioethik, speziell im Kontext der Forschungsethik, eine wichtige normative Rolle. Sie dient dazu, Schutzmechanismen für vulnerable Personen zu legitimieren (Department of Health 2014; Hurst 2008).

Seit Jahren findet eine Debatte darüber statt, ob diese Unterscheidung tragfähig sei oder nicht. Dabei wird vor allem der Gebrauch des Begriffs in normativer Hinsicht problematisiert. Vorausgesetzt wird nämlich für beide Vulnerabilitätskonzepte, dass sie eine negative Konnotation haben, woraus sich jeweils ein moralischer Appell zum Schutz vor der Vulnerabilität ableiten lässt. Bezüglich der grundlegenden Vulnerabilität wurde auf das Problem hingewiesen, dass, wenn alle Individuen vulnerabel seien, sich aus deren Vulnerabilität keine besonderen Schutzpflichten mehr ableiten ließen. Der Begriff würde in normativer Hinsicht gewissermaßen obsolet. Der *spezifische* Vulnerabilitätsbegriff wurde hingegen kritisch hinterfragt, da er die Gefahr einer Stigmatisierung und Diskriminierung von als vulnerabel identifizierten Personen mit sich bringe (Luna 2009).

Martin, Tavaglione und Hurst (Martin et al. 2014) haben einen Vorschlag vorgelegt, dem ich mich anschließen möchte: Sie schlagen eine Verbindung der beiden Konzepte vor und gehen von einer grundlegenden Verletzlichkeit aus, die jedoch graduell zu verstehen sei. Das bedeutet, dass alle Menschen eine grundlegende Verletzlichkeit teilen. Gleichzeitig bestünden jedoch Situationen, die dazu führen können, dass einzelne Individuen unter bestimmten Umständen ein zusätzliches Risiko haben, Schaden zu erleiden, und somit eine zusätzliche, kontext-spezifische Vulnerabilität aufweisen. Wenn ich im Folgenden von einer grundsätzlichen sowie einer spezifischen Verletzlichkeit spreche, so meine ich damit keine völlig verschiedenen Formen von Vulnerabilität, sondern unterschiedliche Grade ein und derselben Verletzlichkeit.

Henk ten Have (ten Have 2016) hat ebenfalls den Versuch unternommen, den Vulnerabilitätsbegriff zu definieren. Dabei hat er die Aspekte, welche die Vulnerabilität definieren, in einer Systematik zusammengefasst, die ich hilfreich finde und im Folgenden anwenden werde. Ten Have identifiziert drei Aspekte der Vulnerabilität: Exposition, Sensitivität und Adaptation. Exposition bezeichnet das Ausgesetztsein an externen Bedrohungen; Sensitivität steht für die Anfälligkeit gegenüber externen Bedrohungen; Adaptation meint die Fähigkeit, auf externe Bedrohungen durch anpassendes Verhalten reagieren zu können. Ich interpretiere seine Aspekte dahingehend, dass die Sensitivität und Exponiertheit dem entsprechen, was Martin, Tavaglione und Hurst als grundlegende Verletzlichkeit bezeichnen, während der Aspekt der Adaptation vor allem für die spezifische Vulnerabilität wichtig ist.

2 Verletzlichkeit beim akuten Schmerz

Szene 1

Stellen Sie sich vor, Sie spazieren an einem warmen Sommernachmittag barfuß am Strand entlang. Sie genießen die warmen Sonnenstrahlen, die Meeresbrise und beobachten die Möwen am Himmel. Plötzlich geht ein Schaudern durch Ihren Körper, Ihr Gesicht verzerrt sich, es schreit aus Ihnen heraus. Ihr Puls schießt in die Höhe, Schweiß bricht aus. Sie heben reflexartig Ihr Bein: Eine spitze Muschel hat sich tief in Ihren Fuß hineingebohrt. Der akute Schock wandelt sich in einen anhaltenden, brennenden und pochenden Schmerz, der die Information im Körper weiterträgt: *Ich* bin verletzt worden. Die Wunde blutet, rötet sich und schwillt an. Auf physiologischer Ebene laufen außergewöhnliche Prozesse ab, die zur Schließung und Heilung der Wunde beitragen sollen. Obgleich die Muschel aus dem Fuß entfernt und die Wunde versorgt wird, ist der Schmerz immer noch in seiner ganzen Stärke spürbar. Der Schmerz ist nun zu einem Zustand im eigenen Körper geworden, von dem Sie sich, zumindest am Anfang, nicht distanzieren können. Er beherrscht Sie. Nach einiger Zeit versuchen Sie wieder zu laufen, doch bei jedem Schritt meldet sich der Fuß mit einem stechenden Schmerz. Sie sind sich plötzlich ganz sicher, dass Sie einen Fuß haben! Vielleicht nehmen Sie jetzt Ihren Fuß als ein fremdes Objekt wahr, das an Ihnen „hängt", obgleich Sie es gerne wegstoßen würden, denn er tut Ihnen weh! Aber es ist eben Ihr Fuß.

Ich habe Sie, liebe Leserin, lieber Leser, bewusst bei dieser Szene angesprochen. Das Erleben eines akuten, plötzlichen und vorübergehenden Schmerzes ist eine alltägliche Erfahrung, die in der Regel jeder bereits gemacht hat: sei es durch einen Messerschnitt, die Berührung mit einer heißen Herdplatte oder durch Episoden von Verspannungskopfschmerzen. Bevor ich auf diese alltägliche Schmerzerfahrung noch genauer eingehe, möchte ich einige medizinische Definitionen und Aspekte hervorheben, die für das Verständnis meiner weiteren Ausführungen relevant sind.

2.1 Der akute Schmerz: Medizinische Aspekte

Die Internationale Gesellschaft für die Erforschung von Schmerz (IASP) hat den Schmerz 1979 definiert als „an unpleasant sensory and emotional experience associated with actual or potential tissue damage, or described in terms of such damage" (Raja et al. 2020). Der Schmerz wird hier als eine unangenehme Empfindung und emotionale Erfahrung beschrieben, die mit aktuellen oder potenziellen Gewebeschädigungen zusammenhängt oder in Analogie zu einer solchen Verletzung beschrieben werden kann. Diese Definition wurde vor Kurzem überarbeitet. Im Juli 2020 stellte die AISP die neue Schmerzdefinition vor. Demnach ist Schmerz „an unpleasant sensory and emotional experience associated with, or resembling that associated with, actual or potential tissue damage". Zusätzlich wurden folgende sechs Grundsätze formuliert:

- Pain is always a personal experience that is influenced to varying degrees by biological, psychosocial, and social factors.
- Pain and nociception are different phenomena. Pain cannot be inferred solely from activity in sensory neurons.
- Through their life experiences, individuals learn the concept of pain.
- A person's report of an experience as pain should be respected.

- Although pain usually serves an adaptive role, it may have adverse effects on function and social and psychological well-being.
- Verbal description is only one of several behaviors to express pain; inability to communicate does not negate the possibility that a human or a nonhuman animal experiences pain. (Raja et al. 2020)

Diese Definitionen beschreiben einige wichtige, vor allem physiologische Aspekte des Schmerzes, indem sie auf den Zusammenhang zwischen der Verletzung des Gewebes, dem sensorischen Reiz und der psychosozialen Verarbeitung verweisen. Darüber hinaus unterstreichen sie die negative Qualität der Schmerzerfahrung, indem sie diese als unangenehm definieren. Beim Vergleich der ersten und zweiten Definition mit ihren sechs Grundzügen treten zwei Aspekte/Unterschiede hervor: In den vergangenen Jahren hat nicht nur die subjektive Perspektive, insbesondere die Deutung der schmerzbetroffenen Person, stark an Gewicht zugenommen. Es wurden auch die psychischen und sozialen Dimensionen des Schmerzes stärker berücksichtigt. Der Vergleich zwischen der ersten und zweiten Definition mit ihren sechs Grundsätzen zeigt, dass in den vergangenen Jahren die subjektive Perspektive, also vor allem die Deutung der schmerzbetroffenen Person, stark an Gewicht zugenommen hat. Gleiches gilt für die Berücksichtigung der psychischen und der sozialen Dimension des Schmerzes (Campbell et al. 2018; Koesling et al. 2019).

Aus medizinischer Sicht ist mit Blick auf die Physiologie die Unterscheidung zwischen nozizeptivem, neuropathischem und neuroplastischem Schmerz wichtig:

- Nozizeptive Schmerzen werden durch eine Noxe verursacht. Mit dem Begriff der Noxe sind Stoffe oder Umstände gemeint, die eine pathogene Wirkung auf den Körper haben: Physikalische Einflüsse (z. B. ein Messer, das eine Schnittwunde verursacht), chemische Substanzen (z. B. Säure), mikrobiologische Faktoren (z. B. bakterielle Entzündungen), oder psychosoziale Ereignisse (z. B. Stress) können durch die Stimulation der peripheren Nervenfasern Schmerzen herbeiführen.
- Neuropathische Schmerzen wiederum entstehen durch eine Störung oder Schädigung der zentralen Strukturen des Nervensystems selbst. Sie sind häufig durch die Durchtrennung oder Kompression der Nervenfasern verursacht.
- Nociplastische Schmerzen wiederum bezeichnen Schmerzen, die durch eine Alteration der Nozizeptoren verursacht werden; wobei es keine Anzeichen für eine aktuelle oder drohende Gewebeverletzung, die die peripheren Nozizeptoren aktiviert, oder für eine Erkrankung oder Läsion des somatosensorischen Systems gibt.

Gemeinsam ist den Schmerzarten, dass die Noxen Impulse auslösen, die von der Ursachenstelle im Körper über A-delta- und C-Fasern zum Rückenmark und von dort aus in das Gehirn geleitet werden. Hier lösen die Schmerzsignale eine Antwort aus. Daraufhin schüttet der Körper Botenstoffe aus, die eine hemmende Wirkung auf das Schmerzempfinden haben sollen. Erst wenn diese „Antwort" erfolgt, wird die Schmerzempfindung auch bewusst wahrgenommen.

2.2 Dimensionen der Verletzlichkeit beim akuten, vorübergehenden Schmerz

Das Beispiel des akuten, vorübergehenden Schmerzes kann als Paradebeispiel für eine Erfahrung, in der wir mit der grundlegenden Verletzlichkeit der *conditio humana* konfrontiert werden, dienen. Der Schmerz ist eine Erfahrung aktivierter Verletzlichkeit. Unser Körper macht uns, mit ten Have gesprochen, *sensitiv*, also potenziell anfällig für externe Bedrohungen, insofern unser Körper oder Teile von ihm geschnitten, verbrannt, zerstückelt, ja letztlich komplett zerstört werden können. Damit es jedoch zu einer Verletzung oder gar zu einer Zerstörung kommt, bedarf es zusätzlich der *Exponiertheit*. Würde man den Spaziergang am Meer nicht barfuß machen, sondern mit entsprechendem Schuhwerk, hätte man die Exposition in diesem speziellen Fall vermieden und es wäre nicht zu einer Aktivierung der potenziellen Verletzlichkeit des menschlichen Körpers gekommen. Anders gesagt, die Sensitivität des eigenen Körpers wäre in diesem Fall nicht von Bedeutung. Tatsächlich ist unser Verhalten ebenso wie das von Tieren, die ebenfalls schmerzempfindlich sind, stets darauf ausgerichtet, die Exponiertheit gegenüber schmerzzufügenden Gegenständen und Situationen zu vermeiden. Der reflexhafte Rückzug des Fußes vom Boden, wo der Schmerz „Eingang" in den Körper gefunden hat, kann als Rücknahmeversuch der Exponiertheit gedeutet werden. Zu beachten ist, dass die Exponiertheit nicht nur nach außen gedacht werden kann. Eine Bedrohung muss nicht zwingend von außen kommen. Im eigenen Körper lauern ebenfalls Bedrohungen, denen man exponiert ist und vor denen man sich teilweise sogar schlechter schützen kann als vor externen Bedrohungen.

Interessant ist nun die Tatsache, dass die bewusste Schmerzempfindung nicht unmittelbar im Augenblick des „Verletztwerdens" entsteht, sondern zeitlich verzögert. Das oben beschriebene physiologische Schmerzmodell zeigt, dass es einer „Antwort" des Körpers bedarf, damit der Stich, der Druck, der Schnitt auf den Körper tatsächlich auch als Schmerz wahrgenommen wird. Der Prozess der Verarbeitung eines Schmerzreizes läuft reflexhaft und unmittelbar ab. Auf physiologischer Ebene werden Prozesse in Gang gesetzt, die zur Schließung der Wunde beitragen sollen und die schließlich auch zum Abklingen der Schmerzen führen werden. Das zeigt, dass das Schmerzerleben kein passives Ereignis ist, dem das betroffene Subjekt lediglich ausgeliefert ist. Vielmehr zeichnet sich der Schmerz durch ein passives und ein aktives Moment aus, was man mit ten Have auch als einen Adaptationsmechanismus verstehen kann. Ich werde noch ausführlicher auf diesen Aspekt eingehen. Zunächst möchte ich aber einen anderen Aspekt beleuchten, der wichtig ist, um die Bedeutung von Erfahrungen des Schmerzes, verstanden als paradigmatisches Beispiel für eine grundlegende Erfahrung von Verletzlichkeit, für das menschliche Selbstverständnis zu begreifen.

2.3 Der akute Schmerz als *principium individuationis:* Leiblichkeit und Zeitlichkeit[1]

Es ist vielfach darauf hingewiesen worden, dass Schmerzen eine wichtige Funktion in der Herausbildung von Individualität einnehmen. Denn im akuten Schmerz wird das betroffene Individuum aus seiner Verbindung mit der Welt und den Mitmenschen herausgerissen und auf sich selbst zurückgeworfen. Die meisten Erfahrungen von akutem Schmerz ereignen sich plötzlich und unerwartet. Daher hat der Physiologe und Anthropologe Frederich Buytendijk den Schmerz als eine Erfahrung des „Getroffenseins" bezeichnet, wobei das Subjekt nicht rezeptiv eingestellt ist, sondern getroffen wird und daher reagiert (Buytendijk 1948). Der Eintritt des unerwarteten Schmerzes markiert zunächst eine Zäsur, die sich primär im leiblichen Erleben zeigt.

In der Phänomenologie der Wahrnehmung (Merleau-Ponty 1976) definiert Merleau-Ponty die Leiblichkeit als eine Weise des ‚Zur-Welt-Seins'. Das bedeutet, dass der Leib ein Mittel oder ein Medium ist, durch welches sich das Subjekt zur Welt ins Verhältnis setzt. Das Sich-ins-Verhältnis-Setzen durch den Leib geschieht dank zweier Eigenschaften desselben, die man, in Anlehnung an Drew Leder, die Ekstase und die Abwesenheit des Leibes bezeichnen kann (Leder 1990). Die Rede von einem ekstatischen Leib verweist nicht auf Merleau-Ponty, sondern auf Heideggers Begriff der Ekstase. Das griechische Wort ekstasis bedeutet so viel wie „aus-stehen". Das Ekstatische ist demnach das, was aus-steht. Wird der Leib als ekstatisch beschrieben, so bedeutet dies, dass er einerseits in einem Hier und Jetzt positioniert ist und von diesem fixen Standpunkt aus andererseits nach außen gewendet ist. Wenn man auf die Welt bezogen ist, so ist man dies aus einer bestimmten und unveränderbaren Perspektive heraus, welche die Eigenart hat,

1 Die Ausführungen in diesem Kapitel stellen eine leicht überarbeitete Fassung einiger Passagen meiner Dissertation dar (Bozzaro 2014).

immer nach außen bezogen zu sein und sich selbst nie schauen zu können. Wenn von einem abwesenden Leib gesprochen wird, so ist damit gemeint, dass der Leib zwar anwesend ist, aber in einer verborgenen, ‚versteckten' Form. Bei alltäglichen Aktivitäten sind wir immer mit unserem Leib anwesend, wir vollziehen Bewegungen und Handlungen mit unserem Körper, doch dabei ist dieser gerade nicht Gegenstand der Wahrnehmung. Unsere Aufmerksamkeit ist auf das Ziel unserer Bewegung oder unserer Handlung gerichtet und nicht etwa darauf, was unser Leib dafür machen muss.

Der so beschriebene Leib ist also keine bloße Substanz (wie der Körper), sondern eine Weise des Welt- und Selbstbezugs. Diese Auffassung des Leibes als durchlässiges, auf die Welt gerichtetes Medium kulminiert in der Aussage Merleau-Pontys, dass „wir selbst nichts anderes sind als eine Sicht der Welt" (Merleau-Ponty 1976).

Es gibt allerdings Erlebnisse, die diesen unbekümmerten leiblichen Weltbezug durchkreuzen. Der plötzliche akute Schmerz durchläuft den gesamten Leib. Für einen Augenblick kommt alles zum Stillstand, außer der Reflexbewegung weg vom schmerzverursachenden Gegenstand. Der akute Schmerz zwingt nicht nur dazu, stehen zu bleiben; er lähmt nicht nur das alltägliche Dahinleben, sondern er lähmt den ganzen Menschen, indem er alles auf ein Hier und Jetzt fixiert. Er reißt uns aus dem unbekümmerten Weltbezug und lenkt unsere Aufmerksamkeit auf den Körper. Nach dem Einbruch des Plötzlichen, nachdem der erste akute Schmerz nachlässt, in unserem Beispiel also nachdem die Muschel, die den Fuß geschnitten hat, entfernt wurde, tritt ein zweites Moment der Schmerzerfahrung ein, das Verletztsein. Der Schmerz ist nun zu einem Zustand geworden, der im eigenen Leib ist und von dem man sich deshalb nicht distanzieren kann. Der Schmerz wird zwar nach wie vor als etwas empfunden, das nicht sein soll, das vergehen soll, doch ein Rückzug von ihm ist nicht möglich, denn der Schmerz ist in einem selbst. Plötzlich tritt der Körper aus seiner Verborgenheit hervor und zwingt zu einer Auseinandersetzung mit ihm. Diese Auseinandersetzung kann zuweilen einen schizophrenen Charakter erhalten, insofern die schmerzleidende Person den eigenen schmerzenden Fuß oder gar den gesamten schmerzenden Körper von sich entfernen will, zugleich aber anerkennen muss, dass dieser Körper eben der Eigene ist, dass er die Grundlage des eigenen Existierens darstellt.

Noch deutlicher wird diese Störung des Leiberlebnisses, wenn das schmerzauslösende oder kranke Körperteil ein inneres Organ ist, das man tatsächlich nie sehen und daher auch nicht wahrnehmen kann. So erklärt etwa eine schwerkranke Patientin ihrem Arzt, dem Mediziner und Anthropologen Herbert Plügge: „Ich merke jetzt, dass ich ein Herz habe. Es ist kein Schmerz, kein Druck, kein Krampf oder dgl., sondern einfach das Gefühl, dass das Herz da ist" (Plügge 1962,

S. 79). Seitdem die Patientin erfahren hat, dass sie herzkrank ist, ist das Herz ständig in ihrem Bewusstsein präsent; sie spürt es immer wieder und kann es nicht außer Acht lassen, und dadurch wird das oben beschriebene unbeschwerte und selbstverständliche Sich-Einlassen auf die Welt, das Sich-Verlieren in irgendwelchen Tätigkeiten für sie unmöglich.

Vor dem Hintergrund seiner langjährigen Praxis bei der Behandlung von Schmerzpatienten versteht Plügge in Anlehnung an Plessner Leiblichkeit als ein dialogisches Verhältnis zwischen zwei Polen: dem Körper-Haben und dem Körper-Sein. Der Mensch hat seinen Körper insofern, als er über ihn verfügen und ihn zum Teil objektivieren kann. Zugleich ist er auch sein Körper, denn er erlebt ihn und identifiziert sich mit ihm, obwohl er in seinem Körper-Sein nicht gänzlich aufgeht. Das Erleben des Habens und des Selbstseins des Körpers sind, so Plügge, phänomenal untrennbar und bilden zwei Pole, zwischen denen ein ständiger Machtkampf ausgetragen werde: „Zwischen dem Modus einer absoluten Verfügung, die ich meinem Körper gegenüber erstrebe, und der Tyrannei, die dieser auf mich ausübt, liegt der Spielraum meines Verhältnisses zu ihm" (Plügge 1962, S. 58). Plügge geht davon aus, dass das Faktum des Körper-Habens stets in das Körper-Sein integriert wird. „Dieses Sich-selbst-Erleben, das Erleben seines Körpers, seines gesunden oder kranken Körperlichseins, ist der Grundvorgang, mit dem das Faktum des Körper-Haben in das Körper-Sein hineinkommt" (Plügge 1962, S. 56). Im Schmerz oder in der Krankheit nimmt der eine Pol, das Körper-Haben, die Überhand und führt dazu, dass das Erleben des eigenen Körper-Seins nicht mehr vollständig gelingen kann, da die Identifikation mit diesem Körperteil oder mit dem gesamten eigenen Leib, den man hat, aber nicht sein will, misslingt.

Bei der Betrachtung körperlichen Schmerzes liegt es nahe, die Leiblichkeit in den Mittelpunkt der Analyse zu stellen. Doch ein körperlicher Schmerz und die dadurch aktivierte Verletzlichkeit betrifft genauso die zeitliche Dimension und kann daher auch einen besonderen und aufschlussreichen Zugang zum Zeiterleben ermöglichen.

In Bezug auf die leibliche Dimension wurde bereits deutlich, dass sich im akuten Schmerz der äußere Raum auf einen Punkt zusammenzieht. In zeitlicher Hinsicht bewirkt der akute Schmerz eine ähnliche Kontraktion, indem er die gesamte Aufmerksamkeit beansprucht und den Ausblick in die Zukunft versperrt. Hermann Schmitz spricht in Bezug auf den akuten Schmerz daher von einer Erfahrung „primitiver Gegenwart" (Schmitz 1992), der Erfahrung eines reinen Hier und Jetzt. Schmitz versteht das Verhältnis des Einzelnen zu sich selbst und seiner Umwelt als eine Wechselbeziehung, die sich auf leiblicher Ebene zwischen den Extremen der Engung und der Weitung vollzieht; auf zeitlicher Ebene dagegen zwischen dem Plötzlichen als Gestalt der Engung und der gleitenden, „chaotisch-mannigfaltigen" (Schmitz 1992) Dauer als Gestalt der Weitung. Der akute Schmerz ist eine Erfahrung der Engung, denn er reduziert den Erleidenden auf ein Hier – seinen nackten Leib – und ein Jetzt – die „reine Zeit“. Zugleich beinhaltet diese Erfahrung auch schon die Weitung: aus leiblicher Sicht, weil der Schmerz als etwas Fremdes empfunden wird und daher auf das Andere der eigenen Leiblichkeit verweist; aus zeitlicher Sicht, weil der Schmerz ein Jetzt ist, das aus sich heraus immer schon auf ein Nachher, auf eine Zukunft hinweist, fern vom jetzigen Schmerz. Erst aus diesem dialogischen Verhältnis zwischen Enge und Weite oder zwischen dem Plötzlichen und der Dauer entsteht für Schmitz so etwas wie Subjektivität. Die leibliche und zeitliche Enge, die im Schmerz erfahren wird, dient als principium individuationis. Dass ein enger Zusammenhang zwischen Erfahrungen von Verletzlichkeit und der Herausbildung von Individualität besteht, ist ein Topos, der nicht nur von Schmitz angeführt wird. Mit einem Zitat von Elisabeth List kann dieser erste Aspekt abschließend zusammengefasst werden:

> Im Schmerzen-Haben erfahren wir am deutlichsten, dass wir uns nicht immer von den Selbstverständlichkeiten des ‚Leibhaftig-Existierens‘ distanzieren und uns in unserem Bewusstsein und unserer Aufmerksamkeit auf die Domäne des Geistigen als dem eigentlichen Ort unseres Existierens zurückziehen können. Der Schmerz drängt sich auf als unabweisbares Moment unseres leiblichen Daseins, *wir* sind im Schmerz nicht der Körper ‚da draußen‘. Wir haben einen Körper, und spätestens im Schmerz wird uns gewiss, dass wir dieser Leib sind. Dergestalt ist der Schmerz zugleich die Erfahrung des bewussten Gewahrseins seiner selbst und der unaufhebbaren Leibgebundenheit des Existierens. (List 1999, S. 770)

2.4 Der ambivalente Charakter des akuten, vorübergehenden Schmerzes

Schmerzen sind etwas Negatives. Dieser Aspekt stellt wohl die naheliegendste und möglicherweise auch die trivialste Assoziation mit dem Schmerz dar. Er gilt gar als Inbegriff des Widrigen, Unangenehmen, Nicht-sein-Sollenden. Dieses negative Urteil über den Schmerz scheint bei genauer Betrachtung nicht bloß ein Urteil über den Schmerz, sondern ein Urteil im Schmerz selbst zu sein, da er, wie oben beschrieben, gerade darin besteht, dass er eine Gegenreaktion im Körper hervorruft. Interessant ist nun jedoch, dass gerade das Unangenehme, das, was in uns Rückzug, Ablehnung und Vermeidung hervorruft, in gewissem Maße einen überlebenswichtigen Mechanismus darstellt. Wenn unsere Adaptationsmechanismen richtig funktionieren, ist die leichte und punktuelle Aktivierung unserer grundlegenden Verletzlichkeit durch einen akuten Schmerz eher wichtig und sinnvoll in Bezug auf unser Überleben. Schmerzen haben eine wichtige Warnfunktion. Durch den Schmerz lernen wir, Gefahrenquellen zu vermeiden. Eine schmerzende Wunde führt dazu, dass wir sie behandeln und verbinden, womit wir eventuell weitere, bedrohlichere Infektionen vorbeugen. Schmerzen führen dazu, dass man einen Arzt oder eine Ärztin aufsucht und dadurch oft rechtzeitig einen ungünstigen Krankheitsverlauf verhindern kann.

Wie wichtig Schmerzen sein können, zeigt sich ex negativo auch am Beispiel der kongenitalen Analgesie. Dabei handelt es sich um eine Erkrankung, bei der Menschen von Geburt an keine Schmerzempfindlichkeit haben. Bei diesen Menschen ist der Mechanismus, der die Schmerzsignale an das Gehirn weiterleiten und die „Antwort-Reaktion" auslösen sollte, gestört, daher sind sie schmerzunempfindlich bzw. schmerzimmun. Daraus zu schließen, dass die betroffenen Menschen deshalb nicht verletzbar wären, wäre grundlegend falsch. Denn die Tatsache, dass sie keine Schmerzen empfinden, führt dazu, dass sie Gefahrenquellen nicht bemerken, wodurch sie eine eingeschränkte Lebenserwartung haben. Bezugnehmend auf die Unterscheidung der drei Elemente, die ten Have bei der Vulnerabilität voraussetzt, könnte man in Bezug auf den akuten und vorübergehenden Schmerz sagen, dass er einen nützlichen Adaptationsmechanismus bereitstellt, was den Einzelnen faktisch gerade nicht vulnerabel macht. Denn offensichtlich sind Menschen mit einer kongenitalen Analgesie in einem weitaus höheren Maß verletzlich, sofern man auch bei ihnen ein grundlegendes Überlebensinteresse voraussetzt. Paradoxerweise ist daher die Schmerzimmunität, die sich viele oft wünschen, geradezu selbst pathologisch, zumindest wenn sie als eine absolute und umfassende verstanden wird. Das moralische Gebot der Leidens- und Schmerzlinderung, dass gerade für die Medizin zentral ist, läuft nämlich ins Leere, wenn es als ein absolutes und umfassendes verstanden wird. Wer ein schmerzfreies Leben, ein „schmerzfreies Krankenhaus" und ein schmerzfreies Sterben fordert, muss aufpassen, den Bogen nicht zu überspannen; denn wie das Beispiel des akuten Schmerzes zeigt, ist ein bestimmter Grad an Verletzlichkeit für das Leben selbst konstitutiv.

Wir können festhalten, dass Erfahrungen eines akuten, vorübergehenden und nicht krankheitsbedingten Schmerzes einen durchaus wichtigen und positiven Wert für das menschliche Überleben und – wenn man an die Ausführungen zum Schmerz als principium individuationis denkt – auch für das Selbstbewusstsein des Menschen haben können. Sie konfrontieren uns mit der grundlegenden Verletzlichkeit unserer Natur. Wenn man den Schmerz als eine Aktivierung der grundlegenden Verletzlichkeit versteht, wäre zu fragen, ob auch die Verletzlichkeit selbst einen positiven oder zumindest ambivalenten Wert hat. Tatsächlich muss man wohl einräumen, dass die Sensitivität und Exponiertheit des Lebendigen, also unsere grundlegende Verletzlichkeit, nicht den negativen Charakter hat, der ihr oft unterstellt wird. Vielmehr ist es ein ambivalenter: Denn aufgrund dieser Sensivität sind Menschen, ebenso wie andere Lebewesen, zwar potenziell empfänglich für Erfahrungen des Schmerzes, des Mangels, der Unlust. Gleichzeitig sind sie aufgrund derselben Sensitivität und Exponiertheit auch in der Lage Lust, Befriedigung oder gar Freude zu empfinden. Dieser ambivalente Charakter der Verletzlichkeit ist auch bedeutsam für die Frage, was normativ aus der grundlegenden Verletzlichkeit des Menschscheins folgt. Bernhard Waldenfels hat daher einmal treffend kommentiert, dass wir aufpassen müssen, „mit den Quellen des Leidens nicht auch die Quellen des Lebens [zu] verstopfen und damit die Erfahrungen, die wir mit der Welt, mit anderen und mit uns selbst machen, austrocknen" (Waldenfels 1986, S. 163). Wo der Umschlagspunkt zwischen lebensförderlichen bzw. notwendigen und lebenshinderlichen und somit unnötigen Schmerzerlebnissen genau zu markieren ist, ist freilich schwer zu bestimmen.

3 Dimensionen von Verletzbarkeit und Verletzlichkeit beim chronischen Schmerz

Szene 2

Der pochende Schmerz in der rechten Schläfe ist seit Wochen täglicher Begleiter. Es gelingt nicht mehr, sich länger als fünf Minuten zu konzentrieren. Hinzu kommt ein starkes Ziehen im Rücken, das sich bei bestimmten Bewegungen zu einem unerträglichen Schmerz steigert. Mit der Zeit wird der Körper immer steifer. Verspannungen und Fehlhaltungen führen zu neuen Schmerzen. Die Ärzte wissen nicht, woher die Schmerzen kommen. Sie sind immer da und verhindern immer mehr das Leben. Schlaf ist nur noch in kleinen Portionen möglich. Die Fehltage bei der Arbeit mehren sich. Die Geduld und das Verständnis der Kollegen und Freunde schwinden. Die Schmerzen bestimmen den Tag. Aktivitäten planen ist unmöglich, da man nie weiß, wann der nächste akute Schmerzschub kommt.

Patientin Andrea Müller:

> „[...] ich musste eigentlich so eins nach dem anderen von den Dingen, die für mich wichtig waren, die mir Spaß gemacht haben [aufgeben], ja – die gingen dann nicht mehr. Also Sport musste ich aufhören, Gitarre spielen, Musik machen und diese ganzen Dinge."[2]

2 Die in diesem Textabschnitt eingebauten Zitate stammen von Interviews mit Patientinnen, die ihm Rahmen eines Projekts an der Freiburger Uniklinik entstanden sind. Sie sind frei abrufbar unter der Seite www.krankheitserfahrungen.de, besucht am 10.03.2022.

Es sind zwei Jahre vergangen, die Schmerzen sind immer noch da und immer stärker. Besuche beim Orthopäden, Neurologen, Internisten und beim Psychosomatiker haben nichts gebracht, genauso wie die Physiotherapie. Die Krankenkasse macht Schwierigkeiten, der Antrag auf Frührente wurde abgelehnt. Arbeiten geht nur noch stundenweise. Finanziell ist alles eine Katastrophe. Der Schmerz ist das einzige Gesprächsthema, es hilft, darüber zu reden. Doch die Anderen sind das Thema schnell leid. Freunde rufen immer seltener an.

Patientin Anna Wagner:

> „Ein Aspekt [...] das trifft wahrscheinlich zu für jede Art von chronischer Krankheit – so doch die Erfahrung, dass Gesunde und Kranke doch in verschiedenen Welten leben. [...] Und das ist auch niemandes Schuld oder das will auch niemand so, das hängt in der Natur der Situation einfach. – [...] Weil bestimmte Erfahrungen kann man so auch gar nicht teilen, das kann man auch nicht erwarten, weil ja einfach der gesunde Mensch in einem völlig anderen Rhythmus auch lebt dann. Und eben der chronisch Kranke oder der – jetzt in dem Fall der chronisch Schmerzkranke – er stirbt nicht, er wird aber auch nicht gesund. [...] – Und das hört nicht auf."

Der Schmerzpatient „stirbt noch nicht mal"! Es ist kein Ende, keine Erlösung in Sicht, weder für ihn, noch für die Menschen in seiner Umgebung. Hoffnungslosigkeit und Verzweiflung treten auf, und die Frage nach dem Warum.

Patientin Christa Schumacher:

> „Warum eigentlich? Warum habe ich das alles? Das ist manchmal gar nicht so einfach, das zu verstehen. [...] Was habe ich bloß verbrochen, dass man so leben muss, wie ich lebe? Ich würde auch gerne noch auf die grüne Wiese gehen."

3.1 Der chronische Schmerz: Medizinische Aspekte

Der chronische Schmerz rangiert seit Jahren mit der Depression an erster Stelle im „Global Burden of Disease" (Global Burden of Disease Cancer Collaboration 2019). Zwischen 14 und 23 Millionen Menschen sind allein in Deutschland von chronischen Schmerzen betroffen, die Tendenz ist steigend. Von diesen geben ca. 20 Prozent an, ihre Arbeit wegen der Schmerzerkrankung aufgegeben zu haben, nur ein knappes Drittel arbeitet noch vollzeitlich. Die ökonomischen Folgen für die Betroffenen, aber natürlich auch für die Gesellschaft, sind enorm (Breivik et al. 2013; Hauser et al. 2013).

Ein chronischer Schmerz liegt dann vor, wenn er länger als drei Monate anhält oder wiederkehrt (Treede et al. 2019). Der sogenannte somatoforme Schmerz ist ein chronifizierter Schmerz, der kein physiologisches Korrelat (also keine eindeutige physiologische Ursache) mehr hat. Bei der anhaltenden somatoformen Schmerzstörung handelt es sich um einen Schmerz, der seine eigentliche Funktion als sinnvolles Alarmsignal oder Warnhinweis verloren hat und einen selbstständigen Krankheitswert erhält. Neurologische Veränderungen, die zunächst durch eine akute Schmerzsymptomatik verursacht wurden, können selbst zur Ursache eines Chronifizierungsprozesses werden und somit zur Sekundärursache. Somatoforme Schmerzen können auch eine psychosomatische oder emotionale Ursache haben (z. B. Traumata, Gewalt, Angst, Trauer oder Depression) (Kröner-Herwig 2017).

Chronischer Schmerz ist also ein dauerhafter, oft nicht mehr heilbarer Schmerz, der nicht immer auf eine „konkrete" physiologische Ursache zurückgeführt werden kann. Er zeigt sich nicht durch eine offene Wunde. Im Gegenteil, er ist oft weder lokalisierbar noch sichtbar zu machen. Es ist ein komplexes bio-psycho-soziales Phänomen. Vor allem aber hat der chronische Schmerz nach heutigem Kenntnisstand keine Warn- und somit keine Schutzfunktion für den Körper.

3.2 Dimensionen der Verletzlichkeit beim chronischen Schmerz

Wenn man die drei Aspekte von Vulnerabilität nach ten Have heranzieht, um den chronischen Schmerz einzuordnen, kann man Folgendes feststellen: Analog zum akuten Schmerz sind auch hier die Sensitivität und die Exposition die Voraussetzung dafür, dass überhaupt ein Schmerz empfunden werden kann. Bei vielen Formen des chronischen Schmerzes ist zwar nicht eindeutig geklärt, wodurch er verursacht wurde, an welcher Stelle also das Subjekt exponiert war und einen Schaden erfahren hat. Doch in irgendeiner Weise hat eine solche Exposition stattgefunden und es hat eine Antwort von Seiten des Körpers gegeben. Nun ist das Interessante und zugleich Tragische beim chronischen Schmerz, dass sich der Antwortmechanismus des neuronalen Systems nach einer gewissen Zeit verselbstständigt. Der sogenannte Chronifizierungsprozess führt dazu, dass das eigene Gehirn Schmerzsignale „abfeuert", obgleich keine Ursache und keine Notwendigkeit dafür im Körper bestehen. Es ist gewissermaßen der Körper selbst, der sich weh tut – ohne erkennbaren Grund. Die Fähigkeit des Körpers, durch eine sinnvolle Schmerzantwort auf eine Verletzung zu reagieren, wird hier also fehlgeleitet. So gesehen erfüllt der chronische Schmerz alle drei Voraussetzungen, die ten Have in seinem Vulnerabilitätskonzept unterschieden hat. Während man den akuten Schmerz als eine gelungene Adaptationsleistung interpretieren kann, durch die unter Umständen weitere Grade an Vulnerabilität verhindert werden, macht der chronische Schmerz die betroffenen Personen nun zusätzlich anfällig für das Erleben weiterer Verletzungen und löst eine ganze Verletzlichkeitskaskade aus.

3.3 Verletzlichkeitskaskaden

Szene 2 dürfte deutlich gemacht haben, dass sich der chronische Schmerz deutlich vom akuten Schmerz unterscheidet. Während der akute, kurzfristige Schmerz eine Warnfunktion hat, fehlt dem chronischen Schmerz, wie es scheint, eine solche Funktion. Er schützt nicht das Leben, vielmehr hat er das Potenzial, das Leben betroffener Personen zu zerstören. Aus der durch ihn aktivierten Verletzlichkeit kann auf der körperlichen Ebene eine Verletzlichkeitskaskade ausgelöst werden. Der chronische Schmerz bewirkt, wie andere chronische Erkrankungen auch, eine grundlegende und auf Dauer gestellte Veränderung der gesamten Lebensausrichtung und Lebensweise der betroffenen Personen. Die Erkrankung wird zum zentralen Lebensthema, um das herum andere Themen neu eingeordnet werden müssen. Auf körperlicher Ebene fördert der Schmerz Fehlhaltungen und Schlafmangel, die gepaart mit den Nebenwirkungen der Medikamente wiederum neue körperliche Probleme hervorrufen. Auf zeitlicher Ebene bleiben die Hoffnungen auf eine bessere, schmerzfreie Zukunft immer wieder unerfüllt: Lebenspläne müssen aufgegeben werden. Hinzu kommen die vielfältigen Verletzungen im sozialen Bereich. Gemeint sind Schwierigkeiten im privaten Umfeld, wo Betroffene oft ihre Aufgaben nicht mehr erfüllen können und auf Hilfe angewiesen sind. Wie in Szene 2 beschrieben, ist das Sprechen über den Schmerz oft eine Weise, diesen zu verarbeiten. Allerdings ist es für Angehörige, Freunde und Kollegen, die in der Regel aus eigener Erfahrung nur den akuten, vorübergehenden Schmerz kennen, oft nicht nachvollziehbar, was ein dauerhafter Schmerz bedeutet. Missachtung oder die Konfrontation mit dem Vorwurf der Simulation sind Erfahrungen, die chronische Schmerzpatienten häufig erleben. Auch ihre öffentliche Rolle verändert sich massiv. Viele chronische Schmerzpatienten sind nicht mehr oder nur noch teilweise in der Lage, ihre Arbeit fortzuführen. Das wiederum führt zum Verlust an Anerkennung durch die erbrachte Arbeitsleistung und zum Ausschluss aus sozialen Kontakten der Arbeitswelt (Koesling et al. 2019). Vor allem aber geht dies mit neuen Formen ökonomischer Vulnerabilität einher, die wiederum die Abhängigkeit von Anderen verstärkt.

Der chronische Schmerz mit seiner Verletzlichkeitskaskade befördert auch existenzielle und spirituelle Kränkungen und Verletzungen. Die soziale Isolation kann zur existenziellen Einsamkeit führen und das Nicht-enden-Wollen des

Schmerzes, gepaart mit seiner offensichtlichen Nutzlosigkeit, führt unweigerlich zur existenziellen Frage nach dem Sinn, der Sinnhaftigkeit eines Lebens mit chronischem Schmerz. Chronische Schmerzpatienten sind besonders gefährdet, an diesen Dimensionen von Verletzlichkeit zu zerbrechen: Depression und Suizidalität sind in dieser Patientengruppe überdurchschnittlich häufig repräsentiert.

Einige der Verletzlichkeitserfahrungen, die Teil dieser Verletzlichkeitskaskade beim chronischen Schmerz sind, haben in normativer Hinsicht eine andere Qualität als die grundlegende Verletzlichkeit, die ich bislang und mit Bezug auf den akuten Schmerz erörtert habe. Beim akuten Schmerz werden Menschen mit der grundlegenden Verletzlichkeit als anthropologische Konstante konfrontiert, die sich nicht ohne Weiteres restlos aufheben lässt. Diese grundlegende Verletzlichkeit bildet natürlich auch den Ausgangspunkt für den chronischen Schmerz. Menschen, die an chronischen Schmerzen leiden, sind sensitiv und exponiert. Doch anders als beim akuten Schmerz kommt hinzu, dass die Adaptationsmechanismen des Körpers nicht adäquat zu funktionieren scheinen. Dadurch generiert die grundlegende Verletzlichkeit eine Verletzlichkeitskaskade, also weitere Anfälligkeiten und weitere zusätzliche Verletzungen, von denen nicht alle denselben Grad an Notwendigkeit aufzeigen. Denn ein Teil dieser weiteren Anfälligkeiten entsprechen eher spezifischen Formen der Verletzlichkeit, die nicht *conditio sine qua non* des Menschseins, sondern vermeidbar sind. Gemeint sind damit beispielsweise sozio-ökonomische Bedingungen, die Menschen zusätzlich dafür anfällig machen, eine Chronifizierung zu erleiden, weil ihnen der Zugang zu entsprechender medizinischer Versorgung erschwert ist. Dazu gehören aber auch verschiedene Formen sozialer Missachtung, denen chronische Schmerzpatienten, sei es im privaten Umfeld oder auf institutioneller Ebene, ausgesetzt sind (Koesling et al. 2019). Besonders problematisch sind in dieser Hinsicht iatrogene Formen der Missachtung, die dadurch entstehen, dass Ärzte und Therapeuten kein adäquates Verständnis des chronischen Schmerzes haben. Viele orientieren sich nach wie vor am Paradigma des akuten Schmerzes und der damit verbundenen Annahme, dass ein Schmerz klar lokalisiert, auf eine Ursache zurückgeführt und in der Regel auch behoben werden könne. Das Bewusstsein dafür, dass der Schmerz ein viel komplexeres Geschehen sein bzw. sich relativ schnell zu einem solchen entwickeln kann, ist heute noch nicht ausreichend vorhanden. Das führt nicht selten zum Vorwurf der Simulation mit der Folge, dass chronische Schmerzpatienten nicht ernst genommen werden.

Im Sinne der Begriffsbestimmung von ten Have wird auch in der Schmerzmedizin mit Therapieansätzen gearbeitet, die eine Adaptation an den chronischen Schmerz ermöglichen sollen. Diese prinzipiell gut gemeinten Ansätze können sich für chronische Schmerzpatienten allerdings auch als fatal erweisen, wenn sie dahingehend ausgelegt werden, dass ein Patient seinen Schmerz „annehmen“, in sein Leben integrieren solle. Gelingt eine solche Integration und Annahme des schlicht Widersinnigen nicht, droht der vulnerablen Person erst recht ein Ausschluss aus der Gesellschaft, wie unter anderem Susan Wendel und Ursula Frede beobachtet und beschrieben haben (Bozzaro/Frede 2018; Wendell 1997). Die Wahrscheinlichkeit, dass eine Annahme des Schmerzes nicht immer und nicht dauerhaft gelingt, ist sehr groß bei einem auf Dauer gestellten Schmerz, der sich *per definitionem* nicht kontrollieren lässt.

3.4 Verfügbare und unverfügbare Aspekte beim chronischen Schmerz

Der chronische Schmerz ist somit eine Erfahrung, die zeigt, wie die grundlegende Verletzlichkeit dazu führen kann, dass Menschen in besonderen Situationen noch zusätzlich eine spezifische Verletzlichkeit entwickeln. Einige dieser spezifischen Verletzlichkeiten sind nicht unvermeidbar, was sie in moralischer Hinsicht bedeutsamer macht. Denn da, wo einzelne Menschen oder eben eine Gesellschaft etwas unternehmen könnte, um die Schmerzen einer Person zu lindern, da erwächst eben auch eine entsprechende moralische Pflicht zur Leidens- und Schmerzlinderung. Daher ist die Forderung nach einer Verbesserung der Versorgungsstrukturen und die Forderung nach Anerkennung für Menschen mit chronischen Schmerzen durchaus wichtig und berechtigt. Dabei ergibt sich die Schwierigkeit, dass nur ein Teil der spezifischen Verletzlichkeiten tatsächlich durch das Tun Anderer gelindert bzw. behoben werden kann. Im Kern bleibt der chronische Schmerz unverfügbar. Es fällt neben den Betroffenen auch Ärzten, Therapeuten und letztlich der Gesellschaft als Ganzes schwer, mit einem unlösbaren, unverfügbaren Phänomen wie dem nicht enden wollenden Schmerz, angemessen umzugehen. Dies ist vor allem dann der Fall, wenn die einzige Form des Umgangs, die dem Phänomen gerecht zu werden scheint, im gemeinsamen Aushalten zu bestehen scheint. Das widerspricht nicht nur einem heute stark verbreiteten Menschenbild, sondern auch der grundlegenden Ausrichtung der modernen Medizin auf die Heilung von Krankheiten. In diesem Zusammenhang kann sich leicht die Gefahr ergeben, dass gerade jene, die als vulnerabel ermittelt wurden, stigmatisiert und durch dieses Labeling erst recht ausgeschlossen, exkludiert werden.

Der Diskurs um den Begriff der Verletzlichkeit kann Probleme wie diese, wie mir scheint, nur bedingt lösen. Es wäre schon viel gewonnen, wenn er uns dafür sensibilisieren würde, und so verstehe ich sowohl die Vorschläge von Martin et al. (2014) als auch diejenigen von ten Have (2016), dass die spezifische Vulnerabilität, der einzelne Individuen ausgesetzt sind, nicht ein Merkmal der Person selbst, sondern der (sozialen) Situation, in der sie sich befinden, darstellt. Weiterhin kann der Hinweis auf die Vulnerabilität schmerzgesunden Personen in Erinnerung rufen, dass alle Menschen die grundlegende Vulnerabilität teilen und kein Mensch sicher sein kann, nicht selbst mit gewissen spezifischen Vulnerabilitäten konfrontiert zu werden.

Literatur

Bozzaro, Claudia (2014): „Das Leiden an der verrinnenden Zeit. Eine ethisch-philosophische Untersuchung zum Zusammenhang von Alter, Leid und Zeit am Beispiel der Anti-Aging-Medizin". In: *Ethik in der Medizin* 27. Nr. 3, S. 263–264.

Bozzaro, Claudia/Frede, Ursula (2018): „Chronischer Schmerz als Sinnkrise: Chronic Pain as a Crisis of Meaning". In: *Spiritual Care* 7. Nr. 3, S. 263–270.

Breivik, Harald/Eisenberg, Elon/O'Brien, Tony (2013): „The Individual and Societal Burden of Chronic Pain in Europe: The Case for Strategic Prioritisation and Action to Improve Knowledge and Availability of Appropriate Care". In: *BMC Public Health* 13, S. 1229.

Buytendijk, Frederik Jacobus (1948): *Über den Schmerz*. Bern: Hans Huber.

Callahan, Daniel (2000): „The Vulnerability of the Human Condition". In: *Bioethics and Biolaw* 2, S. 15–122.

Campbell, Paul/Jordan, Kelvin P./Smith, Blair H./Scotland, Generation/Dunn, Kate M. (2018): „Chronic Pain in Families: A Cross-Sectional Study of Shared Social, Behavioural, and Environmental Influences". In: *Pain* 159. Nr. 1, S. 41–47.

Department of Health, Education and Welfare (2014): „The Belmont Report. Ethical Principles and Guidelines for the Protection of Human Subjects of Research". In: *The Journal of the American College of Dentists* 81. Nr. 3, S. 4–13.

Fineman, Martha Albertson (2008): „The Vulnerable Subject: Anchoring Equality in the Human Condition". In: *Yale Journal of Law and Feminism* 20. Nr. 1, S. 1–23.

Global Burden of Disease Cancer Collaboration (2019): „Global, Regional, and National Cancer Incidence, Mortality, Years of Life Lost, Years Lived with Disability, and Disability-Adjusted Life-Years for 29 Cancer Groups, 1990 to 2017. A Systematic Analysis for the Global Burden of Disease Study". In: *JAMA Oncology* 5. Nr. 12, S. 1749–1768.

Hauser, Winfried/Schmutzer, Gabriele/Hinz, Andreas/Hilbert, Anja/Brähler, Elmar (2013): „Prävalenz chronischer Schmerzen in Deutschland. Befragung einer repräsentativen Bevölkerungsstichprobe". In: *Der Schmerz* 27, S. 46–55.

ten Have, Henk (2016): *Vulnerability: Challenging Bioethics*. London: Routledge.

Hurst, Samia A. (2008): „Vulnerability in Research and Health Care: Describing the Elephant in the Room?". In: *Bioethics* 22. Nr. 4, S. 191–202.

Koesling, Dominik/Kieselbach, Kristin/Bozzaro, Claudia (2019): „Chronischer Schmerz und Gesellschaft: Soziologische Analyse einer komplexen Verschränkung". In: *Der Schmerz* 33. Nr. 3, S. 220–225.

Kröner-Herwig, Birgit (2017): „Schmerz – eine Gegenstandsbestimmung". In: Birgit Kröner-Herwig/Jule Frettlöh/Regine Klinger/Paul Nilges (Hrsg.): *Schmerzpsychotherapie*.

Grundlagen – Diagnostik – Krankheitsbilder – Behandlung. Berlin, Heidelberg: Springer, S. 793–827.
Leder, Drew (1990): *The Absent Body*. Chicago, London: University of Chicago Press.
List, Elisabeth (1999): „Schmerz-Manifestation des Lebendigen und ihre kulturellen Transformationen". In: *Deutsche Zeitschrift für Philosophie* 47. Nr. 5, S. 763–780.
Luna, Florencia (2009): „Elucidating the Concept of Vulnerability: Layers Not Labels". In: *IJFAB: International Journal of Feminist Approaches to Bioethics* 2. Nr. 1, S. 121–139.
Martin, Angela K./Hurst, Samia A. (2017): „On Vulnerability – Analysis and Application of a Many-Faceted Concept: Introduction". In: *Les ateliers de l'éthique/The Ethics Forum* 12. Nr. 2–3, S. 146–153.
Martin, Angela K./Tavaglione, Nicolas/Hurst, Samia A. (2014): „Resolving the Conflict: Clarifying ‚Vulnerability' in Health Care Ethics". In: *Kennedy Institute of Ethics Journal* 24. Nr. 1, S. 51–72.
Merleau-Ponty, Maurice (1976): *Phänomenologie der Wahrnehmung*. Übers. v. Rudolf Boehm. Berlin: De Gruyter.
Plügge, Herbert (1962): *Wohlbefinden und Missbefinden. Beiträge zu einer medizinischen Anthropologie*. Tübingen: Max Niemeyer.
Raja, Srinivasa N./Carr, Daniel B./Cohen, Milton/Finnerup, Nanna B./Flor, Herta/Gibson, Stephen/Keefe, Francis J./Mogil, Jeffrey S./Ringkamp, Matthias/Sluka, Kathleen A./Song, Xue-Jun/Stevens, Bonnie/Sullivan, Mark D./Tutelman, Perri R./Ushida, Takahiro/Vader, Kyle (2020): „The Revised International Association for the Study of Pain Definition of Pain: Concepts, Challenges, and Compromises". In: *Pain* 161. Nr. 9, S. 1976–1982.
Scarry, Elaine (1992): *Der Körper im Schmerz: Die Chiffren der Verletzlichkeit und die Erfindung der Kultur*. Frankfurt a. M.: S. Fischer.
Schmitz, Hermann (1992): „Zeit als leibliche Dynamik und ihre Entfaltung in der Gegenwart". In: Forum für Philosophie Bad Homburg (Hrsg.): *Zeiterfahrung und Personalität*. Frankfurt a. M.: Suhrkamp, S. 231–246.
Treede, Rolf-Detlef/Rief, Winfried/Barke, Antonia/Aziz, Qasim/Bennett, Michael I./Benoliel, Rafael/Cohen, Milton/Evers, Stefan/Finnerup, Nanna B./First, Michael B./Giamberardino, Maria Adele/Kaasa, Stein/Korwisi, Beatrice/Kosek, Eva/Lavand'homme, Patricia/Nicholas, Michael/Perrot, Serge/Scholz, Joachim/Schug, Stephan/Smith, Blair H./Svensson, Peter/Vlaeyen, Johan W. S./Wang, Shuu-Jiun (2019): „Chronic Pain as a Symptom or a Disease: The IASP Classification of Chronic Pain for the International Classification of Diseases (ICD-11)". In: *Pain* 160. Nr. 1, S. 19–27.
Waldenfels, Bernhard (1986): „Das überbewältigte Leiden. Eine pathologische Betrachtung". In: Willi Oelmüller (Hrsg.): *Leiden. Kolloquien zur Gegenwartsphilosophie*. Bd. 3. Paderborn: Ferdinand Schöningh, S. 129–166.
Wendell, Susan (1997): „Toward a Feminist Theory of Disability". In: *Hypatia* 4. Nr. 2, S. 104–124.

Andrea Dörries

Verletzlichkeit bei Frühgeborenen

Implikationen der individuellen Versorgung und eines gesellschaftlichen Wandels

Abstract: *Vulnerability of preterm infants: Implications of individual care and societal change.* This paper assumes that vulnerability is an anthropological constant that is characterized by the three aspects of exposure, sensitivity and ability to adapt. Preterm infants show – though principally limited in their ability to adapt – characteristics of resilience and robustness. In a normative perspective, each aspect of vulnerability arouses medical as well as social support. During the last decades one can perceive a social change concerning the moral evaluation of very early preterm infants. Despite their obvious vulnerability, it is meanwhile accepted to ascribe to them individuality and intrinsic moral value. A development has taken place, departing from a previously common avoidance of care – due to lack of knowledge – towards a use of technical innovations, and to an approach of care which consists in thoroughly supporting and caring for the individual child and its family. This does not exclude a critical appraisal of the respective care with respect to its short and long-term consequences.

1 Einleitung

Das Prinzip der Autonomie hat in den letzten Jahrzehnten den bioethischen Diskurs dominiert. Aus Sicht einer Ethik der Autonomie wird Verletzlichkeit als ein defizitärer Zustand angesehen, der möglichst vermieden bzw. überwunden werden sollte. Dieser Beitrag geht dagegen davon aus, dass Verletzlichkeit eine anthropologische Grundkonstante ist, die allen Menschen zu eigen ist. Ten Have charakterisiert Verletzlichkeit („vulnerability") – sowohl in einer medizinisch individualisierten wie auch in einer politischen Global-Health-Perspektive – durch die drei Aspekte Exposition („exposure"), Sensitivität („sensitivity") und die Fähigkeit zur Adaptation („ability to adapt") (ten Have 2016, S. 12–13). Dabei sind Expositionen externe Störungen oder Bedrohungen, denen Menschen ausgesetzt sind. Sensitivität ist die endogene Anfälligkeit für externe Störungen und Bedrohungen. Fähigkeit zur Adaptation ist die individuelle, endogene Fähigkeit, auf eine Störung oder Bedrohung zu reagieren und sich anzupassen.

Verletzlichkeit kann dabei rein deskriptiv verwendet werden. Sie wird aber auch normativ eingesetzt und impliziert dann bei Wahrnehmung von Verletz-

 https://doi.org/10.1515/9783110734522-008

lichkeit die Verantwortungsübernahme eines Anderen oder der Gemeinschaft, d. h. ggf. eine Reaktion bzw. Handlung des Anderen, um den besonders Verletzbaren zu schützen und zu unterstützen (Gemeinwohlkomponente der Verletzlichkeit) (ten Have 2016, S. 15–16, 63). Verletzlichkeit ist nach diesem Konzept universal („Menschen sind verletzlich"), aber nicht jeder ist gleich verletzlich, selbst Menschen, die man derselben sogenannten „vulnerablen Gruppe" zuordnen kann (z. B. Ältere, Arme, Kinder), sind nicht gleich verletzlich, sondern haben individuell unterschiedliche Verletzlichkeitsgrade, die unterschiedliche Handlungsweisen erfordern (ten Have 2016, S. 75–80, 109).

Die einzelnen Aspekte dieses Vulnerabilitätskonzepts lassen sich auf die Lebenssituation und die klinische Versorgung von Frühgeborenen anwenden. Anhand von Frühgeborenen lässt sich zeigen, wie diese durch erweiterte medizinische Kenntnisse und damit eine bessere Prognose zunehmend als eigenständige Personen anerkannt wurden und sich parallel dazu das Verständnis ihrer Verletzlichkeit individuell wie gesellschaftlich-kulturell differenzierte. Im Folgenden geht es im Einzelnen darum, welche intrinsischen Faktoren die besondere Verletzlichkeit der Frühgeborenen ausmachen und wie deren Adaptationsfähigkeit in der neonatologischen Versorgung wahrgenommen wird. Außerdem wird anhand der zeitgeschichtlichen Frühgeborenenversorgung und spezieller Versorgungssituationen dargestellt, wie sich die medizinische und gesellschaftliche Sicht auf Frühgeborene allmählich veränderte. Drittens werden gesundheitspolitische Aspekte der Frühgeborenenmedizin erläutert.

2 Verletzlichkeit bei Frühgeborenen

2.1 Intrinsische Dimensionen

Frühgeburtlichkeit (37+0 Schwangerschaftswochen, SSW) ist eine Hauptursache kindlicher Mortalität und Morbidität. Sie lag in Deutschland im Jahr 2018 bei 8,4% und damit über dem europäischen Durchschnitt. 2018 wurden 64.417 Frühgeborene entbunden, ca. 10.000 sehr bzw. extrem kleine Frühgeborene (<32. SSW bzw. <28. SSW) (IQTIG 2019). Der Anteil extremer Frühgeborener vor der 28. SSW ist in den letzten Jahren etwa konstant geblieben. Während die Versorgung der Frühgeborenen sich zwar deutlich verbessert hat und viele ehemalige Frühgeborene ein normales Leben erwartet, haben besonders extrem kleine Frühgeborene weiterhin zu einem hohen Anteil lebenslange körperliche und kognitive Einschränkungen (Deutsche Gesellschaft für Gynäkologie und Geburtshilfe et al. 2014; Schleußner 2013).

Frühgeborene werden als besonders verletzlich wahrgenommen. Sie können sich nicht selbständig ernähren, evtl. auch noch nicht selbständig atmen; ihre Bewegungsmöglichkeiten sind begrenzt; sie verfügen zwar über Mimik und Laute, aber nicht über gesprochene Sprache und schon gar nicht können sie autonom entscheiden. Sie befinden sich in einer schnell verlaufenden, außerordentlich formbaren Entwicklungsphase und sind damit externen Einflüssen besonders ausgesetzt. Frühgeburtlichkeit an sich ist keine Erkrankung (Parallelen dazu bestehen beim hohen Alter), aber sie ist meistens mit vielfältigen Erkrankungen assoziiert: Infektionen (häufig als Sepsis, teilweise auch lokalisiert in Lunge und Darm), neurologische Erkrankungen (epileptische Anfälle, intraventrikuläre Hämorrhagie unterschiedlichen Grades, periventrikuläre Leukomalazie), Herz-Kreislauf-Probleme (Respiratory distress syndrome, persistierender Ductus arteriosus) oder – oft behandlungsbedingt – Seh- und Hörminderungen bis hin zur Blind- und Taubheit (Frühgeborenen-Retinopathie).

Bei der Versorgung Frühgeborener wird nicht selten von Pflegenden, Ärzten und Eltern übereinstimmend geäußert, dieses spezielle Kind sei „ein Kämpfer" – wohl wissend, was damit gemeint ist: Trotz scheinbarer Hilflosigkeit und erheblichen Begleiterkrankungen wächst und entwickelt sich dieses Kind kontinuierlich weiter. Empirisch wurde versucht, diese Wahrnehmungen zu operationalisieren und verlässliche Indikatoren dafür aufzustellen (Brinchmann/Nortvedt 2001). Der Ansatz bestand darin, Eltern, Pflegende und Ärzte verschiedene Parameter des Frühgeborenen beurteilen zu lassen (Muskeltonus, Aktivität, Hautbeschaffenheit etc.) und danach eine gemeinsame Einschätzung über den Grad der Widerstandsfähigkeit (Resilienz) des Kindes festzulegen. Dieser Ansatz hat sich aber in der Praxis nicht durchgesetzt (s. a. Tate 2020).

Festzuhalten bleibt: Es gibt offensichtlich ein intrinsisches Phänomen bei Frühgeborenen, durch das der Grad der Verletzlichkeit variiert und das von außen wahrgenommen werden kann. Daraus kann gefolgert werden, dass Frühgeborene nicht nur durch hohe Sensitivität charakterisiert sind, sondern auch Fähigkeiten zur Adaptation sowie Resilienz aufweisen können (ten Have 2016, 27–28). Resilienz beinhaltet dabei die Fähigkeit, zwar sensitiv zu sein, aber adaptiv auf eine Exposition reagieren zu können. Man könnte noch weitergehen und Frühgeborenen einen gewissen Grad an Robustheit („robustness") zusprechen, bei der Sensitivität und Adaptation keine entscheidende Rolle spielen, da eine bestimmte Exposition sich überhaupt nicht als Störung, d. h. als Krankheitsgeschehen, entwickelt. Durch die empirische Beobachtung dieser intrinsischen Fähigkeit, auch potenziell lebensbedrohliche Situationen bewältigen zu können, konnten sich differenziertere medizinische und pflegerische Versorgungsformen entwickeln.

Was löst nun neben der üblichen Basisversorgung – hier gedacht inklusive aller Formen der Ernährung – den normativen Appell für eine spezifische Handlung für Frühgeborene aus? Ein eindrückliches Beispiel ist eine Sepsis, die aufgrund noch nicht ausgereifter immunologischer Fähigkeiten direkt postnatal als lebensbedrohliche Erkrankung auftreten kann und eine sofortige Intervention mit Antibiotika erfordert, was in der Regel zu einer zügigen Besserung führt. Hier ist es die sehr gute Prognose unter Therapie, die eine Handlung rechtfertigt. Hingegen werden insbesondere Therapiebegrenzungen in der Frühgeborenenmedizin als sehr schwierig angesehen, da die Plastizität der kindlichen Entwicklung sehr hoch und im individuellen Fall oft nicht sicher einschätzbar ist, d. h. Prognosen häufig sehr schwer zu stellen sind. Die Verletzlichkeit der Frühgeborenen wird so einerseits als sehr groß wahrgenommen, andererseits lassen Resilienz und Robustheit auch individuelle, unwahrscheinliche Entwicklungen zu. In diesem von prognostischen Unsicherheiten geprägten Handlungsfeld ist die Verlockung groß, (zu) viele der vorhandenen Therapien und Techniken einzusetzen, was wiederum zu späteren Folgeschäden führen kann. Es ist für Eltern wie medizinisches und pflegerisches Personal damit ein kontinuierlicher Abwägungsprozess, welche Therapien wann und wie lange eingesetzt werden sollen. Qualität wie Quantität der einzelnen therapeutischen Maßnahmen bedürfen dabei einer individuell angepassten Indikationsstellung, um iatrogene Schäden – und damit eine neu geschaffene Form der Vulnerabilität – möglichst zu vermeiden.

2.2 Externe Dimensionen: Die moralische Aufforderung zur medizinischen Handlung

Die Versorgung Frühgeborener hat sich seit den 1970er Jahren mit Einführung der künstlichen Beatmung und anderen neuen medizinischen Techniken und Therapieformen der Intensivmedizin rapide entwickelt. Zunehmend spezialisierten sich Ärzte und Pflegende für das Fachgebiet Neonatologie und die Pflege und Therapie auch extrem kleiner Frühgeborener. Immer häufiger wurden auch andere medizinische Fachrichtungen und Berufsgruppen involviert: Pädiatrische Neurochirurgie, Kinderchirurgie, Radiologie, Hygiene, Physiotherapie, Medizinisch-Technische Assistenz für Hör- und Sehtests u. a. Bei der medizinischen Behandlung und Pflege werden Frühgeborene einerseits als sehr verletzlich wahrgenommen und fürsorglich versorgt, andererseits durch neu eingeführte medizinisch-therapeutische und diagnostische Maßnahmen erheblich belastet und teilweise auch geschädigt. Die unterschiedliche Gewichtung, wie Verletzlichkeit wahrgenommen wird, was an Fürsorge notwendig ist und welche Handlung angemessen ist, kann dabei zu erheblichen ethischen und persönlichen Konflikten innerhalb der Heilberufe führen. So muss beispielsweise eine als hoch angesehene Infektionsgefährdung gegen eine die kindliche Entwicklung unterstützende physiotherapeutische Bewegungs- und Gelenkstimulation abgewogen werden. Auch Anzahl und Menge der Blutentnahmen oder nächtliche Interventionen müssen gegen das Ruhebedürfnis eines Frühgeborenen evaluiert werden. Hier geraten teilweise Sorgfalt, Umsicht und Verantwortungsübernahme, die von den unterschiedlichen Heilberufen normativ erwartet werden, in einen stationsinternen Konflikt um die Deutungshoheit. So kann eine als hoch eingeschätzte Gefährdung als persönlicher Verantwortungsbereich deklariert werden, mit der Folge, dass – möglicherweise zum Nachteil des Frühgeborenen – versucht wird, Gefährdungen durch zusätzliche Exposition (=fremde Personen) zu vermindern. Auch kann es bei den beteiligten Personen und Professionen unterschiedliche Beurteilungen der indizierten Versorgungsstrategien geben, die wiederum verschiedene Handlungen implizieren. Legt man das oben angeführte Konzept zur Verletzlichkeit zugrunde, dann geht es bei dieser Beurteilung im Sinne von Exposition oder der zugrundeliegenden Verletzlichkeit in ihren drei Dimensionen darum, potenziell schädliche Expositionen zu minimieren, die individuelle Sensitivität des Frühgeborenen wahrzunehmen sowie die Adaptationsfähigkeit einzuschätzen und falls möglich zu unterstützen.

Wo werden der moralischen Handlungsaufforderung im medizinisch-therapeutischen wie im kulturell-gesellschaftlichen Kontext Grenzen gesetzt? Noch um 1900 wurden selbst kranke Säuglinge aufgrund fehlender Therapieansätze und damit sehr schlechter Prognose kaum in Krankenhäusern versorgt (Dörries 1997). Auch für sehr kleine Frühgeborene galt dies noch lange Zeit danach; erst allmählich und mit zunehmenden Kenntnissen änderte sich dieses Verhalten. Offensichtlich ordneten Ärzte und Pflegekräfte diese Frühgeborenen damals als so gefährdet und mit so schlechter Prognose ein, dass sie eine Versorgung als nicht sinnvoll erachteten. D. h., es gibt bei der Wahrnehmung von Verletzlichkeit anscheinend Grenzen, die dann keine unterstützende Hilfeleistung mehr auslösen. Diese Grenzen verschieben sich aber, sobald neue, die Prognose verbessernde Versorgungsmaßnahmen angewendet werden können.

Heutzutage stellt sich aber weniger die Handlungsverweigerung als die für dieses frühe Lebensalter besonders schwierige Frage der Handlungsbegrenzung. Wann ist es angemessen, eine palliative Versorgung einzuleiten bzw. eine Versorgung gar nicht zu beginnen? Die pädiatrischen Fachgesellschaften haben hierzu mehrere Stellungnahmen veröffentlicht. Für die postpartale Phase wird dabei meistens ein Stufenkonzept (Deutsche Gesellschaft für Gynäkologie und Geburtshilfe et al. 2014) vorgeschlagen, das sich an empirischen Mortalitäts- und Morbiditätsprognosen sowie an länderspezifisch-gesellschaftlichen, rechtlichen und ökonomischen Kriterien ausrichtet. Für die späteren Lebenswochen werden unterschiedliche Nutzen-Schaden-Analysen mit Prognosebewertung in Abstimmung mit dem Elternwillen vorgeschlagen (Bundesärztekammer 2011; Kommission für ethische Fragen der Deutschen Akademie für Kinder- und Jugendmedizin 2009; Kurz et al. 2001). Die Schweiz veränderte ihr umstrittenes gestationswochenabhängiges Kategorialsystem mit Ausnahmeregelungen (Berger et al. 2012) hin zu einem ausdifferenzierten Stufenkonzept, das neben dem Gestationsalter pränatale prognostische Zusatzfaktoren (Lungenreifungsinduktion, Geschlecht, Mehrling, Geburtsgewicht) berücksichtigt, und unterstrich die Bedeutung einer kontinuierlichen Kommunikation sowie die Rolle der Eltern (Berger et al. 2012). Besonders schwierig ist bei Kindern – was schon bei einwilligungsfähigen Erwachsenen zu Kontroversen führen kann – ein gemeinsam vereinbartes Absetzen von Nahrung, da diese immanent zum Wachsen und Gedeihen eines Kindes dazu gehört. Stellungnahmen aus Kanada und USA geben das Absetzen künstlicher Ernährung als mögliche, aber nicht verpflichtende Handlung vor (Barrocas et al. 2010; Douglas et al. 2009; Tsai et al. 2011; Weise et al. 2017). Bei der oft langwierigen Entscheidungsfindung zur Therapiebegrenzung spielen allgemeine psychologische Elemente (Verarbeitung des Geschehens und dessen Auswirkungen auf das Familiensystem), persönliche Erfahrungen, kulturelle und religiöse Prägungen eine Rolle. Eltern sind oft selbst in einer sehr fragilen familiären Situation, wenn sie – häufig unvorbereitet – plötzlich mit ihrem frühgeborenen Kind und den vielfältigen Entscheidungen bei dessen stationärer Behandlung umgehen müssen (Janvier et al. 2016). Die Verletzlichkeit des Frühgeborenen, die ansonsten heutzutage eine therapeutisch-unterstützende Handlung hervorruft, führt bei einer Therapiebegrenzung zu palliativ-unterstützenden Maßnahmen; ein anderer Ansatz als das früher übliche unbegleitete Sterbenlassen. Aber auch ein Ansatz, der dem allgemein üblichen Vorgehen bei Kindern und Erwachsenen entspricht und damit den veränderten medizinischen und gesellschaftlichen Blick auf Frühgeborene aufzeigt.

Was passiert bei neuartigen Handlungsmöglichkeiten, d. h. neuen methodischen Ansätzen? Die Frühgeborenenmedizin ist primär geprägt durch eine umfassende medikamentöse und technische Versorgung. Alternative Verfahren haben es – wie in anderen medizinischen Bereichen – schwerer, akzeptiert zu werden. Besonders deutlich zeigte sich dies bei der Einführung der sog. Kängurumethode. Frühgeborene wurden früher wegen Infektionsgefahr und potenzieller Tubusverlagerungen möglichst nicht aus dem Inkubator herausgenommen. Der kolumbianische Arzt Edgar Rey Sanabria berichtete im Jahr 1979, dass bei fehlenden Inkubatoren die Entwicklung der Frühgeborenen mit vermehrtem Hautkontakt positiv beeinflusst werden konnte (s. Bericht in Campbell-Yeo 2015). Als diese Methode Anfang der 1990er Jahre erstmals in Europa im Wiener Kinderspital angewendet wurde, stand die österreichische Kinderärztin Marina Marcovich schnell im Kreuzfeuer der Kritik. Ihr wurde vorgeworfen, dass sie Frühgeborene unnötig gefährde und schädige, dass sie die Erfolge der Frühgeborenenmedizin aufs Spiel stelle. Der *Spiegel* titelte damals: „Kampf der Mechaniker“ (Der Spiegel 1994). Die *Zeit* meldete: „Das medizinische Establishment wütet gegen eine Ärztin, die nur im Notfall Maschinen einsetzt: Sanfter Weg für Frühgeborene“ (Die Zeit 1994). Zeitweilig wurde der Ärztin verboten, diese Methode weiter anzuwenden, sie wurde versetzt und ließ sich später in einer Praxis nieder (Baumgarten 2003). Alle staatsanwaltschaftlichen Verfahren wegen fahrlässiger Tötung von Frühgeborenen in den 1990er Jahre wurden eingestellt. Spätere klinische Studien zeigten, dass mit der Kängurumethode (bzw. „skin-to-skin care“) – vorausgesetzt, die normale Körpertemperatur des Frühgeborenen wird gewährleistet – physiologische Parameter (Beatmungsfrequenz, Anzahl der Hirnblutungen, vermindertes Schmerzempfinden etc.) und die Sterblichkeit von Frühgeborenen signifikant gesenkt sowie die Eltern-Kind-Bindung erhöht werden konnte (Campbell-Yeo et al. 2015; Linderkamp et al. 1995; Linner et al. 2019; Mehler et al. 2019). Heutzutage gilt als belegt, dass Hautkontakt kurz- und auch langfristig förderlich für die kindliche Entwicklung ist; die Handlungsweise wird heute in vielen Kliniken – wenn auch mit unterschiedlichen Methoden – angewendet (Campbell-Yeo et al. 2015). In der Auseinandersetzung der 1990er Jahre aber wurden unter der Prämisse aller drei Aspekte der Verletzlichkeit und mit dem instrumentalisierten Argument der besonderen Verletzlichkeit bei Frühgeborenen von den Kontrahenten heftige Auseinandersetzungen um die richtige therapeutische Handlung geführt.

Was geschieht, wenn Verletzlichkeit gar nicht oder nicht ausreichend wahrgenommen wird? Erst seit den 1980er Jahren wurde man medizinisch und pflegerisch auf das Schmerzempfinden von Frühgeborenen aufmerksam (Eriksson/Campbell-Yeo 2019). Die Fähigkeit zur Schmerzempfindung besteht nach derzeitigem Kenntnisstand ab ca. der 20. SSW und ist evtl. aufgrund fehlender inhibitorischer System sogar ausgeprägter als im späteren Alter. Auf neonatologischen Intensivstationen werden zahlreiche schmerzhafte Eingriffe pro Tag durchgeführt: Manipulation am Beatmungstubus, Blutentnahmen, Pflasterwechsel, Infusionsgaben etc. Pflegerische und ärztliche Maßnahmen bis hin zu kleineren operativen Eingriffen wurden früher teilweise ohne ausreichende Schmerz- oder Narkosemittel durchgeführt. Man hielt u. a. das Risiko einer Narkose für größer als den Eingriff selbst (und handelte eher nach der Vorstellung: kleines Kind, kleiner Eingriff, wenig Schmerzen). Heutzutage ist jedoch ein angemessenes, wenn auch unterschiedliches und noch ausbaufähiges spezifisches Schmerzmanagement inklusiver Teil der Behandlung Frühgeborener (Eriksson/Cambell-Yeo 2019; Gharavi et al. 2007; Gomes Neto et al. 2020; Wissenschaftlicher Beirat 1991).

Man kann dies unterschiedlich interpretieren: einerseits als eine verbesserte Versorgung aufgrund erweiterter Kenntnisse, aber andererseits auch als eine veränderte Wahrnehmung des individuellen Frühgeborenen, das Ansprüche auf eine gute Versorgung hat (Ilhan et al. 2021).

2.3 Externe Dimensionen: Die moralische Aufforderung zur gesellschaftlich-politischen Handlung

Gesellschaftlich werden Frühgeborene aus medizinischer Sicht mit ihrer kontinuierlich verbesserten Prognose, aber auch mit einer veränderten Perspektive auf menschliches (Er-)Leben zunehmend in ihrer Eigenständigkeit wahrgenommen (dies wurde inzwischen auch auf Tot- und Fehlgeburten sowie teilweise für Schwangerschaftsabbrüche erweitert; auch der Begriff „Sternenkinder" sowie der Titel der interdisziplinären Stellungnahme von „Frühgeburt" zu „Frühgeborenem" (Deutsche Gesellschaft für Gynäkologie und Geburtshilfe et al. 2014) ist in diesem Perspektivwechsel zu sehen). So beklagten sich früher Eltern zu Recht darüber, dass die medizinische Versorgung von extrem frühgeborenen Zwillingen, bei denen einer mit Schwierigkeiten überlebte und der andere kurz nach Geburt verstarb, dazu führte, dass letzterer entweder in der Pathologie „entsorgt" oder anonym mitbegraben wurde. Seit den 1990er Jahren wurden die landesrechtlichen Bestattungs- und örtlichen Friedhofsordnungen sowie das bundesrechtliche Personenstandsgesetz im Sinne einer Registrierung und Individualisierung im Umgang mit Frühgeborenen (bzw. anderen prä- und postnatalen Situationen) verändert. Derzeit besteht eine allgemeine Bestattungspflicht Lebendgeborener, wobei in den meisten Bundesländern die elterliche Bestattungspflicht bei einem Geburtsgewicht ab 500 g liegt (früher und teilweise auch heute noch bei 1000 g) (Bestattungsgesetz Niedersachsen 2018). Ein elterliches Bestattungsrecht, das auch wahrgenommen wird, besteht fast überall auch unterhalb dieser Gewichtsgrenze.

Die neonatologischen Abteilungen mit ihren Intensivstationen sind inzwischen für Kinderkliniken ein wesentlicher, im Gegensatz zu anderen pädiatrischen Subdisziplinen ertragreicher Teil ihres Behandlungsspektrums (Weyersberg et al. 2019). Diese aufwändige und kostspielige Behandlung wird gesundheitspolitisch finanziell unterstützt, da sehr oder extrem kleine Frühgeborene aufgrund ihrer – trotz aller Verbesserungen natürlich weiterhin bestehenden Verletzlichkeit – deutlich mehr personelle Betreuung und technische Unterstützung erfordern. Die nach Geburtsgewicht festgelegten Schwellenwerte (500 g, 750 g, 1000 g etc.) werden umso besser vergütet, je geringer das Geburtsgewicht ist. Unter diesen ökonomischen Vorgaben zeigte sich jedoch nach Einführung der neuen Abrechnungsgrenzen für Geburtsgewichte ein deutliches sog. Up-Coding, d. h. es wurden vermehrt Frühgeborene mit einem Gewicht von knapp unterhalb der Abrechnungsgrenze angegeben (450 g, 499 g, 740 g etc.), ein bei Schwellenwerten bekanntes Phänomen (Jürges/Köberlein 2015). Man muss daraus leider folgern, dass auch Verletzlichkeit instrumentalisiert werden kann.

Da Frühgeburtlichkeit die Morbiditäts- und Mortalitätsrate erhöht und auch langfristig erhebliche Kosten verursacht, gehen die gesundheitspolitischen und medizinischen Bestrebungen verstärkt dahin, im Sinne einer Sekundärprävention Schwangere mit einem hohen Risiko (z. B. aszendierende mütterliche Infektionen, Plazentastörungen, Fehlbildungen bei Mutter und Kind, chronischer Stress, Alter der Mutter, Mehrlingsschwangerschaften) besonders zu betreuen und zu behandeln und diese ggf. rechtzeitig in Perinatalzentren zu verlegen (Berger et al. 2019; Deutsche Gesellschaft für Gynäkologie und Geburtshilfe 2019; Schleußner 2013; Weichert et al. 2015). Es wird also versucht, bei einer besonderen Verletzlichkeit (hier ein potenzielles Frühgeborenes) präventiv zu handeln, um diese besondere Verletzlichkeit gar nicht erst entstehen zu lassen bzw. eine fachgerechte Versorgung bei Frühgeburt zu gewährleisten (Kirschner et al. 2009).

3 Zusammenfassung

Frühgeborene sind unterschiedlichsten Gefährdungen exponiert, sie sind dafür als Gruppe wie individuell spezifisch und variabel sensitiv. Sie zeigen bei anfangs grundsätzlich geringerer Adaptationsfähigkeit Charakteristika der Resilienz und Robustheit. Alle drei Aspekte der Vulnerabilität lösen normativ sowohl medizinisch wie gesellschaftlich eine unterstützende Handlung aus.

Die Handlungsalternativen, die aus der wahrgenommenen Verletzlichkeit eines Frühgeborenen gezogen werden, können dabei sehr unterschiedlich sein. Handlungen bei als verletzlich wahrgenommenen Individuen scheinen durch zeitgebundene Kenntnisse, professionelle Fähigkeiten und das sich auch heute noch wandelnde Verständnis menschlichen Lebens in der Frühphase geprägt zu sein. Die Grenzen der unterstützenden Handlungen sind damit zeit-, erkenntnis- und erfahrungsgebunden; auch kulturelle Einflüsse spielen eine Rolle. Die Frühgeborenenversorgung selbst kann unbeabsichtigt oder als Nebenwirkung neue Verletzlichkeiten schaffen, die oft einschneidende langfristige Folgen für das betroffene Kind und dessen Familie haben. In diese primär medizinischen Kontroversen um den Grad der Verletzlichkeit bei Frühgeborenen können zusätzlich berufs- und machtpolitische Aspekte einfließen (s. die Auseinandersetzung um die „sanfte Medizin").

So wie bei der klinischen Versorgung extrem unreifer Frühgeborener versucht wird, Exposition (=Gefährdungen) präventiv durch entsprechendes Unterlassen zu vermindern, so wird auch gesundheitspolitisch präventiv gehandelt, um diese besondere Verletzlichkeit möglichst erst gar nicht entstehen zu lassen. Dabei ist gesundheitspolitisch darstellbar, dass die besondere finanzielle Unterstützung der Versorgung der als verletzlich angesehenen Frühgeborenen ökonomisch für andere, (krankenhaus-)interne Ziele instrumentalisiert werden kann.

Insgesamt hat sich in den letzten Jahrzehnten ein gesellschaftlicher Wandel in der moralischen Bewertung auch extrem kleiner Frühgeborenen vollzogen. Trotz ihrer offensichtlichen Verletzlichkeit wird Frühgeborenen eine Eigenständigkeit (und ein moralischer Eigenwert) zugestanden, bei der von der – mangels Kenntnissen – früher üblichen Nichtversorgung über die zeitweilig überwiegend technischen Innovationen mittlerweile das Kind als Individuum in seinem familiären Zusammenhang umfassend versorgt und unterstützt wird. Das schließt ein kritisches Hinterfragen des Handelns und Unterlassens speziell bei der Versorgung extrem unreifer Frühgeborener im Hinblick auf die kurz- wie langfristigen Konsequenzen ein.

Literatur

Barrocas, Albert/Geppert, Cynthia/Durfee, Sharon M./Maillet, Julie O'Sullivan/Monturo, Cheryl/Mueller, Charles/Stratton, Kathleen/Valentine, Christina/A.S.P.E.N Board of Directors (2010): „A.S.P.E.N. Ethics Position Paper". In: *Nutrition in Clinical Practice* 25. Nr. 6, S. 672–679.

Baumgarten, Katja (2003): „Interview mit Marina Marchowich. Teil II". In: *Deutsche Hebammen-Zeitschrift*. http://www.chius.ch/viktoria11/artikel/MarcovichII.html, besucht am 17. 01. 2020.

Berger, Richard/Rath, Werner/Abele, Harald/Garnier, Yves/Kuon, Ruben J./Maul, Holger (2019): „Risikobezogene Prävention der Frühgeburt in der ambulanten Versorgung". In: *Deutsches Ärzteblatt* 116, S. 858–864.

Berger, Thomas M./Bernet, Vera/El Alama, Susanna/Fauchère, Jean-Claude/Hösli, Irene/Irion, Olivier/Kind, Christian/Latal, Bea/Nelle, Marvin/Pfister, Riccardo E./Surbek, Daniel/Truttmann, Anita C./Wisser, Josef/Zimmermann, Roland (2012): „Perinatale Betreuung an der Grenze der Lebensfähigkeit zwischen 22 und 26 vollendeten Schwangerschaftswochen. Revision der Schweizer Empfehlungen aus dem Jahre 2002". In: *Paediatrica* 23. Nr. 1, S. 10–12.

Bestattungsgesetz Niedersachsen (2018): „Gesetz über das Leichen-, Bestattungs- und Friedhofswesen (BestattG) vom 08. 12. 2005 (Nds. GVBl. S. 381), geändert durch Art. 12 des Gesetzes vom 16. 05. 2018 (Nds. GVBl. S. 66) und geändert durch Gesetz vom 20. 06. 2018 (GVBl. S. 117)". http://www.nds-voris.de/jportal/?quelle=jlink&query=BestattG+ND&psml=bsvorisprod.psml&max=true&aiz=truem, besucht am 16. 06. 2021.

Bräutigam, Hans Harald (1994): „Sanfter Weg für Frühgeborene“. In: *Die Zeit* 174. Nr. 10. https://www.zeit.de/1994/10/sanfter-weg-fuer-fruehgeborene, besucht am 16. 06. 2021.

Brinchmann, Berit/Nortvedt, Per (2001): „Ethical Decision Making in Neonatal Units –The Normative Significance of Vitality“. In: *Med Health Care Philos* 4, S. 193 – 200.

Bundesärztekammer (2011): „Grundsätze der Bundesärztekammer zur ärztlichen Sterbebegleitung“. In: *Deutsches Ärzteblatt* 108. Nr. 7, S. 346 – 348.

Campbell-Yeo, Marsha L./Disher, Timothy C./Benoit, Britney L./Johnston, C. Celeste (2015): „Understanding Kangaroo Care and Its Benefits to Preterm Infants“. In: *Pediatric Health, Medicine and Therapeutics* 6, S. 15 – 22.

Der Spiegel (1994): „Kampf der Mechaniker“. In: *Der Spiegel* 17, S. 222 – 224. https://www.spiegel.de/spiegel/print/d-13683912.html, besucht am 14. 01. 2020.

Deutsche Gesellschaft für Gynäkologie und Geburtshilfe/Deutsche Gesellschaft für Kinder- und Jugendmedizin/Deutsche Gesellschaft für Perinatale Medizin/Akademie für Ethik in der Medizin/Gesellschaft für Neonatologie und Pädiatrische Intensivmedizin (2014): „Frühgeborene an der Grenze der Lebensfähigkeit“. In: *AWMF online.* Leitlinien-Register Nr. 024 – 019, 024 - 019_15_02_2021. https://www.awmf.org/leitlinien/detail/ll/024 – 019.html, besucht am 08. 07. 2021.

Deutsche Gesellschaft für Gynäkologie und Geburtshilfe/Österreichische Gesellschaft für Gynäkologie und Geburtshilfe/Schweizerische Gesellschaft für Gynäkologie und Geburtshilfe (2019): „Prävention und Therapie der Frühgeburt“. In: *AWMF online.* Leitlinien-Register Nr. 015 – 025. http://www.awmf.org/leitlinien/detail/ll/015-025.html, besucht am 16. 06. 2021.

Dörries, Andrea (1997): „Die Versorgung der Früh- und Neugeborenen in Kliniken um 1900“. In: *Monatsschrift Kinderheilkunde* 145, S. 834 – 837.

Diekema, Douglas S./Botkin, Jeffrey R./Committee on Bioethics of the American Academy of Pediatrics (2009): „Forgoing Medically Provided Nutrition and Hydration in Children“. In: *Pediatrics* 124. Nr. 2, S. 813 – 822.

Eriksson, Mats/Campbell-Yeo, Marsha (2019): „Assessment of Pain in Newborn Infants“. In: *Seminars in Fetal and Neonatal Medicine* 24, Aug;24(4):101003. doi: 10.1016/j.siny.2019.04.003. Epub 2019 Apr 4. PMID: 30987943.

Gharavi, Bahman/Schott, Claus/Nelle, Mathias/Reiter, Gernot/Linderkamp, Otwin (2007): „Pain Management and the Effect of Guidelines in Neonatal Units in Austria, Germany and Switzerland“. In: *Pediatrics International* 49. Nr. 5, S. 652 – 658.

Gomes Neto, Mansueto/da Silva Lopes, Isabella Aira/Araujo, Ana Carolina Cunha Lacerda Morais/Oliveira, Lucas Silva/Saquetto, Micheli Bernardone (2020): „The Effect of Facilitated Tucking Position during Painful Procedure in Pain Management of Preterm Infants in Neonatal Intensive Care Unit: A Systematic Review and Meta-Analysis“. In: *European Journal of Pediatrics* 179. Nr. 5, S. 699 – 709.

ten Have, Henk (2016): *Vulnerability. Challenging Bioethics.* London, New York: Routledge.

Ilhan, Emre/Pacey, Verity/Brown, Laura/Spence, Kaye/Gray, Kelly/Rowland, Jennifer E./White, Karolyn/Hush, Julia M. (2021): „Neonates as Intrinsically Worthy Recipients of Pain Management in Neonatal Intensive Care“. In: *Medicine, Health Care and Philosophy* 24, S. 65 – 72.

IQTIG (2019): „Qualitätsreport 2019“. https://iqtig.org, besucht am 17. 01. 2020.

Janvier, Annie/Lantos, John/Aschner, Judy/Barrington, Keith/Batton, Beau/Batton, Daniel/Berg, Siri Fuglem/Carter, Brian/Campbell, Deborah/Cohn, Felicia/Lyerly, Anne

Drapkin/Ellsbury, Dan/Fanaroff, Avroy/Fanaroff, Jonathan/Fanaroff, Kristy/Gravel, Sophie/Haward, Marlyse/Kutzsche, Stefan/Marlow, Neil/Montello, Martha/Maitre, Nathalie/Morris, Joshua T./Paulsen, Odd G./Prentice, Trisha/Spitzer, Alan R. (2016): „Stronger and More Vulnerable: A Balanced View of the Impacts of the NICU Experience of Parents“. In: *Pediatrics* 138(3):e20160655. doi: 10.1542/peds.2016 – 0655. Epub 2016 Aug 3.

Jürges, Hendrik/Köberlein, Juliane (2015): „What Explains DRG Upcoding in Neonatology? The Roles of Financial Incentives and Infant Health“. In: *Journal of Health Economics* 43, S. 13 – 26.

Kirschner, Wolf/Halle, Horst/Pogonke, Marc-Andre (2009): „Kosten der Früh- und Nichtfrühgeburten und die Effektivität und Effizienz von Präventionsprogrammen am Beispiel von BabyCare“. In: *Prävention und Gesundheitsförderung* 4. Nr. 41, S. 41 – 50.

Kommission für ethische Fragen der Deutschen Akademie für Kinder- und Jugendmedizin (DAKJ) (2009): „Begrenzung lebenserhaltender Therapie im Kindes- und Jugendalter“. https://www.dakj.de/stellungnahmen/ethische-fragen/begrenzung-lebenserhaltender-therapie-im-kindes-und-jugendalter/, besucht am 14. 01. 2020.

Kurz, Ronald/Ethics Working Group of Confederation of the European Specialists of Paediatrics (2001): „Decision Making in Extreme Situations Involving Children: Withholding or Withdrawal of Life Supporting Treatment in Paediatric Care. Statement of the Ethics Working Group of the Confederation of the European Specialists of Paediatrics (CESP)“. In: *Paediatrics* 160. Nr. 4, S. 214 – 216. DOI: 10.1007/pl00008430, besucht am 07. 07. 2021.

Linderkamp, Otwin/Beedgen, Bernd/Sontheimer, Dieter (1995): „Das Konzept der sanften Behandlung Frühgeborener von Marina Marcovich. Eine kritische Bewertung“. In: *Int. J. Prenatal Perinatal Psychology and Medicine* 7. Nr. 1, S. 73 – 84.

Linner, Agnes/Klemming, Stina/Sundberg, Bo/Lilliesköld, Siri/Westrup, Björn/Jonas, Wibke/Skiöld, Béatrice (2019): „Immediate Skin-to-Skin Contact Is Feasible for Very Preterm Infants But Termal Control Remains a Challenge“. In: *Acta Paediatrica* 109, Nr. 4, S. 697 – 704.

Mehler, Katrin/Hucklenbruch-Rother, Eva/Trautmann-Villalba, Patricia/Becker, Ingrid/Roth, Bernhard/Kribs, Angela (2019): „Delivery Room Skin-to-Skin Contact for Preterm Infants – A Randomized Clinical Trial“. In: *Acta Paediatrica* 109. Nr. 3, S. 518 – 526.

Schleußner, Ekkehard (2013): „Drohende Frühgeburt: Prävention, Diagnostik und Therapie“. In: *Deutsches Ärzteblatt* 110. Nr. 13, S. 227 – 236.

Tate, Tyler (2020): „Your Father's a Fighter; Your Daughter's a Vegetable: A Critical Analysis of the Use of Metaphor in Clinical Practice“. In: *Hastings Center Report* 50, S. 20 – 29.

Tsai, Ellen/Canadian Paediatric Society, Bioethics Committee (2011): „Withholding and Withdrawing Artificial Nutrition and Hydration“. In: *Paediatric Child Health* 16. Nr. 4, S. 241 – 242.

Weichert, Alexander/Weichert, Tina-Maria/Bergmann, Renate L./Henrich, Wolfgang/Kalache, Karim D./Richter, Rolf/Neymeyer, Jörg/Bergmann, Karl E. (2015): „Einflussfaktoren auf die Frühgeburt in Deutschland. Analyse der für Deutschland repräsentativen KiGGS-Daten“. In: *Geburtshilfe und Frauenheilkunde* 75, S. 819 – 826.

Weise, Kathryn L./Okun, Alexander L./Carter, Brian S./Christian, Cindy W. (2017): „Guidance on Forgoing Life-Sustaining Medical Treatment“. In: *Pediatrics* 140. Nr. 3, S. 1 – 9.

Weyersberg, Annic/Roth, Bernd/Köstler, Ursula/Woopen, Christiane (2019): „Gefangen zwischen Ethik und Ökonomie“. In: *Deutsches Ärzteblatt* 116. Nr. 37, S. 1586–1591.
Wissenschaftlicher Beirat der Bundesärztekammer (1991): „Pränatale und perinatale Schmerzempfindung“. In: *Deutsches Ärzteblatt* 88. Nr. 47, S. 4157–4169.

Henriette Krug

Wie lässt sich Vulnerabilität in Bezug auf genetisches Wissen verstehen?

Vom Umgang mit genetisch bedingter Verletzlichkeit am Beispiel Chorea Huntington

Abstract: *How can we understand vulnerability in terms of genetic knowledge? Handling genetic vulnerability by the example of Huntington's Disease.* Among other factors everyone's disposition to health and disease depends on the individual genetic constitution. Knowledge about this connection can be considered as the genetic version of the constitutional condition of human vulnerability. People growing up in a family with a hereditary disease often live in permanent awareness of their vulnerability. If there exists the possibility of genetic predictive testing, one has to decide whether to know or not. Huntington's disease is a well-known example of this situation. This paper is about comprehending the experiences people with risk for Huntington's disease go through during the process of decision-making as well as coping with the definitive result of genetic predictive testing. The aim is to gain insight into what people experience, how they deal with this kind of confrontation with their own vulnerability and what they perceive as supportive in this process.

1 Vulnerabilität im medizinischen Kontext von Gesundheit und Krankheit

Der Begriff Vulnerabilität bezeichnet die das gesamte menschliche Leben begleitende, konstitutionelle Exponiertheit wie Empfindlichkeit (Suszeptibilität) gegenüber möglicher Verletzung. Im medizinischen Kontext von Gesundheit und Krankheit ist damit das individuell je unterschiedliche wie unbestimmte Potenzial beschrieben, im Verlauf des Lebens eine Form von Verletzung bzw. Erkrankung zu erleiden und damit eine Versehrung seiner Integrität zu erleben.[1] In einem ganzheitlichen Gesundheits- und Krankheitsverständnis kann sich Vulnerabilität

1 Der Begriff Vulnerabilität umfasst Aspekte von Verletzlichkeit wie Verletzbarkeit. In diesem Beitrag wird der Begriff Vulnerabilität gleichgesetzt mit dem Begriff der Verletzlichkeit und im Sinne einer Eigenschaft bzw. Status von Empfindlichkeit verstanden.

 https://doi.org/10.1515/9783110734522-009

in verschiedenen Dimensionen realisieren, die sich je gegenseitig beeinflussen: als physische, psychische oder soziale Verletzung. „Based on the awareness that health is connected to mind, body and behavior, this holistic view of health should be carefully integrated into examinations of individual and societal vulnerability“ (Miksch 2017, S. 207). So kann beispielsweise eine physische Vulnerabilität eine psychische hervorrufen oder eine psychische Vulnerabilität eine soziale nach sich ziehen. Zudem kann eine konkrete körperliche Verletzung die physische Verletzlichkeit in Form von Anfälligkeit für beispielsweise sekundäre Infektionen oder Schmerzsyndrome vergrößern oder in einer anderen Dimension, z. B. der psychischen, neue Verletzlichkeit hervorbringen. Einmal erfahrene Verletzung macht auf neue Weise verletzlich oder potenziert die bisherige Verletzlichkeit: „being ill, especially with long-term chronic conditions, makes a person even more vulnerable“ (Miksch 2017, S. 207).

Dem Begriff der Vulnerabilität im Kontext der Medizin kann man sich auf zweierleise Weise nähern: aus der Perspektive von Pathogenese oder der Perspektive von Salutogenese. Bei pathogenetischer Herangehensweise ist eher die Möglichkeit von *Verletzung*, d. h. Gefährdungspotenzial und Risiko, *krank* zu werden, im Blick – und damit Fragen nach Entstehungs- und Behandlungsfaktoren. In salutogenetischer Herangehensweise ist eher die *Potenzialität* von Krankheit als die Herausforderung, *gesund* zu bleiben bzw. zu werden, im Blick – und damit Fragen nach Adaptation und Bewältigung. Unabhängig von diesen Sichtweisen ist ein wesentliches Charakteristikum von Vulnerabilität deren Unwägbarkeit: Vulnerabilität umfasst die nicht klar bestimmbaren Determinanten von Raum und Zeit *vor* dem möglichen Eintreffen einer Verletzung und steht damit in Nähe zum Begriff des Risikos, als dessen Voraussetzung sie anzusehen ist: „risk presupposes vulnerability. For, only if something is perceived as vulnerable to a foreseeable hurt, does it make sense to anticipate that hurt as a risk“ (Miksch 2017, S. 207). Diese Unbestimmtheit des ob, wann und wie der Realisierung von Vulnerabilität in eine konkrete Verletzung ist ein Aspekt der konstitutionellen Unverfügbarkeit wie Offenheit menschlichen Lebens. Zwar kann sich ein Individuum durch Vorsichtsmaßnahmen und eine generell achtsame, präventive Lebensweise bis zu einem gewissen Grad vor Verletzungen schützen, doch gibt niemand eine Garantie für lebenslange Unversehrtheit. Das gilt insbesondere im Hinblick auf genetische Vulnerabilität, deren materielle Basis, die menschliche DNA, dem Individuum als mit der Geburt unveränderlich gegeben erscheint. Zwar haben molekularbiologische Entwicklungen wie die CRISPR/Cas-Methode inzwischen Überlegungen zu einer Veränderung der DNA mittels Keimbahntherapie ermöglicht, doch kommt bis dato der genetischen Konstitution etwas Schicksalhaftes zu, insofern die DNA durch keine individuell selbstbestimmte Verhaltensmaßnahme zu verändern ist. In einer Gesellschaft, in der der Autonomie und

Selbstkontrolle hohe Bedeutung beigemessen wird, dominiert der Gedanke der Kontrollier- und Machbarkeit der Lebensvollzüge, was auch die Sicht auf Gesundheit und Krankheit prägt (Maio 2014). Vulnerabilität als etwas Konstitutionell-Schicksalhaftes bedeutet hier eine besondere Herausforderung und kann den Wunsch nach Kalkulation und Absicherung hervorrufen. Vulnerabilitätsbewusstsein als Sorge um den Erhalt der eigenen Integrität wirft die salutogenetisch ausgerichtete Frage auf, wie mit dieser menschlichen Kondition von Leben in der Ungewissheit gegenüber möglicher zukünftiger Verletzung gelingend umzugehen ist. Diese Frage verschärft sich in Richtung der Frage nach Bewältigungsstrategien, wenn sich in der Situation von erhöhter Disposition zu Krankheit bzw. manifester Erkrankung das Bewusstsein von der eigenen Vulnerabilität verstärkt und Adaptation erfordert.

1.1 Genetische Vulnerabilität

Ein Bereich, in dem sich menschliche Vulnerabilität konstituiert und dabei medizinisch greifbar wie quantifizierbar wird, ist die genetische Veranlagung des Menschen: In der genetischen Grundlagenforschung wird der Einfluss des Erbguts des Menschen auf dessen Gesundheit und Krankheit untersucht. Hierbei wurden in den vergangenen Jahren immer genauere Kenntnisse über die erbliche Basis von sowohl grundsätzlichen physiologischen Prozessen im menschlichen Körper als auch deren Fehlsteuerungen als Ursache von Krankheiten ermittelt. Ein zunehmendes Spektrum an hereditären Erkrankungen und Krankheitsdispositionen kann inzwischen aufgrund von genetischen Konstellationen erklärt und zugeordnet werden, was zum Begriff der genetischen Vulnerabilität führte. Dieser beschreibt die im individuellen Erbgut veranlagte Anfälligkeit, eine vererbbare Erkrankung zu erleiden: Ob, wie wahrscheinlich und in welchem Ausmaß ein Individuum im Verlauf seines Lebens psychisch oder physisch erkranken wird, ist bis zu einem gewissen Grad durch dessen Gene vorgegeben. Dieser Zusammenhang zwischen Erbgut und individueller Gesundheits- wie Krankheitsdisposition lässt sich somit als eine medizinisch-biologische Version der anthropologischen Grundkonstante Vulnerabilität interpretieren. Für viele erbliche Erkrankungen wurden und werden prädiktive (vorhersagende) Tests entwickelt, die in Form von rechnerischen Wahrscheinlichkeiten Auskunft über die je individuelle Vulnerabilität der Getesteten geben können. Deren Durchführung erfolgt unter der Zielvorgabe höherer Gewissheit und damit ggf. besserer Kalkulier- und Kontrollierbarkeit der bei der jeweiligen Erkrankung zu erwartenden Symptome und Gefährdungen, d. h. im Sinne eines gesundheitlichen Nutzens (vgl. Propping 1995): Wird bei einer Person frühzeitig eine individuelle Anfälligkeit bestimmt, kann ggf. rechtzeitig mit präventiven oder kurativen Maßnahmen begonnen werden. Besteht hingegen keine Behandlungsoption, bleibt als Nutzen der Untersuchung allein die Gewissheit für die weitere Lebensplanung. In jedem Fall erscheint die mit dem Testergebnis mitgeteilte konkrete Risikoabschätzung aber als ein Wissen, das in der bis zu dem Zeitpunkt bestehenden Unsicherheit und Sorge über eine individuelle Disposition größere Klarheit und Gewissheit bringt. Dieser Einblick in die Zukunft ist irreversibel und bedingt punktuell – nämlich nur in Bezug auf die eine getestete Erkrankung – eine Determinierung im Lebensverlauf.

Wurde eingangs auf die unterschiedlichen Dimensionen von Vulnerabilität in ihrer gegenseitigen Interferenz hingewiesen, so ist deutlich, dass die durch prädiktive genetische Testung erfolgende Klärung von Unsicherheit Auswirkungen im psychischen und psychosozialen Bereich nach sich ziehen kann. Wie bei jeglicher Mitteilung von Diagnoseergebnissen in der Medizin ist dieser Zusammenhang auch im Umgang mit genetischen Untersuchungen zu berücksichtigen: K. Solhdju beschreibt den Moment einer Diagnosestellung in der Spannung des Vorher/Nachher:

> Medizinische Akte des Diagnostizierens verwandeln, teilen das Leben in ein Davor und ein Danach. Sie führen in dramatischer Weise vor Augen, dass biologische Lebendigkeit (*zoe*) und Leben im Sinne der Biographie einer Person (*bios*) untrennbar miteinander verschränkt sind. (Solhdju 2018, S. 17)

Damit wird eine Diskrepanz beschrieben, die sich als problematisch erweisen kann: Schaffen prädiktive Tests auf objektiver medizinisch-biologischer Ebene mathematisch-statistisches Wissen und differenzialdiagnostische Gewissheit, die auf den ersten Blick mit Sicherheit und Kontrolle assoziiert sind, so ist damit keineswegs eindeutig bestimmt, wie sich dieses Wissen – und die mit dem Test gegebene Möglichkeit zum Wissen – in individuellen Lebensverläufen auf der subjektiven Ebene der Deutung auswirkt. Jedes Wissen ist deutungsbedürftig. Die statistische Aussage, die mit dem Testergebnis über das konkrete Erkrankungsrisiko vermittelt wird, erhält durch die Person, über deren Gesundheits- bzw. Krankheitsdisposition darin bestimmt wird, eine je subjektive, individuell bedeutsame Interpretation. Solche individuellen Deutungsmuster prägen bei Betroffenen den Umgang mit der eigenen genetischen Verletzlichkeit und die hiernach ausgerichtete Lebensgestaltung, d. h. im Fall eines positiven Testergebnisses die Einstellung gegenüber der Krankheit sowie die Strategien zu ihrer Bewältigung (vgl. Crozier et al. 2015).[2] Insofern ist es in der Kommunikation der Ergeb-

2 Vgl. Crozier et al. (2015, S. 13) in der Zusammenfassung verschiedener psychologischer Modelle

nisse prädiktiver genetischer Tests relevant, diese subjektiven Deutungszuschreibungen zu kennen und für den weiteren Verlauf angemessen zu berücksichtigen.

1.2 Fragestellung: Zur Relevanz des Wissens über die eigene genetische Vulnerabilität am Beispiel Chorea Huntington

In diesem Beitrag wird der Frage nachgegangen, wie Individuen mit erblich vorgegebenem Erkrankungsrisiko den Prozess der Auseinandersetzung mit ihrer genetisch vorgegebenen Vulnerabilität angesichts einer prädiktiven Testmöglichkeit erleben, insbesondere im Hinblick auf Konditionen ihres Wohlergehens. Dabei wird anhand der beschriebenen Diskrepanz zwischen Wissens- und Deutungsebene vorgegangen: Was bedeutet das Bewusstsein einer familiären Disposition und das durch prädiktive Testung mögliche Wissen? Antworten hierauf lassen sich zum einen aus dem Umgang mit der Möglichkeit zum Wissen, d. h. dem Entscheidungsprozess gegenüber der Inanspruchnahme eines Tests, erkennen: Warum entscheiden sich Menschen für bzw. gegen den punktuellen Einblick in ihre genetische Vulnerabilität? Was bewirkt die Untersuchung bzw. die Mitteilung von deren Ergebnis? Zum anderen können die Adaptionsweisen nach Erhalt des Testergebnisses Aufschluss geben: Auf welche Weise und aufgrund welcher Voraussetzungen gehen Individuen nach prädiktiver genetischer Testung mit dem definitiven Wissen um?

Für die Beantwortung dieser Fragen sollen exemplarisch die Erfahrungen aus der prädiktiven genetischen Testung für die Erkrankung Chorea Huntington herangezogen werden. Das Beispiel von Chorea Huntington wird gewählt, da diese eine eindeutig zugeordnete, ausschließlich monogenetisch bedingte, autosomal dominant vererbte, hoch penetrante Erkrankung ist, für die keine kurativen Therapiemöglichkeiten existieren. Da im Falle einer prädiktiven Testung auf Chorea Huntington kein unmittelbarer gesundheitlicher Nutzen entsteht, ist diese Erkrankung „paradigmatisch für eine Extremsituation der prädiktiven Diagnostik“ (Propping 1995, S. A-3310). Nutzen, Risiken und Bürde sind „komplizierter miteinander verflochten“ (Propping 1995, S. A-3312), d. h., die Gründe für die Entscheidung sollten gründlich verstanden und auf ihre Folgen sollte sorgfältig vorbereitet werden können. Ziel des Beitrages ist, den Umgang mit dem Wissen

zur Erklärung der Reaktionen auf ein prädiktives Testergebnis: „an individual’s representation of a disease, and its meaning may influence coping strategies and functioning and has framed exploration of psychological reactions of individuals undergoing predictive genetic testing“.

um genetische Vulnerabilität und die Bedeutung von Testmöglichkeit wie -resultat im Sinne des Wohlergehens von Individuen mit Disposition für Chorea Huntington besser zu verstehen und nutzbar machen zu können.

2 Vulnerabilitätserleben bei genetischem Risikostatus angesichts der Möglichkeit zu prädiktiver Diagnostik am Beispiel von Chorea Huntington

2.1 Die Erkrankung Chorea Huntington

Chorea Huntington (im Folgenden in Ableitung von Huntington's Disease mit HD abgekürzt) ist eine autosomal dominant vererbte, neurodegenerative Erkrankung, die fortschreitende motorische, psychische und kognitive Symptome hervorruft. (vgl. im Folgenden z. B. McColgan/Tabrizi 2018; Ramond et al. 2019). Diese umfassen u. a. unkontrollierbare, überschießende Bewegungen am gesamten Körper, Sprech-, Schluck- und Koordinationsstörungen, Veränderungen von Emotion, Antrieb und Wesen sowie eine demenzielle Entwicklung. Diese Symptome von HD bringen erhebliche, zunehmende Einschränkungen im Alltagserleben und stellen eine physische wie psychische Belastung dar, die die Lebensvollzüge und Lebensqualität sowohl der Patient:innen als auch der betroffenen Bezugspersonen maßgeblich beeinflusst. Es gibt bisher keine heilende Therapie, es wird symptomlindernd behandelt. Ca. 15 Jahre nach Auftreten der ersten Symptome führt die Erkrankung zum Tod. Die Prävalenz von HD wird für die Bevölkerung der westlichen Welt mit ca. 10 – 13:100.000 angegeben, Männer und Frauen sind gleichermaßen betroffen. Die Erkrankung beginnt in der Regel um das 40. Lebensjahr, sodass die Mutationsträger von HD typischerweise in der ersten Lebenshälfte asymptomatisch sind und am normalen beruflichen wie gesellschaftlichen Leben teilhaben können.

Die Erkrankung ist ausschließlich monogenetisch bedingt, d. h. eine einzige genetische Veränderung führt zu der beschriebenen Symptomatik. Diese Mutation besteht in der Verlängerung eines definierten Genabschnittes des Chromosoms 4 um sogenannte CAG-Triplets: Bei einer Länge von über 40 Triplets besteht volle Penetranz, d. h. 100 %ige Wahrscheinlichkeit, symptomatisch zu werden. Mit dem autosomal-dominanten Erbgang besteht für heterozygote Allelträger, die zum Zeitpunkt der Familienplanung meistens noch symptomfrei sind, das 50 % ige Risiko, die Erkrankung zu vererben. 1993 ist nach Lokalisierung des Huntington-Gens eine direkte prädiktive genetische Testung möglich geworden, mit der die krankheitsauslösende Mutation nachgewiesen werden kann. Sie besteht in einem Bluttest mit anschließender DNA-Untersuchung in einem hierfür spezialisierten Testlabor und ermöglicht einer Person mit der Verdachtsdiagnose HD die Bestätigung bzw. den Ausschluss dieser Erkrankung. Aufgrund des autosomal-dominanten Erbganges vermittelt das Testergebnis zudem indirekt Informationen über das Vorliegen der Mutation und das Erkrankungsrisiko bei weiteren Verwandten innerhalb der Familie.

2.2 Vulnerabilitätserleben in einer Familie mit HD-Risikostatus

Menschen mit an HD erkrankten Angehörigen leben in einem erhöhten, weil existenziell intensivierten, Vulnerabilitätsbewusstsein: Als Angehörige einer Familie mit bekanntem Risikostatus für HD entwickeln sie – bei vorhandenem Kontakt zu ihren Verwandten – im Unterschied zu Individuen ohne eine familiäre Erkrankungsdisposition unweigerlich ein Bewusstsein für die Abhängigkeit ihres Gesundheitszustandes von der genetischen Ausstattung: Angesichts der von der krankheitsauslösenden Mutation betroffenen Familienmitglieder mit ihrem je eigenen Krankheitsverlauf erleben sie ggf. täglich genetische Vulnerabilität in ihren konkreten Auswirkungen für das eigene sowie das Leben der nahen Angehörigen. In der Begegnung mit erkrankten Familienmitgliedern und der Weise, wie diese an den fortschreitenden Symptomen von HD leiden, mit den Einschränkungen umgehen und wie das soziale Umfeld darauf reagiert, entstehen Bilder, die die eigene Vorstellung und Bedeutsamkeit von dieser Erkrankung im Lebensverlauf prägen. In diesem Zusammenhang entstehen individuelle Deutungsmuster, die die persönliche Bewertung der Krankheit und ihrer Erlebnisqualität beeinflussen:

> Ich kann mich an eine Gelegenheit erinnern, als ich meine Mama in einem Restaurant, in dem meine Brüder in ihrer Band spielten, zur Toilette brachte [...] ich hielt meine Mama, als sie ihren Weg durch die Menge stolperte, um zu den Toiletten zu gelangen. Nach der Bewerkstelligung des Abstechers zur Toilette, wusch ich meiner Mama die Hände, und eine junge Frau sagte zu mir ‚gib ihr Wasser zu trinken, dann wird sie wieder nüchtern!' ich fühlte mich wirklich gedemütigt und wütend [...] und vollständig missverstanden. Ich erinnere mich gedacht zu haben ‚Wenn es nur so einfach wäre'. (Susan, zitiert in Huntington's Disease Youth Organization 2019b)

> Mein Papa verursachte Chaos, wenn er raus ging, um Lebensmittel einzukaufen. Es gab nie eine Woche, die verging ohne irgendeine Art von Vorfall, gewöhnlich war er in das Umwerfen

> einer schönen Dekoration verwickelt, für die irgendein armer Mitarbeiter Stunden aufbrachte, um sie aufzustellen! (Katy, zitiert in Huntington's Disease Youth Organization 2019a)

Wer um die familiäre Disposition für HD weiß, stellt sich die Frage nach der eigenen Betroffenheit. Angehörige einer Familie mit erblichem Risikostatus für HD verfolgen das Schicksal ihrer Verwandten aus der Perspektive von Zeug:innen der eigenen Zukunft. Auch das Fehlen suffizienter Therapieoptionen für diese Erkrankung nehmen sie in dieser somit zweifach belastenden, Sorgen auslösenden Blickrichtung wahr. Dieses Leben in besorgter Aufmerksamkeit gegenüber erkrankten Angehörigen und nagender Ungewissheit gegenüber der eigenen Disposition lässt sich als ein *erhöhtes Vulnerabilitätsbewusstsein* beschreiben.

> Ich habe Angst, weil immer das jüngste Geschwisterkind in meiner Familie Huntington zu bekommen schien. Meine Mutter war die jüngste ihrer Geschwister und genauso war es mein Großvater auch. Ich mache mir Sorgen, weil ich das Nesthäkchen in meiner Generation bin, also könnte ich es auch bekommen. (Leanne, zitiert in Huntington's Disease Youth Organization 2012)

2.3 Vulnerabilitätserleben angesichts der möglichen Gewissheit durch prädiktive genetische Testung für HD

2.3.1 Auseinandersetzung mit der Möglichkeit prädiktiver genetischer Testung

Durch die Möglichkeit einer prädiktiven genetischen Testung auf HD besteht für Menschen mit familiärem Risikostatus für HD die Chance, aus der Sorge und Unsicherheit über die eigene genetische Ausgangslage herauszukommen: Das Testergebnis ermöglicht ihnen für ihre Zukunftsplanung Gewissheit darüber, ob sie sich im weiteren Verlauf ihres Lebens auf das Eintreten der Erkrankung einstellen müssen. Aufgrund des autosomal-dominanten Erbgangs und der hohen Penetranz der Mutation betrifft das mit dem Test vermittelte Wissen allerdings nicht nur die eigene Person und Nachkommen, sondern auch die gesamte familiäre und soziale Konstellation, in der die Betroffenen leben: Der Wissenserhalt über den eigenen Status bezüglich HD ermöglicht den Getesteten Rückschlüsse sowohl darüber, ob sie bei der eigenen Familienplanung damit rechnen müssen, die Mutation mit 50 %iger Wahrscheinlichkeit an ihre Kinder weiterzugeben, als auch darüber, mit welchen Wahrscheinlichkeiten nahe Verwandte betroffen sind. So erhalten z. B. Eltern oder Zwillingsgeschwister, die bisher asymptomatisch und ohne genetische Untersuchung gelebt haben, bei Mutationsnachweis implizit Aufschluss über ihre eigene genetische Situation. Für Kinder bislang asymptomatischer Eltern beispielsweise drängt sich bei positivem Testresultat eines Elternteils die Frage nach der eigenen Kondition auf. Ebenso hat das Untersuchungsergebnis Auswirkungen auf das Selbstverständnis und die Beziehungsdynamik innerhalb der Partnerschaften und familiären wie sozialen Systeme der betreffenden Person: Hier wird über die Rollen und Erwartungen als Angehörige oder zukünftige Betreuungspersonen entschieden. Insofern kann das Testergebnis einer einzelnen Person zu erheblichen Irritationen innerhalb des gesamten familiären Systems führen.

Der Blick in die eigene Zukunft ist für die Beteiligten unauslöschlich und von existenzieller Bedeutsamkeit (Andersson et al. 2016; Solhdju 2018): Auch wenn der Nachweis der Mutation weder Auskunft darüber geben kann, zu welchem Zeitpunkt sie genau mit dem Ausbruch der Erkrankung rechnen müssen, noch darüber, in welcher Art und Ausprägung die Symptome in ihrem individuellen Fall auftreten werden, noch darüber, wie sich der Krankheitsverlauf konkret im Zusammenhalt der Bezugspersonen auswirken wird, so sind sie mit dem Tag des Testergebnisses sicher diagnostiziert und für ihre Zukunft klar determiniert: jetzt noch symptomfrei, aber zukünftig sicher betroffen. Durch ihre bereits symptomatischen Verwandten haben sie Bilder und Erlebensweisen vor dem inneren Auge, die ihre Vorstellung davon geprägt haben, wie die Krankheit ihr Leben verändern wird. Auf diese Weise beeinflusst das Testresultat die Gegenwart in ihrer Offenheit für die Zukunft. Der Tag der Ergebnismitteilung bedeutet eine nachhaltige Zäsur im Leben der Getesteten, das hierauf in ein Vorher und ein Nachher zerfällt.

Allein die Existenz dieser Untersuchungsmöglichkeit der genetischen Disposition beeinflusst Menschen mit familiärem HD-Risikostatus in ihrem Vulnerabilitätsbewusstsein, insofern diese hierauf mit einer Entscheidung reagieren müssen: Wollen sie die Möglichkeit zur Gewissheit für sich nutzen oder nicht? Für diese Entscheidung müssen sie die individuell positiven wie negativen Folgen für sich sorgfältig überlegen und abwägen. In die eigene Haltung gegenüber der Testmöglichkeit wirken Einstellungen aus dem familiären und weiteren sozialen Umfeld mit ein:

> Because people do ask [if you have been tested or not]. Say that ten people ask you. That does something to you. (Vilde, zitiert in Tillerås et al. 2020, S. 1098)

> There is a pledge in the family. No one should get tested. And if you do, you can't say anything to anyone, because they believe that it will increase the probability of others getting ill too. (Anders, zitiert in Tillerås et al. 2020, S. 1098)

Von Beginn an steht fest, dass das Ergebnis zwar Gewissheit über das Vorhandensein der Mutation bringen kann, darüber hinaus aber keine therapeutischen Konsequenzen auslöst (Propping 1995). Eine prädiktive genetische Testung mit positivem Mutationsnachweis für HD bedeutet faktisch Ansage einer schwerwiegenden Erkrankung mit infauster Prognose ohne relevantes suffizientes Therapieprogramm zu einem Zeitpunkt im Leben, an dem keinerlei Symptome bestehen und an dem ohne das Wissen um die erbliche Belastung ein normales Leben in subjektivem Gesundheitserleben möglich wäre (vgl. Babul et al. 1993; Andersson et al. 2016). An Argumenten *für* eine Testung werden in der Regel neben der reinen Gewissheit über den eigenen genetischen Status deren Konsequenzen für die persönliche Lebens- und Familienplanung genannt: Orientierung für die generelle Evaluierung individueller Lebenserwartungen und -ziele sowie für spezielle Entscheidungen im beruflichen, familiären und finanziellen Bereich, dazu das Wissen für Nachkommen und deren Fragen in Blick auf Kinderwunsch (vgl. Deutsche Huntington-Hilfe 2014; Meiser/Dunn 2000). *Gegen* eine genetische Untersuchung werden an erster Stelle die Folgen einer fehlenden präventiven oder therapeutischen Konsequenz angeführt: die Gewissheit über die bevorstehende Erkrankung als einer per se negativen oder angstauslösenden Erfahrung, die zusätzliche Belastung durch das Wissen um fehlende Vorsorge- und Therapiemöglichkeiten, die damit einhergehende Einschränkung der Lebensperspektive und mögliche Stigmatisierung oder Schwierigkeiten mit der Krankenversicherung bzw. Versicherungen insgesamt. Neben der Unsicherheit, das Ergebnis psychisch nicht zu verkraften, wird die konkrete Angst vor Krankheitsbeginn und -verlauf genannt. Hinzu kommt das Wissen um die Gefährdung der Nachkommen und daraus resultierende Schuldgefühle (vgl. Deutsche Huntington-Hilfe 2014; Meiser/Dunn 2000).

> Ich weiß jetzt seit einigen Jahren, dass ich das Risiko habe und ich quäle mich mit der Entscheidung, ob ich mich testen lassen soll oder nicht. Es ist so eine schwierige Entscheidung, und es scheint so viel zu beachten zu sein. Zusätzlich zu der Sorge das Risiko zu haben, kommen jetzt also noch weitere Sorgen dazu. (Jacob, zitiert in Huntington's Disease Youth Organization 2012)

Menschen mit an HD erkrankten Angehörigen entwickeln in der Irritation über ihre eigene genetisch bedingte Zukunft ein existenziell intensiviertes Vulnerabilitätsbewusstsein. Vor dem Hintergrund der Möglichkeit und des Versprechens von Gewissheit durch prädiktive Testung kann die Wahrnehmung der eigenen Desorientierung sich verstärken und das Vulnerabilitätsbewusstsein weiter steigern.

2.3.2 Entscheidung über die Inanspruchnahme

Zwischen der Möglichkeit, Wissen über die eigene Zukunft mit oder ohne HD erlangen zu können, und dem konkreten Zugriff darauf klafft eine Lücke. Herrschte während der Entwicklungsjahre des Tests großes Interesse und Erwartungen seitens Wissenschaft wie Betroffenenverbänden an dem damit gegebenen Wissensfortschritt, so waren mit Existenz der konkreten Testmöglichkeit die Zahlen zur tatsächlichen Inanspruchnahme wider Erwarten gering (Kessler 1994). Die Angaben hierzu schwanken zwischen 10 und 20 %. Ca. 80–90 % nehmen für sich das Recht auf Nichtwissen in Anspruch (Babul et al. 1993; Quaid/Morris 1993; Baig et al. 2016; Meiser/Dunn 2008). Diese Kluft wird zum einen darauf zurückgeführt, dass die implizite Annahme, mit dem Zuwachs an genetischem Wissen auch therapierelevante Erkenntnis zu gewinnen, enttäuscht wurde. Zum anderen werden vermeidende Coping-Strategien der Betroffenen als Erklärung genannt sowie Sorgen, die sich für den Fall eines positiven Mutationsnachweises um Stigmatisierung und Diskriminierung drehen, z. B. mögliche Konsequenzen für das Arbeitsverhältnis und den Krankenversicherungsstatus (Ramond et al. 2019). Aufgrund der Aussichtslosigkeit auf Therapie bei der Erkrankung fällt die Entscheidung für oder gegen die Untersuchung zusätzlich schwer. Im Prozess der Abwägung treten so die Fragen und Sorgen über das Ob, Warum, Wann und Wie der unheilbaren Erkrankung verstärkt vor Augen. Dieses intensivierte Bewusstsein von der eigenen, als schicksalhaft empfundenen genetischen Vulnerabilität kann unter dem Druck zur Entscheidung zu Konflikten und psychischer Belastung bis hin zu erhöhter Suizidalität, d. h. neuen Pathologien, führen (Larsson et al. 2006; Richartz-Salzburger et al. 2006; Robins Wahlin 2007).

Die Ambivalenz wiegt schwer: Auf der einen Seite wünschen Individuen mit einem erhöhten genetischen Risikostatus für HD die definitive Bestätigung, auf der anderen Seite fürchten sie deren Folgen.

> Fünfzig Prozent scheinen viel mehr als es sein sollte, egal wie oft mir gesagt wurde, das sei eine ‚absolut ausgeglichene Wahrscheinlichkeit'! Ich meine, die 50 % Wahrscheinlichkeit, das (verlängerte) Gen zu haben, ist einfach viel schwerwiegender als die 50 % Wahrscheinlichkeit, es nicht zu haben – zumindest ist es stärker in meinem Kopf präsent. Mein Mathe-Lehrer würde mich dafür töten, so zu denken, weil es logisch ja keinen Sinn macht. (Luke, zitiert in Huntington's Disease Youth Organization 2012)

Nach den bereits erwähnten Studien zur Inanspruchnahme des Tests zieht die Mehrheit in dieser Situation offenbar ein Leben in Ungewissheit vor: Die Ungewissheit lässt zumindest Raum für eine 50 %ige Wahrscheinlichkeit und Hoffnung, die Erkrankung nicht zu erleiden.[3] Die ebenso hohe 50 %ige Wahrscheinlichkeit, durch ein unauffälliges Testergebnis von der Verletzung „freigesprochen“ werden zu können, wiegt diese Option offenbar nicht auf.

In einem Interview stellt die Betroffene Nancy Wexler diese Ambivalenz mit folgenden Worten dar: „Ich möchte wissen, dass ich es nicht habe, aber ich möchte auf keinen Fall wissen, dass ich es habe“ (Wexler, zitiert in Schneider 2000). Diese Aussagen spiegeln im Kern die Auseinandersetzung mit der Bedeutung von Krankheitsgewissheit bzw. -ungewissheit für das eigene Leben wider: Ungewissheit berührt die eigene Handlungsfähigkeit und kann darin einerseits negativ als Limitation erscheinen, wenn die Gedanken über möglicherweise zukünftig auftretende HD-Symptome die menschliche Ausrichtung auf Offenheit und Gestaltbarkeit des Lebens beschränken und Handlungsoptionen für die Zukunftsplanung aufgrund dieser Sorge von vornherein – vielleicht aber im Nachhinein unbegründet – ausgeschlossen werden. Hier würde ein negatives Testergebnis Befreiung bringen. Ungewissheit kann andererseits aber auch positiv als Freiheit und Spielraum von Hoffnung wahrgenommen werden: Solange es keine definitive Aussage gibt, kann jedes fragliche Symptom, jede heruntergefallene Tasse, auch eine andere Ursache haben als HD. Durch ein positives Testergebnis würde dieser Interpretationsspielraum durch die Erkrankungsgewissheit zerstört und der Raum für die eigene Lebensplanung massiv beschränkt werden. Dann würde alles vor dem Szenario der sich im Leben bemerkbar machenden Verletzung wahrgenommen. Die Aussicht auf eindeutiges Wissen löst hier Furcht vor Determinierung aus, die einer Verletzung der psychischen Integrität gleichkommen kann. Diese mögliche Festlegung durch Gewissheit und die darin wahrgenommene Einschränkung von Handlungsfähigkeit bei positivem Testergebnis wiegt für die Mehrheit der Menschen mit HD-Risikostatus offenbar schwerer als eine potenzielle Einschränkung durch Ungewissheit bei Unterlassen der Untersuchung. Auch die Möglichkeit einer Deutung, die Gewissheit aus dem Test als Weg zur Vorbereitung und einer der Realität angepassten Zukunftsgestaltung, d. h. Medium zur Kontrollwahrung, wahrzunehmen, scheint gegenüber dieser Aversion gegenüber negativ gedeuteter Determinierung weniger zu überzeugen.

Hiermit ist nachgezeichnet, dass und in welcher Weise allein das Potenzial von Wissen und der Umgang damit verletzbar machen kann. Kann das in Familien mit HD-Risikostatus erhöhte Bewusstsein für die eigene Vulnerabilität sich bereits allein durch die Existenz der Testmöglichkeit weiter steigern, so entfaltet sich in

3 „The most commonly reported reasons for choosing not to have the test related to the emotional and psychological consequences of a positive test result – such as fear of searching for symptoms and of losing what hope could be retained“ (Meiser/Dunn 2008, S. 575).

der Konfusion über die richtige Entscheidung eine Dynamik von Verunsicherung und Ambivalenz, die ihrerseits verletzbar machen kann für psychische Verletzung. Aufgrund dieser tiefgreifenden Implikationen wird die Durchführung der genetischen Untersuchung von einem umfänglichen Protokoll mit vorgeschriebenen Beratungen durch ein multiprofessionelles Team für wiederholte Zeitpunkte vor und nach Erhalt des Testergebnisses begleitet (vgl. IHA/WNF 1994; Harbo et al. 2009; MacLeod et al. 2013).

Es bedarf besonderer Stärke und Motivation, sich der Gewissheit des Testergebnisses zu stellen: Die 10 – 20 %, die sich für die Durchführung des Tests entscheiden, bildet eine selektive Gruppe von HD-Risiko-Personen, die als besonders Ich-stark und fähig zur positiven Resonanz beschrieben werden (Codori et al. 1994; Kessler 1994; Decruyenaere et al. 2003). Und auch dann, wenn die Entscheidung zugunsten der Durchführung des prädiktiven Tests gefallen, ist, halten nicht alle Patient:innen das Protokoll bis zum Ende durch. Angesichts der kurz bevorstehenden Weichenstellung über die eigene Zukunft ist die Zeit vor Erhalt des Testergebnisses eine große psychische Herausforderung, in der die Sorgen und Unsicherheiten der Entscheidungszeit kulminieren und auszuhalten sind:

> Wenn ich sage, dass die Wochen zwischen meiner Blutabnahme und dem Erhalt meines Ergebnisses qualvoll waren, meine ich das genauso. Ich glaube, das waren die schwierigsten Wochen meines Lebens. Jeden Tag spukten mir so viele Gedanken im Kopf herum, die mich nicht schlafen ließen. Wie gehst du mit solch einem inneren Kampf um? Du machst dich selbst verrückt, wirst ein emotionales Wrack, das keinen Schlaf bekommt, weil dein Verstand rast und du verängstigt bist, weil du im Augenblick nicht weißt, wie deine Zukunft aussieht. (Laura, zitiert in Huntington's Disease Youth Organization 2013)

Ramond et al. werteten 2019 in einer Reviewarbeit Daten von 448 Personen aus, die sich mit dem Anliegen der prädiktiven Testung für HD vorstellten.[4] Als Gründe für die Entscheidung zur Untersuchung wurden von den Testanwärter:innen Familien- und Zukunftsplanung, Risikoinformation der Kinder, Wunsch nach Gewissheit oder die Wahrnehmung von fraglichen HD-Symptomen angegeben (ähnlich Mandich et al. 2017). 19 % dieser Menschen brachen im Verlauf das Protokoll ab. Hierbei war die Motivationslage für die Testung sowie das Sozialleben der Betroffenen von Bedeutung: Die Abbruchrate war bei denjenigen relativ erhöht, die keinen konkreten Grund oder lediglich den Wunsch nach Gewissheit als Motiv für den Test angegeben hatten.[5] In Hinsicht auf das Sozialleben ergab

---

4 Eine ähnliche Fragestellung verfolgten Mandich et al. 2017 für Testpersonen aus Italien.

5 Von welcher Bedeutung die Konkretheit der Gründe, die HD-Risiko-Patienten als Grundlage ihrer Entscheidung für den Test angeben, ist, findet sich auch in der Arbeit von Decruyenaere et

sich, dass Individuen, die verheiratet waren oder während der Testphase von einer befreundeten Person begleitet erschienen, geringere Abbruchraten zeigten als Personen, die andere Partnerschaftsformen angaben oder allein erschienen.[6]

Das heißt: Testanwärter:innen halten eher bis zur Mitteilung des Testergebnisses durch, wenn sie sich als sozial verbunden erleben und wenn sie das Testergebnis als Antwort auf Fragen konkreter Zukunftsgestaltung sehen, d. h., wenn sie die Gewissheit aus dem Test dazu nutzen wollen, ihr Leben der zukünftigen Realität anzupassen. Sie nehmen diese Vorbereitung also als eine Möglichkeit wahr, die Ungewissheit und Sorge über den weiteren Lebensverlauf in einem gewissen Maß zu kontrollieren. Im voranstehend gezeichneten Bild des Spielraums verlassen sie mit ihrer Entscheidung zur Gewissheit den großen Spielraum der Ungewissheit, in dem theoretisch mehr Handlungsoptionen bestehen, zugunsten eines der Testaussage angepassten kleineren Spielraums, innerhalb dessen sie die noch gegebenen Gestaltungsmöglichkeiten für ihre Zukunftsplanung realitätsnah angehen können.

2.3.3 Zwischenfazit: Zum Umgang mit der Möglichkeit von Wissen

Welche Bedeutung hat die prädiktive genetische Untersuchung für Menschen mit HD-Risikostatus? Die durch den prädiktiven Test bestehende Möglichkeit von Wissen und Gewissheit um die medizinisch-biologisch quantifizierbare Vulnerabilität für die Krankheit HD kann zusätzliche, neue Vulnerabilität bedingen bis hin zu neuen belastungsinduzierten Pathologien. Diese entstehen auf der mentalen Ebene durch Antizipation und Bewertung von Erkrankungsszenarien bzw. die Ungewissheit ihres Auftretens sowie Ambivalenzkonflikte in der Entscheidung. Der Kern der Auseinandersetzung besteht in der Konfusion über den subjektiv richtigen Umgang mit der Ungewissheit. Dabei beeinflussen die Funktionen und subjektiven Deutungsmuster, die Individuen mit dem Testergebnis verbinden, das Ausmaß der Verletzlichkeit durch das mit der prädiktiven Testung mögliche Wissen. Insgesamt lässt sich eine Dynamik erkennen, die von anfäng-

al. (2003): Aus den Ergebnissen geht hervor, dass die Personen, die das Testergebnis mit konkreten Erwartungen für ihre Lebensplanung verbinden, im Verlauf durch das Testergebnis weniger belastet erschienen als diejenigen, die allein die Gewissheit über ihren Genstatus als Grund angeben.

6 Ebenso hatte das theoretische Betroffenheitsrisiko (25 vs. 50 %) Einfluss auf die Einhaltung des Protokolls: Bei höherem Risiko war die Compliance höher, ebenso bei bereits bestehenden neurologischen oder kognitiven Symptomen im Vergleich zu asymptomatischem Status und der rein individuellen Überzeugung, betroffen zu sein (vgl. Ramond et al. 2019).

lichem genetisch bezogenen Vulnerabilitätsbewusstsein zu realer psychischer Verletzung führen kann. Diese realisiert sich zu einem Zeitpunkt ggf. Jahre, bevor die Erkrankung selbst sich als Verletzung bemerkbar macht. Die mögliche Prädiktion von definitivem Wissen bedingt, dass diese neue Vulnerabilität, die im lebensgeschichtlichen „Normalfall" von Verletzung, wie z. B. Erkrankung oder Schicksalsschlag, in der Chronologie zeitlich nachfolgt, nach vorne verlagert wird.

2.4 Vulnerabilitätserleben bei Mitteilung des Testergebnisses

Mit dem Tag des Testergebnisses erfolgt die irreversible Bestimmung der Zukunft im Blick auf das Auftreten von realer Verletzung durch HD-Symptome. Aus den voranstehenden Ausführungen wurde erkennbar, dass die Betroffenen in der Regel zu diesem Zeitpunkt einen oft schwierigen Weg der Auseinandersetzung mit ihrer familiär vorgegebenen Vulnerabilität zurückgelegt haben, auf dem sich eine je individuelle Funktion und Bedeutung der genetischen Untersuchung geformt hat, mit der die Getesteten dem Ergebnis entgegensehen. Inhaltlicher Dreh- und Angelpunkt des Entscheidungsprozesses ist der subjektive Umgang mit der der Vulnerabilität eigenen Unbestimmtheit. Welche Bedeutung wird der Festlegung der Zukunft durch das Testergebnis zugeschrieben? Wie nehmen die Individuen die Weichenstellung für die Gestaltbarkeit der eigenen Zukunft auf?

In der folgenden Sichtung von Studienergebnissen über die Folgen des Testergebnisses bei HD-Verdacht sind zwei Kategorien grundsätzlich zu unterscheiden: Zum einen die Differenzierung zwischen positiv Getesteten (den sogenannten Carriern) und negativ Getesteten (den sogenannten Non-Carriern),[7] zum anderen die Aufteilung in akute Reaktionen im Zeitraum von Tagen bis zu 12 Monaten nach Ergebnismitteilung einerseits sowie Umgangsformen mit dem Ergebnis im Verlauf der Folgejahre andererseits, während derer sich die Haltung gegenüber dem Ergebnis stabilisieren konnte.[8]

Non-Carrier sehen nach dem Test im Vergleich zu den Carriern ihrer Zukunft positiver entgegen. Messwerte für Depression, Hoffnungslosigkeit und Ängste

7 Im Folgenden werden mit Carrier diejenigen bezeichnet, die genetisch diagnostiziert, klinisch aber noch nicht symptomatisch sind.

8 Methodische Anmerkung: Diese Ergebnisse sind in ihrer Aussagekraft dadurch eingeschränkt, dass sie von dem geringen Anteil der 10–20 % von Huntington-Gefährdeten stammen, die sich überhaupt für den Test entschieden haben. D. h., diese Ergebnisse stammen nur von einer kleinen Auswahl der Gruppe von insgesamt möglicherweise Betroffenen, die vor dem Test psychisch so stabil und entschieden waren, den Mut für diesen Blick in die Zukunft aufzubringen.

sinken im ersten Jahr nach Testergebnis. Doch gibt es bei den Non-Carriern einen Anteil von ca. 10 %, die Schwierigkeiten haben, das Testergebnis anzunehmen. Hier können Lebensentscheidungen eine Rolle spielen, die im Vorfeld in sicherer Erwartung der Erkrankung getroffen worden waren und sich im Augenblick des Testergebnisses als falsch herausstellen, ebenso im Vorfeld der Testung übersteigerte Erwartungen an die entlastende Wirkung eines negativen Befundes. Ein anderer wesentlicher Grund können Schuldgefühle gegenüber den betroffenen Angehörigen sein, z. B. Gedanken an Geschwister, die mit der Erkrankung leben müssen, während man selbst gesund gesprochen wurde, das sogenannte Überlebensschuld-Syndrom („survivor-guilt") (Meiser/Dunn 2000; Huggins et al. 1992): „When I received the good news, I felt guilty for being free while my sister was not. [...] We had the same probability; [...] I would gladly have taken the disease, so that my sister wouldn't have to" (Andrea, zitiert in Tillerås et al. 2020, S. 1100). Für die Carrier zeigen die Skalen zu depressiver Verstimmung und Hoffnungslosigkeit in den ersten Monaten nach Ergebnismitteilung signifikant höhere Punktwerte als für die Non-Carrier (Almqvist et al. 2003; Duisterhof et al. 2001; Meiser/Dunn 2000). Für diejenigen, die den Nachweis der krankmachenden Mutation verarbeiten müssen, dominiert zunächst oft das Gefühl von Alleinsein und Isolation (Stopford et al. 2020). Ihre Teilhabe am normalen Leben der Gesunden ist akut in Frage gestellt, „angezählt". Im Hinblick auf den letalen Verlauf der Erkrankung kann die Diagnose vollkommen hoffnungslos im Sinne eines Todesurteils aufgenommen werden, in der rückblickenden Formulierung eines Betroffenen: „Da war ich tot" (R. Wegener im Interview von Draeger 2013, S. 1). Auch wenn die Person zu dem Zeitpunkt gleichermaßen asymptomatisch und phänomenologisch gesund erscheint wie am Tag vor der Ergebnisbekanntgabe, so verändert sich mit dem unwiderlegbaren Wissen die grundsätzliche Orientierung im Leben. Unterschiedliche Emotionen werden berichtet: Angst vor dem Zeitpunkt des Ausbruchs und ihrem Verlauf, konkrete Sterbensangst oder Furcht vor den möglichen negativen Konsequenzen für Beruf oder Partnerschaft, daneben aber auch Zorn über die Fortsetzung des familiären Leidens am eigenen Leib oder Zorn über die Wissensanmaßung des Arztes, mit dem Testergebnis die eigene Zukunft vorherzusagen. Im Falle von Elternschaft können Schuldgefühle entstehen gegenüber den Nachkommen, deren statistisch 50 %iges Risiko damit besiegelt ist (vgl. Deutsche Huntingtonhilfe 2017; Solhdju 2018, S. 90 f.). Die subjektive Identität und das Beziehungserleben zu den Menschen im familiär-sozialen Umfeld verformt sich unter dem determinierenden Diktum von Erkrankungsgewissheit.

2.5 Vulnerabilitätskaskade auf dem Weg zur Gewissheit über die genetische Disposition

Sowohl die Möglichkeit zum Wissen als auch das Wissen selbst können im Rahmen von Deutungszuschreibung die Dynamik einer Kaskade auslösen, die ausgehend von anfänglich erhöhtem Vulnerabilitätsbewusstsein zu zusätzlicher Verletzlichkeit bis hin zu realer psychischer Verletzung (Erkrankung) führt, die dann ggf. im Falle der positiv Getesteten ab dem Beginn von HD-Symptomen in den Folgejahren zu umfänglich physisch-psychisch-sozialer Verletzung kumuliert.

Kaskade der Vulnerabilität

Voraussetzung: Genetische Vulnerabilität ist als medizinisch-biologische quantifizierbare Version der konstitutionellen mehrdimensionalen Vulnerabilität des Menschen interpretierbar. Genetische Vulnerabilität als Aussage über das Potenzial von Erkrankungs(un)wahrscheinlichkeiten verweist auf die unabänderliche Abhängigkeit menschlicher Gesundheit und Krankheit von der genetischen Konstitution.

- Menschen mit erblich vorgegebenem Risikostatus für HD leben angesichts erkrankter Angehöriger in einem erhöhten (existenziell intensivierten) Bewusstsein ihrer genetischen Vulnerabilität. (2.2)
- Die Möglichkeit prädiktiver Testung mit dem Versprechen von Gewissheit kann Verunsicherungen über die Zukunftsgestaltung intensivieren und das Vulnerabilitätsbewusstsein weiter steigern. (2.3.1)
- In der Dynamik von Ambivalenz und Druck zur Entscheidung für oder gegen die Testung kann das gesteigerte Bewusstsein genetischer Vulnerabilität eine eigene psychische Vulnerabilität bedingen und umschlagen in konkrete Symptomatik (z. B. Ängste und Belastungserleben), d. h. psychische Verletzung. (2.3.2)
- Auch während der Testphase, in der Zeit zwischen Blutentnahme und Ergebnismitteilung, kulminieren die Ängste und Verunsicherungen des Entscheidungsprozesses und lassen in der Anspannung Vulnerabilität bis hin zu empfundener psychischer Verletzung spürbar werden. (2.3.2)
- Die Mitteilung des Testergebnisses bedeutet eine Determinierung der Zukunft im Hinblick auf HD (2.4):
  - Carrier wie Non-Carrier sind psychisch vulnerabel im Hinblick auf gelingende Aneignung des Testergebnisses in Identität und Lebenskonzept.

- Carrier erfahren in Antizipation sicherer Erkrankung psychische Verletzung durch Einschränkung ihrer Zukunftsoffenheit.

Diese Kaskade zeigt eine Chronologie von ineinandergreifenden Situationen, die zur Steigerung des Vulnerabilitätsbewusstseins beitragen und ihrerseits psychische Verletzung auslösen können. In pathogenetischem Fokus auf Empfindlichkeiten und Exposition sind damit drei Stationen von Wissensverarbeitung gekennzeichnet, die die Betroffenen situativ besonders empfindlich für konkrete psychische Verletzung werden lassen: bereits das Leben im familiären Umfeld mit erkrankten Angehörigen (vgl. 2.2), sodann angesichts der Möglichkeit zum Test der Prozess der Auseinandersetzung mit dessen Implikationen bis hin zur Not der Entscheidung (vgl. 2.3.1 und 2.3.2), schließlich das Testergebnis selbst (vgl. 2.4).[9] Hierbei beeinflussen die psychische Grundkonstitution, die soziale Einbindung sowie die individuellen Deutungsmuster von der Erkrankung das Ausmaß von Vulnerabilität und entstehender psychischer Verletzung. Ein wesentlicher inhaltlicher Kern bei der Zuschreibung von Deutungsmustern bildet die individuelle Interpretation der Determinierung durch die genetische Konstellation.

3 Vulnerabilitätserleben nach dem Testergebnis: Deutung und Adaptation

Bis hierher wurde mit vornehmlich pathogenetischer Perspektive nachgezeichnet, welchen Weg Menschen mit erblicher Belastung für HD bis zum Tag der Gewissheit über ihre eigene genetische Vulnerabilität bezüglich HD zurücklegen. Diese Herangehensweise führte zu der Aussage, dass Menschen mit HD-Risikostatus im Hinblick auf die Möglichkeit von Wissen wie auch das Wissen selbst in unterschiedlicher Form und Ausprägung vulnerabel werden und faktische Verletzung durch damit verbundene psychische Belastungen erleiden können.

Die Wahrnehmung von Verletzungsrisiken provoziert die salutogenetisch orientierte Frage nach Prävention: Wie lassen sich Menschen in dieser Vulnerabilität schützen und Verletzungen durch negativ interpretiertes Wissen verhindern? Hier kann der Blick auf die Erfahrungen derjenigen Antwort geben, die nach Erhalt des Testergebnisses gefordert sind, sich daran zu adaptieren.

---

9 Hierzu passt das Ergebnis von Tillerås et al. (2020), die in ihrer qualitativen Untersuchung von Reaktionen auf prädiktive Testung bei Chorea Huntington drei große Themenfelder ermittelt haben: 1. Leben in Vorbereitung auf Erkrankung, 2. Faktoren, die die Testentscheidung beeinflussen, 3. das Testergebnis selbst.

Nach der Ergebnismitteilung beginnt für Carrier wie Non-Carrier gleichermaßen eine Zeit der Bewältigung. In Studien über den längerfristigen Verlauf nach Mitteilung des Testergebnisses wurde wiederholt gezeigt, dass sich die Ergebnisse psychologischer Untersuchungen innerhalb der ersten Tage nach Ergebnismitteilung zwischen positiv und negativ Getesteten zwar stark unterscheiden, nach sechs bis zwölf Monaten aber deutlich angleichen (Broadstock et al. 2000; Meiser/Dunn 2000; Decruyenaere 2003). In beiden Gruppen lässt die psychische Belastung nach. Unter der Vorstellung, dass Individuen mit HD-Risikostatus in ihrer Verunsicherung vor dem Test von den Erfahrungen derer profitieren können, die sich bereits an das Testergebnis adaptieren mussten, folgt nun abschließend die Frage in salutogenetischer Perspektive: Wie kann Adaptation an die zukunftsbestimmende Aussage des Tests gelingen?

Insbesondere das positive Testergebnis, d. h. der prädiktive Nachweis der Erkrankung, bedeutet eine starke psychische Herausforderung: Die Diagnose ist da, obwohl noch keinerlei Symptome zu bemerken sind. Wenn auch die generelle psychische Belastung in den Monaten nach Testergebnis abnimmt, zeigen Ergebnisse einiger Vergleichsuntersuchungen für Carrier anhaltend höhere Werte für Depression und Hoffnungslosigkeit als für Non-Carrier. In Subanalysen zu negativen Prädiktoren für die Stimmungslage nach Mutationsnachweis wurde die psychische Ausgangslage vor dem Test als entscheidende Größe für die psychische Situation und Reaktion nach dem Test ermittelt (Broadstock et al. 2000; Meiser/Dunn 2000). D. h., wer schon ängstlich oder mit depressiver Stimmungslage in den Test hineinging, hatte auch mit Erhalt des Testergebnisses die höhere Wahrscheinlichkeit für eine negative Emotionslage. Dementsprechend wichtig ist der Blick auf positive Erfahrungen: In einer qualitativen Untersuchung über die Erfahrungen von Carriern, deren Test mindestens fünf Jahre zurücklag, wurden drei Bereiche von Positiverfahrung beschrieben: die Entlastung von Ungewissheit, eine generelle höhere Wertschätzung des Lebens und engeren Familienzusammenhalt (Licklederer et al. 2008): „It is best to take the time to do fun things/.../I am going to have as much fun as I can for as long as I can/.../I have become happier and, or one appreciates life more“(anonym:er Proband:in, zitiert in Hagberg et al. 2011, S. 74).

Hinzu kommt der Faktor sozialer Einbindung: Licklederer et al. (2008) ermittelten geringe soziale Unterstützung als Negativprädiktor für Depression und verminderte Lebensqualität im Prozess der Bewältigung des Testergebnisses.[10]

---

10 Zudem scheint weibliches Geschlecht eher für höhere seelische Belastung durch das Testergebnis zu disponieren. Hierfür wird der Einfluss des Testergebnisses auf die Entscheidung für oder gegen eine Schwangerschaft genannt: Ein positives Testergebnis beeinträchtigt aufgrund des impliziten hohen erblichen Risikos für die Nachkommen die reproduktive Offenheit.

Begleitung und sozialer Austausch helfen, Gefühlen von Isolation und Resignation zu begegnen: Nach Ergebnissen einer Untersuchung zur Implementierung von narrativer Intervention in die genetische Beratung von HD-Patient:innen profitieren Carrier vom direkten Gespräch und Austausch mit anderen Betroffenen (Stopford et al. 2020): „I felt like it sort of, helped me... obviously listening to other people, I think that helps you as well" (P3, zitiert in Stopford et al. 2020).

Individuen mit positivem Testergebnis erleben durch Gespräche mit anderen Betroffenen neben diesem „Comfort in connecting" (Stopford et al. 2020, S. 53), der sie aus dem Gefühl des Alleinseins herausholt, zugleich Beruhigung und Inspiration, das – noch – vorhandene Potenzial ihres Gesundheitszustandes wertzuschätzen und positiv umzusetzen. Diese Erfahrung kann in die Entwicklung positiver Copingstrategien umgesetzt werden.

Im ersten Moment bedeutet ein positives Testergebnis vor allem die verstörende, verletzende Nachricht von Determinierung und Einschränkung in der Gestaltbarkeit des Spielraums Zukunft. Auf den zweiten Blick kann sich die Erfahrung entfalten, dass diese Bestimmung weder sofort greifen muss noch die Zukunftsgestaltbarkeit umfassend verwehrt sein muss, d. h. Raum für Hoffnung und Handlungsfähigkeiten bleibt. Solange keine HD-Symptome spürbar sind, wird aufgrund der weiterhin bestehenden Ungewissheiten über Details wie Krankheitsbeginn, -ausprägung oder -verlauf eine Zeitspanne der Ungewissheit erkennbar, die wiederum als ein Spielraum für die Lebensgestaltung destruktiv oder konstruktiv angegangen werden kann: „It is obvious that knowing that one is a mutation carrier for HD can either be a motivator or an obstacle to invest in one's self" (Hagberg et al. 2011, S. 78).

Bezieht man die voranstehend aufgeführten Studienergebnisse ein, so sind eine stabile psychische Ausgangssituation und sozialer Austausch wie Unterstützung wichtige Einflussfaktoren, diesen Spielraum nach subjektiver Einschätzung positiv wahrnehmen und nutzen zu können. Trotz der auf medizinisch-biologischer Ebene schlechten Nachricht schwerwiegender Verletzung kann es Betroffenen gelingen, in den Folgejahren neue Lebensqualität etwa durch bewusste Lebensgestaltung und Intensivierung der Lebensbezüge zu entwickeln.[11]

11 „The authors conclude that receiving a test result leads to psychological benefits, even if it indicates carrier status, by reducing uncertainty and providing an opportunity for appropriate planning" (Meiser/Dunn 2000, S. 576).

4 Vulnerabilität und soziale Verantwortung

In der Frage nach Bedingungen für eine gelingende Adaptation im Sinne des Wohlergehens der Betroffenen verweisen die Studien über den Umgang HD-gefährdeter Menschen auf die hohe Bedeutung einer verbindlichen sozialen Einbindung. Sind Menschen als soziale Wesen in ihrem Bezogensein und Angewiesenheit auf andere und deren Zuwendung per se verletzbar, so gilt das für Menschen mit erblich bedingtem Krankheitsrisiko und erhöhtem Vulnerabilitätsbewusstsein umso mehr. Deren Umgang mit der eigenen genetischen Vulnerabilität hängt stark davon ab, welche Bedeutung dieser zugeschrieben wird. Deutungsmuster werden im Abgleich und Austausch mit dem sozialen Umfeld generiert und internalisiert. Die Reaktionen des Umfelds auf die genetische Diagnose bieten Schablonen, die Individuen in ihrem gesteigerten Bewusstsein ihrer genetischen Vulnerabilität und konkreten Furcht vor HD-Symptomen antizipieren. Sie prägen ihre Deutungs- und Bewältigungsmuster für das Testergebnis. Die Reaktion des Umfelds auf die genetische Aussage (Diagnose) erhält damit Verletzungspotenzial.

> My closest friends turned their backs on me when I got the test results; they did not want to spend time with me anymore /…/ I am not the kind of person who hides things, I speak my mind and I am honest so I think ‚What? They have to be able to handle that' and they couldn't… And it has been very hard for my son for it is his friends' parents so that deprived him of a lot /…/ so I never talk about Huntington, now I don't say anything… (Proband:in, zitiert in Hagberg et al. 2011, S. 74)

Das Spektrum an möglichen sozialen Umgangsformen sowohl mit einer prädiktiven genetischen Untersuchung als auch der im Raum stehenden Diagnose von schwerer Erkrankung ist weit und lässt zwischen den Polen von Abwendung und Integration ein Spektrum an Deutungsmustern zwischen vernichtendem Todesurteil und Anlass für intensivierte Lebensfreude entstehen. Die hohe Bedeutung des Sozialen im Prozess der subjektiven Interpretation von Wissensmöglichkeit und Wissen vermittelt in der Frage nach dem moralischen Impuls von Vulnerabilität: Zuwendung, sozialer Austausch und Begleitung ermöglichen betroffenen Individuen sowohl in der Situation von Ungewissheit und Erwartung einer genetischen Erkrankung als auch im Erleben von manifester Krankheit die Hoffnung und Motivation, sich im Rahmen des Vorgegebenen Ziele zu setzen und darin Handlungsfähigkeit zu erleben. In Berücksichtigung des Wissens um die soziale Mitprägung der individuellen Deutungsebene von Test und Diagnose begründet sich die Fürsorgeverantwortung, den Betroffenen zusätzliche Verletzung zu ersparen. Vielmehr sind diese darin zu unterstützen, in Anpassung an die jeweilige

Krankheitssituation die vorhandenen Spielräume und Gestaltungsmöglichkeiten in ihrem Leben positiv zu deuten und zu nutzen, solange es ihnen möglich ist.

Zusammenfassend entsteht durch die in diesem Beitrag vorgenommene Einbeziehung der Perspektive von Personen mit Risikostatus für eine erbliche Erkrankung ein dynamisches Verständnis des Begriffes genetischer Vulnerabilität, das über den in der medizinischen Genetik im Rahmen der dort vorherrschenden biologisch-materiell zentrierten Sichtweise vermittelten Bedeutungsgehalt hinausgeht: Beschreibt der Begriff dort definitorisch das statische Faktum einer genetisch bedingten, durch DNA-Analyse berechenbaren Anfälligkeit für eine bestimmte Erkrankung, so wird bei Hinzuziehung der Perspektive Betroffener klar, dass der Begriff der genetischen Vulnerabilität eine starke Dynamik umfasst. Anhand der Kaskade von individuell unterschiedlichen wie einschneidenden psychosozialen Implikationen in den Lebensvollzügen der Einzelnen und ihrer Sozialgemeinschaft und des hierbei relevanten Einflusses von individuell wie kontextuell geprägten Deutungsmustern wurden Aspekte der genetischen Vulnerabilität deutlich, die in einer an biologisch-objektivierbaren Fakten ausgerichteten Semantik primär nicht benannt werden. Die exemplarische Bewusstmachung dieser Implikationen anhand der Erfahrungen von Personen mit erblicher Belastung für Chorea Huntington veranschaulicht, inwiefern dem Vulnerabilitätsbegriff ein moralischer Impuls innewohnt: Wenn, wie gezeigt, im Ablauf der mit der Möglichkeit prädiktiver genetischer Diagnostik angestoßenen Vulnerabilitätskaskade das Ausmaß der hierbei entstehenden Verletzungen nicht unwesentlich davon abhängt, wie im sozialen Umfeld auf die Untersuchungsoption und ihr Ergebnis geantwortet wird, so wird hierin der Grund für eine erhöhte Fürsorgeverantwortung gegenüber den von genetischer Vulnerabilität Betroffenen sichtbar.

Literatur

Almqvist, Elisabeth W./Brinkman, Ryan R./Wiggins, Sandi/Hayden, Michael R./Canadian Collaborative Study of Predictive Testing (2003): „Psychological Consequences and Predictors of Adverse Events in the First 5 Years after Predictive Testing for Huntington's Disease". In: *Clinical Genetics* 64. Nr. 4, S. 300–309.

Andersson, Petra Lilja/Petersén, Åsa/Graff, Caroline/Edberg, Anna-Karin (2016): „Ethical Aspects of a Predictive Test for Huntington's Disease: A Long-Term Perspective". In: *Nursing Ethics* 23. Nr. 5, S. 565–575.

Babul, Riyana/Adam, Shelin/Kremer, Berry/Dufrasne, Suzanne/Wiggins, Sandi/Huggins, Marlene/Theilmann, Jane/Bloch, Maurice/Hayden, Michael R. (1993): „Attitudes toward Direct Predictive Testing for the Huntington Disease Gene. Relevance for Other

Adult-Onset Disorders“. In: *Journal of the American Medical Association* 270. Nr. 19, S. 2321 – 2325.

Baig, Sheharyar S./Strong, Mark/Rosser, Elisabeth/Taverner, Nicola V./Glew, Ruth/Miedzybrodzka, Zosia/Clarke, Angus/Craufurd, David/Quarrell, Oliver W. (2016): „22 Years of Predictive Testing for Huntington’s Disease: The Experience of the UK Huntington’s Prediction Consortium“. In: *European Journal of Human Genetics* 24. Nr. 19, S. 1396 – 1402.

Broadstock, Marita/Michie, Susan/Marteau, Theresa (2000): „Psychological Consequences of Predictive Genetic Testing: A Systematic Review“. In: *European Journal of Human Genetics* 8. Nr 10, S. 731 – 738.

Christoffersen, Mikkel G. (2017): „Vulnerability and Risk“. In: Heike Springhart/Günter, Thomas (Hrsg.): *Exploring Vulnerability.* Göttingen: Vandenhoeck & Ruprecht, S. 243 – 256.

Codori, Ann-Marie/Hanson, Rebecca/Brandt, Jason (1994): „Self-Selection in Predictive Testing for Huntington’s Disease“. In: *American Journal for Medical Genetics* 54. Nr. 3, S. 167 – 173.

Crozier, Sarah/Robertson, Noelle/Dale, Maria (2015): „The Psychological Impact of Predictive Genetic Testing for Huntington’s Disease: A Systematic Review of the Literature“. In: *Journal of Genetic Counseling* 24, S. 29 – 39.

Decruyenaere, Marlene/Evers-Kiebooms, Gerry/Cloostermans, Trees/Boogaerts, Andrea/Demyttenaere, Koen/Dom, René/Fryns, Jean Pierre (2003): „Psychological Distress in the 5-Year Period after Predictive Testing for Huntington’s Disease“. In: *European Journal of Human Genetics* 11, S. 30 – 38.

Deutsche Huntington-Hilfe (2014): „Prädiktive genetische Untersuchung. Infoblätter der Deutschen Huntington-Hilfe e. V.“. https://www.dhh-ev.de/prädiktive-genetische-untersuchung, besucht am 10. 01. 2018.

Deutsche Huntington-Hilfe (2017): „Der Gen-Test bei Huntington. Information zum Test und Gedanken zur Entscheidungsfindung“. https://www.huntington-info.at/gen-test/, besucht am 17. 01. 2018.

Duisterhof, Magdalena/Trijsburg, Rutger W./Niermeijer, Martinus F./Roos, Raimund A. C./Tibben, Aad (2001): „Psychological Studies in Huntington’s Disease: Making up the Balance“. In: *Journal of Medical Genetics* 38, S. 852 – 861.

Draeger, Franziska (2013): „Da war ich tot“. In: *Die Zeit* 14. https://www.zeit.de/2013/14/gentest-huntington-krankheit, besucht am 18. 01. 2018.

Hagberg, Anette/Bui, The-Hung/Winnberg, Elisabeth (2011): „More Appreciation of Life or Regretting the Test? Experiences of Living as a Mutation Carrier of Huntington’s Disease“. In: *Journal of Genetic Counseling* 20, S. 70 – 79.

Harbo, Hanne F./Finsterer, Josef/Baets, Jonathan/van Broeckhoven, Christine/Di Donate, Stefano/Fontaine, Bertrand/De Jonghe, Peter/Lossos, Alexander/Lynch, Tim/Mariotti, Caterina/Schöls, Ludger J./Spinazzola, Antonella/Szolnoki, Zoltán/Tabrizi, Sarah J./Tallaksen, Chantal/Zeviani, Massimo/Burgunder, Jean-Marc/Gasser, Thomas (2009): „EFNS Guidelines on the Molecular Diagnosis of Neurogenetic Disorders: General Issues, Huntington’s Disease, Parkinson’s Disease and Dystonias“. In: *European Journal of Neurology* 16. Nr. 7, S. 777 – 785.

Huggins, Marlene/Bloch, Maurice/Wiggins, Sandi/Adam, Shelin/Suchowersky, Oksana/Trew, Michael/Klimek, Marylou/Greenberg, Cheryl R./Eleff, Michael/Thompson, Louise P./Knight, Julie/MacLeod, Patrick/Girard, Kathleen/Theilmann, Jane/Hedrick, Amy/Haydn,

Michael R. (1992): „Predictive Testing for Huntington's Disease in Canada: Adverse Effects and Unexpected Results in Those Receiving a Decreased Risk". In: *American Journal of Medical genetics* 42, S. 508–515.

Huntington's Disease Youth Organization (2012): „Person mit Risiko sein". https://de.hdyo.org/tee/articles/61, besucht am 30.01.2020.

Huntington's Disease Youth Organization (2013): „Genetische Untersuchung". https://de.hdyo.org/you/articles/53, besucht am 30.01.2020.

Huntington's Disease Youth Organization (2019a): „Wie die Huntington-Krankheit die Menschen beeinflusst". https://de.hdyo.org/you/articles/58, besucht am 29.01.2020.

Huntington's Disease Youth Organization (2019b): „In einer Familie mit Huntington leben". https://de.hdyo.org/tee/articles/62, besucht am 29.01.2020.

International Huntington Association (IHA)/World Federation of Neurology (WFN) Research Group on Huntington's Chorea (1994): „Guidelines for the Molecular Genetics Predictive Test in Huntington's Disease". In: *Neurology* 44. Nr. 8, S. 1533–1536.

Kessler, Seymour (1994): „Predictive Testing for Huntington Disease: A Psychologist's View". In: *American Journal of Medical Genetics* 54. Nr. 3, S. 161–166.

Larsson, Maria U./Luszcz, Mary A./Bui, The-Hung/Robins Wahlin, Tarja-Brita (2006): „Depression and Suicidal Ideation after Predictive Testing for Huntington's Disease: A Two-Year Follow-up-Study". In: *Journal of Genetic Counseling* 15. Nr. 5, S. 361–374.

Licklederer, Claudia/Wolff, Gerhard/Barth, Jürgen (2008): „Mental Health and Quality of Life after Genetic Testing for Huntington Disease: A Long-Term Effect Study in Germany". In: *American Journal of Medical Genetics* 146. Nr. 16, S. 2078–2085.

MacLeod, Rhona/Tibben, Aad/Frontali, Marina/Evers-Kiebooms, Gerry/Jones, Ann/Martinez-Descales, Asuncion/Roos, Raymund/Editorial Committee and Working Group ‚Genetic Testing Counselling' of the European Huntington Disease Network (2013): „Recommendations for the Predictive Genetic Test in Huntington's Disease". In: *Clinical Genetics* 83, S. 221–231.

Maio, Giovanni (2014): „Gefangen im Übermaß an Ansprüchen und Verheißungen. Zur Bedeutung des Schicksals für das Denken der modernen Medizin". In: Giovanni Maio (Hrsg.): *Abschaffung des Schicksals? Menschsein zwischen Gegebenheit des Lebens und medizinisch-technischer Gestaltbarkeit.* 3. Aufl. Freiburg i. Br.: Herder, S. 10–48.

Mandich, Paola/Lamp, Merit/Gotta, Fabio/Gulli, Rossella/Iacometti, Ariela/Marchese, Roberta/Bellone, Emilia/Abbruzzese, Giovanni/Ferrandes, Giovanna (2017): „1993–2014: Two Decades of Predictive Testing for Huntington's Disease at the Medical Genetics Unit of the University of Genoa". In: *Molecular Genetics & Genomic Medicine* 5. Nr. 5, S. 473–480.

McColgan, Peter/Tabrizi, Sarah J. (2018): „Huntington's Disease: A Clinical Review". In: *European Journal of Neurology* 25, S. 24–34.

Meiser, Bettina/Dunn, Stewart (2000): „Psychological Impact of Genetic Testing for Huntington's Disease: An Update of the Literature". In: *Journal of Neurology, Neurosurgery and Psychiatry* 69, S. 574–578.

Miksch, Antja (2017): „Vulnerabilty and Health". In: Heike Springhart/Günter Thomas (Hrsg.): *Exploring Vulnerability.* Göttingen: Vandenhoeck & Ruprecht, S. 207–214.

Propping, Peter (1995): „Prädiktive Diagnose genetischer Krankheiten: Chancen und Bürde". In: *Deutsches Ärzteblatt* 92. Nr. 47, S. A-3310–3315.

Quaid, Kimberly A./Morris, Michael (1993): „Reluctance to Undergo Predictive Testing: The Case of Huntington Disease". In: *Amercian Journal of Medical genetics* 45, S. 41–45.

Ramond, Francis/Quadrio, Isabelle/Le Vavasseur, Laurence/Chaumet, Hélène/Boyer, Fabrice/Bost, Muriel/Ollagnon-Roman, Elisabeth (2019): „Predictive Testing for Huntington Disease over 24 years: Evolution of the Profile of the Participants and Analysis of Symptoms". In: *Molecular Genetics & Genomic Medicine* 7. Nr. 10, e881, S. 1–14. DOI: 10.1002/mgg3.881, besucht am 21. 07. 2021.

Richartz-Salzburger, Elke/Mau-Holzmann, Ulrike/Schott, Klaus Joachim/Buchkremer, Gerhard (2006): „Predictive Diagnostics in Chorea Huntington: Psychotherapeutic Implications for Counselling". In: *Psychiatrische Praxis* 33. Nr. 5, S. 211–217.

Robins Wahlin, Tarja-Brita (2007): „To Know or Not to Know: A Review of Behaviour and Suicidal Ideation in Preclinical Huntington's Disease". In: *Patient Education and Counseling* 65. Nr. 3, S. 279–287.

Schneider, Reto U. (2000): „Wissen ist Ohnmacht". In: *Die Zeit* 42. https://www.zeit.de/2000/42/Wissen_ist_Ohnmacht, besucht am 18. 01. 2018.

Solhdju, Katrin (2018): *Die Versuchung des Wissens. Vorschläge für einen gemeinschaftlichen Umgang mit prädiktiver Gen-Diagnostik.* Bielefeld: transcript.

Stopford, Cheryl/Ferrer-Duch, Mariangels/Moldovan, Ramona/MacLeod, Rhona (2020): „Improving Follow up after Predictive Testing in Huntington's Disease: Evaluating a Genetic Counselling Narrative Group Session". In: *Journal of Community Genetics* 11. Nr. 1, S. 47–58.

Tillerås, Kristine H./Kjoelaas, Siri H./Dramstad, Elisabeth/Feragen, Kristin B./Lippe, Charlotte von der (2020): „Psychological Reactions to Predictive Genetic Testing for Huntington's Disease: A Qualitative Study". In: *Journal of Genetic Counseling* 29. Nr. 6, S. 1093–1105.

Mark Schweda

Altern und Vulnerabilität

Verletzlichkeit im Lebensverlauf

Abstract: *Ageing and vulnerability: A life course perspective.* This contribution focuses on the interrelation of ageing and vulnerability. It aims to clarify how growing older makes us more vulnerable and susceptible to harm and impairment. I start from the discussion in applied ethics whether older people constitute a vulnerable group. It will turn out that common narrow conceptions of vulnerability do not provide a sufficient basis for a general equation of old age and vulnerability. Hence, I proceed by considering old age in the anthropological context of a fundamental human vulnerability as such. This opens a process perspective on the emergence, development, and transformation of vulnerability over the human life course.

1 Einleitung

„Aus den ‚Golden Agers' [...] sind urplötzlich hinfällige Schutzbedürftige geworden, die verschreckt in ihrer Wohnung sitzend auf die Einkaufshilfe ihrer Nachbarn warten und nur einen Mundschutz vom so gut wie sicheren virusbedingten Ableben entfernt sind", bemerkte der Soziologe Stephan Lessenich im Mai 2020 in der *Süddeutschen Zeitung* (Lessenich 2020). In der Tat scheinen wir uns im Zeichen der COVID-19-Pandemie inzwischen weitgehend daran gewöhnt zu haben, ältere Menschen als eine vulnerable Bevölkerungsgruppe anzusehen, die besonderer Schutzvorkehrungen und Unterstützungsmaßnahmen bedarf (Sadruddin et al. 2020). Ähnliche Einschätzungen kamen allerdings auch schon lange zuvor immer wieder in ganz unterschiedlichen Zusammenhängen zum Ausdruck, etwa der Sozialpolitik (Age UK 2015), der Kriminalitätsbekämpfung (Crown Prosecution Service 2020) oder dem Katastrophenschutz (Centers for Disease Control and Prevention 2012; Pan American Health Organization 2012). Tatsächlich werden „die Alten" in den einschlägigen Theoriedebatten mitunter geradezu als „paradigmatische Beispiele" (ten Have 2016, S. 4 [eigene Übersetzung]) für Vulnerabilität angeführt (Levasseur et al. 2021; Barbosa et al. 2019; Brocklehurst/Laurenson 2008).

Bei näherer Betrachtung erscheint diese enge Verbindung von höherem Lebensalter und erhöhter Verletzlichkeit allerdings alles andere als selbstverständlich und bedarf daher einer näheren Erläuterung. Schließlich ist immer

 https://doi.org/10.1515/9783110734522-010

wieder auch die begünstigte Stellung älterer Menschen in vielen Lebensbereichen und gesellschaftlichen Zusammenhängen hervorgehoben worden: Die zeitgenössischen Alten haben eine höhere Lebenserwartung und erscheinen gesünder, leistungsfähiger und aktiver als sämtliche vorangehenden älteren Generationen der Menschheitsgeschichte (Geyer/Eberhard 2020). Sie haben die vielfältigen familiären und beruflichen Verpflichtungen, Belastungen und Unwägbarkeiten des mittleren Erwachsenenalters hinter sich gelassen und können häufig ein durch solidarische Hilfsleistungen und institutionalisierte Sozialsysteme abgesichertes, weitgehend von eigenen Interessen und Vorhaben bestimmtes Leben im Ruhestand genießen (Schneider et al. 2015). Sie sind durch Ersparnisse und Kapitalanlagen nicht selten wirtschaftlich bessergestellt als jüngere Menschen der gleichen sozioökonomischen Schichten und unterstützen andere vielfach in Form von Sorgearbeit, finanziellen Transferleistungen und bürgerschaftlichem Engagement (Engels 2020). Tatsächlich deuten empirische Untersuchungen auch darauf hin, dass die subjektive Lebenszufriedenheit mit fortschreitendem Lebensalter ansteigt und die von Menschen in ihrem fünften und sechsten Lebensjahrzehnt bei Weitem übertrifft (Rauch 2018).

Vor diesem Hintergrund geht der vorliegende Beitrag der Frage nach der Bedeutung und Berechtigung der intuitiv naheliegenden und kulturell verbreiteten Verbindung von Altern und Verletzlichkeit nach. Ziel ist es, ein vertieftes Verständnis der verschiedenen Gesichtspunkte und Bedingungen zu entwickeln, unter denen das Älterwerden und das höhere Lebensalter uns gleichsam verwundbar und anfällig für Schaden und Beeinträchtigung machen. Zu diesem Zweck gehe ich zunächst von der vor allem in der angewandten Ethik diskutierten Frage aus, inwiefern ältere Menschen als eine vulnerable Gruppe anzusehen sind, wobei ich mich übersichtshalber auf das zentrale Gebiet der medizinischen Forschung und Gesundheitsversorgung beschränke. Wie sich dabei zeigen wird, bieten die in diesem Bereich gängigen engen Vulnerabilitätskonzepte keine Grundlage für eine allgemeine Gleichsetzung von fortgeschrittenem Lebensalter und erhöhter Verletzlichkeit. Deshalb weite ich im Anschluss den Blickwinkel und betrachte das Altern und höhere Lebensalter im anthropologischen Horizont der grundlegenden und allgemeinen Verletzlichkeit des Menschen als solchen. Im Zuge dessen wird schließlich auch die Bedeutung einer Prozessperspektive deutlich, die die Entstehung, Entwicklung und Veränderung von Verletzlichkeit im menschlichen Lebensverlauf berücksichtigt. Die eingehendere Auseinandersetzung mit dem Altern ermöglicht es so, Verletzlichkeit als eine grundlegende Bedingung menschlicher Existenz zu begreifen, die zu unterschiedlichen Zeitpunkten im Leben in je unterschiedlicher Weise zur Geltung kommt.

2 Sind ältere Menschen eine vulnerable Gruppe?

In den zurückliegenden Jahrzehnten hat sich insbesondere in der Medizin- und Bioethik eine breite Diskussion um die Bedeutung und den Umfang des Begriffs der Vulnerabilität entwickelt (ten Have 2016). Mit seiner Hilfe wurden zunächst im Zusammenhang medizinischer Forschung Personengruppen gekennzeichnet, die als besonders gefährdet für Verletzungen im wörtlichen oder übertragenen Sinne galten und insofern im Rahmen klinischer Studien besonderer Vorsichts- und Schutzmaßnahmen bedurften. Beispiele für solche vulnerablen Gruppen sind etwa kleine Kinder, schwangere Frauen oder eben ältere Menschen (Bracken-Roche et al. 2017).

Im Laufe dieser medizin- und bioethischen Diskussion wurden verschiedene begriffliche Konzeptionen von Vulnerabilität formuliert. Dabei muss zunächst zwischen weiten und engen Vulnerabilitätskonzepten unterschieden werden (Hurst 2008). Als ein weit gefasstes Konzept hat Vulnerabilität eine anthropologische Bedeutung und beschreibt ein grundlegendes Merkmal der menschlichen Existenz als solcher, eine allgemeine und unvermeidliche Conditio des Menschseins selbst. Als Menschen haben wir eine spezifische Konstitution und entsprechende Bedürfnisse und Schwachpunkte und sind insofern in verschiedenen Hinsichten verletzlich (MacIntyre 1999).

Im Unterschied dazu betrachten enge Konzepte Vulnerabilität als eine besondere, kontextabhängige „Anfälligkeit" für Schädigung und Missachtung. Während also grundsätzlich kein Mensch als Mensch vor Schaden oder Unrecht gefeit ist, nehmen enge Konzepte einzelne Personen oder Personengruppen ins Visier, die aufgrund bestimmter Eigenschaften oder Bedingungen in einigen Hinsichten bzw. Zusammenhängen in einem höheren Ausmaß als gefährdet anzusehen sind als andere. In der Forschungsethik werden solche engen Konzepte der Vulnerabilität eingesetzt, um in Studienprotokollen besonders schutzbedürftige Personengruppen zu klassifizieren. Dabei lassen sich aufs Ganze gesehen vor allem zwei Begründungen enger Vulnerabilitätskonzepte ausmachen: schadensbezogene und interessenbezogene (Hurst 2008).

Schadensbezogene Vulnerabilitätskonzepte beschreiben diejenigen Individuen als vulnerabel, die aus bestimmten Gründen besonders anfällig für Schädigungen ihres körperlichen oder psychischen Wohlergehens sind. Beispielsweise werden schwangere Frauen oft als vulnerabel in einem schadensbezogenen Sinne betrachtet, weil man davon ausgeht, dass sie aufgrund ihrer besonderen körperlichen Verfassung erhöhten Gesundheitsrisiken ausgesetzt sind, die entsprechende Schutzmaßnahmen erforderlich machen, z. B. am Arbeitsplatz oder im Rahmen der pharmakologischen Forschung. Auch Kinder und Jugendliche gelten aufgrund der spezifischen Bedürfnisse und Gefährdungen, die mit dem frühen Stadium ihrer körperlichen und psychisch-mentalen Entwicklung verbunden sind, häufig als vulnerabel in einem schadensbezogenen Sinne.

Im Unterschied dazu konzentrieren sich *interessenbezogene Definitionen* auf Fragen des mehr oder weniger selbstbestimmten Willens und charakterisieren diejenigen Individuen als vulnerabel, die nicht in der Lage sind, ihre eigenen Interessen und Entscheidungen angemessen geltend zu machen und in dieser Hinsicht für sich selbst einzutreten. Aus dieser Perspektive müssen z. B. Säuglinge, Kleinkinder und Menschen mit geistigen Behinderungen oder psychischen Erkrankungen als besonders vulnerabel angesehen werden. Da ihre Fähigkeit vermindert bzw. beeinträchtigt ist, einen eigenen Willen zu formen, auszudrücken und durchzusetzen, etwa in Form informierter und wohlerwogener Entscheidungen, sind sie anfälliger als andere für Manipulation, Täuschung und Missachtung. Deshalb benötigen sie besonderen Schutz sowie verstärkte Hilfe, um die Verwirklichung ihrer Interessen zu unterstützen und zu sichern, zum Beispiel durch gesetzliche Stellvertreter oder Verfahren assistierter Zustimmung.

Geht man der Frage nach, inwieweit diese Konzepte von Vulnerabilität tatsächlich auf das Alter und ältere Menschen anwendbar sind, ergeben sich allerdings eine Reihe von Unklarheiten und Schwierigkeiten. Zwar erscheint offensichtlich, dass ein weit gefasstes, anthropologisches Konzept per definitionem auch auf das höhere Lebensalter Anwendung fände. Wenn und insofern überhaupt alle Menschen als vulnerabel anzusehen sind, gilt dies ebenfalls für ältere Menschen – allerdings nicht mehr oder weniger als für jede andere Gruppe auch. Dagegen lenken engere Konzepte von Vulnerabilität die theoretische Aufmerksamkeit auf die Frage, warum und in welchem Umfang die Älteren als besonders vulnerabel angesehen werden sollten, inwiefern sie also die Kriterien der jeweiligen engen Vulnerabilitätskonzepte erfüllen (vgl. zum Folgenden ausführlich Bozzaro et al. 2018).

Im Rahmen von *schadensbezogenen Konzepten* könnten ältere Menschen etwa als besonders vulnerabel angesehen werden, weil sie anfälliger für Schädigungen ihres Wohlergehens erscheinen. Tatsächlich kann das Älterwerden beispielsweise die Wahrscheinlichkeit erhöhen, mit Blick auf die gesundheitliche Verfassung Schaden zu erleiden, da die Anfälligkeit für lebensgeschichtlich bedingte Erkrankungen, Funktionsstörungen, Beeinträchtigungen und Verluste in vielen Hinsichten zunimmt (Wiegel/Bergmann 2020). Zudem kann es aufgrund abnehmender physiologischer und physischer Funktions- und Widerstandsfähigkeit und zunehmender Gebrechlichkeit leichter zu gesundheitlichen Krisen kommen (Grundy 2006). Irgendwann reichen schon geringe Auslöser aus, um den Gesamtorganismus aus seinem zusehends prekären Gleichgewicht zu bringen und eine gesundheitliche „Abwärtsspirale“ in Gang zu setzen (Jacobs/Bollheimer

2019). Darüber hinaus sind ältere Menschen aufgrund abnehmender Gesundheit und persönlicher Verluste schließlich vielfach auch besonderen psychischen Belastungen und sozialer Isolation ausgesetzt, was ihr Risiko, Schaden zu erleiden, zusätzlich erhöht (Capelli et al. 2020).

Andererseits heben alternswissenschaftliche Studien immer wieder die hohe individuelle Plastizität und Variabilität von Alterungsprozessen hervor. So muss man nicht nur zwischen dem sogenannten dritten und dem vierten Alter unterscheiden. Allgemein altern Menschen auf sehr unterschiedliche Weisen, sodass sich die gesundheitliche Verfassung von zwei 80-jährigen Personen je nach individuellen Anlagen sowie Lebensweisen und -zusammenhängen stark unterscheiden kann (Wurm et al. 2010). Hinzu kommt, dass Menschen auch im fortgeschrittenen Alter noch Entwicklungspotenziale haben und Strategien entwickeln können, um Beeinträchtigungen auszugleichen und zu bewältigen. Die gerontologische Theorie der Selektion, Optimierung und Kompensation hebt genau diesen Aspekt einer reaktiven Anpassung an Alterungsprozesse und die mit ihnen einhergehenden Verluste und Beeinträchtigungen hervor (Baltes/Baltes 1990). Sie verweist auf den in der Vulnerabilitätsdiskussion relevanten Gesichtspunkt der Adaptivität, also der Fähigkeit zur Bewältigung schädlicher Einflüsse (ten Have 2016). Aus diesen Gründen scheint ein höheres chronologisches Lebensalter für sich genommen kein geeignetes Kriterium für Vulnerabilität im schadensbezogenen Sinne darzustellen. Schließlich würde man z. B. auch Kinder, die an Progerie leiden, einer genetischen Erkrankung, die mit einer beschleunigten biologischen Alterung einhergeht, in dieser Hinsicht nicht als weniger vulnerabel betrachten als ältere Menschen in vergleichbarer Verfassung, nur weil sie weniger Lebensjahre hinter sich haben.

Was die *interessenbezogenen Konzepte* von Vulnerabilität betrifft, so könnte man zunächst etwa vermuten, dass ältere Menschen nicht mehr so vertraut mit neuen sozialen und kulturellen Entwicklungen sind und darum leichter übervorteilt oder hintergangen werden können, etwa durch sogenannte Enkeltricks (Beach et al. 2020). Darüber hinaus ist die Vorstellung verbreitet, dass die kognitive Leistungsfähigkeit, etwa im Hinblick auf das Wahrnehmungs- oder Erinnerungsvermögen, mit steigendem Lebensalter generell abnimmt, sodass die Interessen älterer Personen leichter missachtet oder übergangen werden können (Pinkser et al. 2010). Und schließlich sind viele ältere Menschen von altersassoziierten neurodegenerativen Krankheiten wie demenziellen Erkrankungen betroffen und weisen dann allemal eine höhere interessenbezogene Vulnerabilität auf als andere (Schmidhuber/Grässel 2018). So sind Menschen mit Demenz etwa aufgrund ihrer kognitiven Beeinträchtigung häufig nicht mehr in der Lage, in Kenntnis der relevanten Informationen in medizinische Forschung oder Behandlung einzuwilligen. Das macht sie besonders anfällig für Manipulation oder die Missachtung ihrer Interessen. Entsprechend sehen viele forschungsethische Richtlinien besonders hohe Hürden für die Forschung mit den Mitgliedern dieser Patientengruppe vor, z. B. die Forderung eines direkten Nutzens und minimalen Risikos der betreffenden Studie (Helmchen 2015).

Allerdings ergeben sich auch hier bei näherer Betrachtung eine ganze Reihe von Schwierigkeiten. Zunächst ist die pauschale Vorstellung eines generellen Nachlassens kognitiver Fähigkeiten mit fortschreitendem Lebensalter nicht aufrechtzuerhalten. Zwar nimmt die sogenannte fluide Intelligenz, also die angeborene Fähigkeit zu rascher Auffassung und logischem Schließen, mit dem Älterwerden tatsächlich ab. Allerdings lässt sich dies bereits ab dem 25. Lebensjahr beobachten. Zugleich kann die kristalline Intelligenz, also der Inbegriff der erworbenen Fähigkeiten und Kenntnisse, mit steigendem Alter weiter anwachsen (Wahl/Kruse 1999). Traditionell sprach man in diesem Zusammenhang von Altersweisheit, also einer besonderen, auf Lebenserfahrung basierenden praktischen Daseinskompetenz und -orientierung (Kunz 2009). Schließlich besteht auch keineswegs ein notwendiger Zusammenhang zwischen chronologischem Lebensalter und kognitiver Beeinträchtigung. Obwohl das Risiko demenzieller Erkrankungen mit fortschreitendem Alter zunimmt, leiden bei weitem nicht alle älteren Menschen an Alzheimer oder einer vaskulären Demenz. Und selbst Menschen mit Demenz sind je nach Form und Stadium der Grunderkrankung nicht unbedingt per se einwilligungsunfähig. Aus diesen Gründen sollte nicht das hohe Alter, sondern die spezifische Beeinträchtigung oder Erkrankung als ausschlaggebendes Kriterium dienen, um zu bestimmen, ob eine Gruppe von Menschen als vulnerabel angesehen werden muss oder nicht. Schließlich erschiene es beispielsweise auch nicht angemessen, Frauen per se als vulnerabler im interessenbezogenen Sinne zu betrachten als Männer, nur weil sie statistisch gesehen im Vergleich häufiger mit einer demenziellen Erkrankung leben (Kunz/Lautenbacher 2007).

Die Annahme, dass chronologisch ältere Menschen lediglich aufgrund ihres höheren Lebensalters generell vulnerabler sind als jüngere, erscheint vor diesem Hintergrund nicht mehr ohne Weiteres selbstverständlich. Allenfalls ließe sich womöglich von einer Art „Vulnerabilität zweiter Ordnung“ sprechen, nämlich einem erhöhten Risiko, mit dem Alter in der einen oder anderen Hinsicht vulnerabel zu werden. Unzweifelhaft gibt es im höheren Alter viele Individuen, die eine besondere Vulnerabilität aufweisen, etwa aufgrund von Gebrechlichkeit, kognitiver Beeinträchtigung oder sozialer Benachteiligung (Schröder-Butterfill/Marianti 2006). Die verbreitete Kategorisierung schlechthin *aller* älteren Menschen als einer vulnerablen Gruppe scheint dagegen jedoch eher aus der Verallgemeinerung weit verbreiteter Defizitmodelle und negativer Stereotype des Alterns und höheren Lebensalters im Zeichen von Verfall, Hilflosigkeit und

Abhängigkeit zu resultieren. Ältere Menschen pauschal als vulnerabel zu kennzeichnen, könnte diese Art von fragwürdigem Ageismus weiter fördern und letztlich auch ethisch problematische Implikationen haben. Das betrifft nicht nur die Gefahr eines stigmatisierenden Labelings und einer paternalistischen Bevormundung der Älteren, wie sie auch im Zusammenhang mit der COVID-19-Pandemie verschiedentlich kritisiert wurde (Vervaecke/Meisner 2021). Selbst wohlmeinende Schutzmaßnahmen können auch problematische Konsequenzen für die Betroffenen selbst haben. Da z. B. ältere Menschen lange Zeit regelmäßig von klinischen Studien ausgeschlossen wurden, ist die Evidenzlage zu Wirksamkeit und Risiken und Nebenwirkungen von Arzneimitteln oft ausgerechnet für diejenige Gruppe unzureichend, die sie in besonders hohem Maße in Anspruch nimmt (Leopoldina 2015).

Eine alternative argumentative Strategie zur „Rettung" der Vorstellung einer besonderen Vulnerabilität der älteren Menschen könnte darin bestehen, den Begriff der Vulnerabilität selbst noch einmal anders zu fassen. Bei allen Unterschieden haben die beiden hier bisher zugrunde gelegten engen Verständnisse von Vulnerabilität doch eine entscheidende Gemeinsamkeit: Sie verwenden den Vulnerabilitätsbegriff letztlich als einen Dispositionsbegriff. „Vulnerabilität" bezeichnet demnach eine besondere Veranlagung oder erhöhte Anfälligkeit, Schaden zu nehmen oder in seinen Interessen missachtet zu werden, und gründet als solche in einer bestimmten Beschaffenheit bzw. Eigenschaften der Mitglieder des betreffenden Personenkreises selbst. Nun wurde in Abgrenzung von derartigen Ansätzen bereits verschiedentlich gefordert, die sozialen Rahmenbedingungen von Vulnerabilität stärker in den Vordergrund zu rücken (ten Have 2016). Aus einer solchen Perspektive wäre die Vulnerabilität des Alters weniger als inhärentes Merkmal älterer Individuen anzusehen, sondern als Resultat der sozialen Situation, in der sie sich befinden, etwa ihrer prekären gesellschaftlichen Stellung oder des unzulänglichen rechtlichen Schutzes ihrer Interessen (Levasseur et al. 2021; Hurst 2020; Brocklehurst/Laurenson 2008). Ein solcher sozusagen nichtsubstanzialistischer Vulnerabilitätsbegriff hätte in der Tat eine Reihe von Vorzügen. So schärft er zunächst den Sinn für die Kontextabhängigkeit von Vulnerabilitätszuschreibungen. In dem einen Kontext mag die eine Gruppe ein erhöhtes Risiko haben, Schaden zu erleiden, in einem anderen dagegen eine andere. Das hätte zudem den Vorteil, dass Mitglieder der betreffenden Gruppen durch einen solchen Begriff weniger leicht stigmatisiert würden. Es sind nicht sie selbst und ihre Eigenschaften, in denen die Vulnerabilität letztlich gründet, sondern die soziale Situation, in der sie sich befinden. Der Nachteil besteht allerdings darin, dass der Status der Vulnerabilität mit Blick auf die betreffenden Individuen selbst nun letzten Endes vollkommen kontingent und arbiträr erscheint. Was in der einen Situation die alten Menschen sein mögen, sind je nach gesellschaftlichen Rahmenbedingungen in der anderen die kleinen Kinder, schwangeren Frauen oder Geflüchteten. Für den Versuch einer kritischen Rekonstruktion der intuitiv naheliegenden und kulturell verbreiteten Verbindung von Altern und Verletzlichkeit gibt ein solcher rein „sozialkonstruktivistischer" Ansatz daher letztlich wenig her.

3 Altern als Radikalisierung menschlicher Verletzlichkeit

Wenn das chronologische Lebensalter als solches keine hinreichende Bedingung für eine erhöhte Vulnerabilität darstellt und ältere Menschen folglich auch nicht per se schon als eine besonders vulnerable Gruppe angesehen werden können, muss die intuitiv naheliegende und kulturell verbreitete Verbindung von Altern und Verletzlichkeit offenbar auf anderen Wegen rekonstruiert werden. Eine Möglichkeit bestünde darin, gleichsam noch einmal einen Schritt zurückzutreten und den Zusammenhang nicht im Sinne der direkten Anwendbarkeit eines engen Vulnerabilitätskonzepts, sondern auf der Ebene der allgemeinen anthropologischen Verletzlichkeit zu suchen. Im höheren Lebensalter würde demnach keine besondere, neuartige Vulnerabilität entstehen, die älteren Menschen als solchen exklusiv eigen wäre, sondern lediglich die grundlegende Verletzlichkeit des Menschen als solchen zur Geltung kommen.

Tatsächlich hat etwa der Philosoph Thomas Rentsch Überlegungen zum Altern formuliert, die eine Grundlage für eine solche anthropologische Betrachtungsweise bieten könnten. Dabei geht er davon aus, dass menschliches Dasein stets durch bestimmte grundlegende Bedingungen und Begrenzungen gekennzeichnet ist, die im Altern und dann insbesondere im höheren Lebensalter immer deutlicher hervortreten. In diesem Sinne ist der „Prozeß des Alterns" ihm zufolge als „Radikalisierung der menschlichen Grundsituation" zu betrachten, die für das Individuum zugleich ein „Werden zu sich selbst" (Rentsch 1995, S. 58) bedeuten kann. Indem die grundlegenden Bedingungen menschlichen Seins im Zuge des Älterwerdens klarer zur Geltung kommen, tritt die in ihnen angelegte Verletzlichkeit und Zerbrechlichkeit des Menschen als solchen immer deutlicher und unausweichlicher zutage.

Aus diesem Grund sind nach Rentsch auch theoretische Blickwinkel verfehlt, die das höhere Lebensalter allzu strikt vom Rest des menschlichen Lebensverlaufs abgrenzen und ältere Menschen entsprechend als eine besondere Gruppe mit besonderen Eigenschaften und Problemen fassen, die sich grundsätzlich von den Jüngeren unterscheidet. Es sei

> falsch zu denken, daß die Alten und sehr Alten gleichsam wie ein exotischer Stamm fremd inmitten ansonsten nur junger, unbeschwerter, kerngesunder, in Liebe, Glück und Konsum schwelgender Menschen leben. Dieses durch manches oberflächliche Medium vermittelte Zerrbild verkennt, daß die Verletzlichkeit, die Leidbedrohtheit und Schutzlosigkeit, die existenzielle Fragilität alle Phasen des menschlichen Lebens wesentlich prägen. (Rentsch 1995, S. 57)

Dabei lässt sich die These von der Radikalisierung der grundlegenden menschlichen Verletzlichkeit im Altern mit Rentsch insbesondere in drei Hinsichten weiter ausführen: mit Blick auf die leibliche Verfasstheit, die zeitliche Ausrichtung und die soziale Bezogenheit menschlichen Seins. Zugleich wird der prekären Disposition der Verletzlichkeit damit auch ein existenzerhellendes, anthropologisch aufschlussgebendes Moment und Potenzial zugeschrieben: „Die leiblichen, zeitlichen, interpersonalen und geschichtlich-kulturellen Konstituentien humanen Lebens treten, gerade durch ihr Gestörtwerden, aufdringlich zutage“ (Rentsch 1994, S. 301).

Was zunächst die menschliche Leiblichkeit angeht, so vollzieht sich im *physischen Altern* nach Rentsch zugleich eine „Radikalisierung der leiblich verfaßten Grundsituation des Menschen“ (Rentsch 1994, S. 299). Unter dem Gesichtspunkt der Verletzlichkeit ist damit keineswegs bloß gemeint, dass der Körper des Menschen ihn nun einmal anfällig für vielfältige körperliche Schädigungen und Beeinträchtigungen macht, beispielsweise durch Verschleiß, Erkrankungen oder Verletzungen, wobei diese körperliche Anfälligkeit mit steigendem Lebensalter in der Regel zunimmt, wie es etwa Akkumulationstheorien der biologischen Alterung nahelegen. Vielmehr bezieht sich Rentsch hier auf die für die grundlegende Verfasstheit des Menschen allgemein kennzeichnende Dualität von Leibsein und Körperhaben, jene „exzentrische Positionalität“ (Plessner), die ihm zufolge gerade im Verhältnis des alternden Menschen zu seiner Körperlichkeit gewissermaßen akut wird. Während nämlich der Körper des jungen Menschen normalerweise gleichsam wie eine gut geölte Maschine funktioniert und die körperliche Verfasstheit seiner gesamten Existenz dadurch für ihn selbst die meiste Zeit sozusagen latent und unsichtbar bleibt, wird der alternde Köper nach Rentsch als solcher auffällig. Indem seine verschiedenen Teile und Funktionen immer mehr nachlassen und er so in immer größerem Umfang „seinen Dienst versagt“, wird die ambivalente leib-körperliche Verfasstheit des Menschen überhaupt erst als solche erfahrbar und schließlich unabweisbar (vgl. dazu auch Blum-Lehmann 2008; Trappe 2002). Der Körper wird zunehmend in seiner unverfügbaren Materialität und Widerständigkeit erlebt und so im wahrsten Sinne zu einem „Fremdkörper“, auf den sich das alternde Individuum doch zugleich unausweichlich zurückgeworfen findet, wie Rentsch gelegentlich mit Jean Améry veranschaulicht: „Ich bin Ich im Altern durch meinen Körper und gegen ihn: ich war Ich, als ich jung war, ohne meinen Leib und mit ihm. Das Altern ist der Moment des dialektischen Umschlags: die Quantität meines sich gegen die Vernichtung hinbewegenden Köpers wird zur neuen Qualität eines transformierten Ich“ (Améry 1968, S. 56). Entsprechend beschreibt Rentsch das physische Altern auch als „Körperwerdung und Materialisierung“ des Menschen (Rentsch 1994, S. 298).

Darüber hinaus bringt Rentsch die grundlegende zeitliche Verfasstheit der menschlichen Existenz mit dem *psychischen Altern* in Verbindung und begreift dieses im Zuge dessen im Sinne einer Radikalisierung der menschlichen Zeitlichkeit und Endlichkeit. Auch in diesem Zusammenhang ist nicht nur gemeint, dass der Mensch nun einmal ein vergängliches und sterbliches Wesen ist und die ihm verfügbare Lebenszeit durch den unausweichlichen Tod grundsätzlich begrenzt wird, was mit zunehmendem Lebensalter und näher rückendem Lebensende immer deutlicher hervortritt. Vielmehr beschreibt Rentsch die „Radikalisierung des Zeitbewußtseins im Verlauf des Alterns“ (Rentsch 1994, S. 300) zugleich in einer existenzphilosophischen Perspektive im Sinne eines „Endgültigwerdens“ des menschlichen Lebens: Während der junge Mensch einen schier unermesslichen offenen Zeithorizont vor sich zu haben scheint, verändert sich die Zeitperspektive mit fortschreitendem Lebensalter. Mit jedem Schritt und jeder Wendung wird ein Weg eingeschlagen bzw. fortgesetzt, auf dem sich der Spielraum künftig möglicher Entscheidungen mehr und mehr verengt, unhintergehbare Ausgangslagen und Pfadabhängigkeiten entstehen und so insgesamt ein immer höherer Grad an Determiniertheit erreicht wird. Das mag auch die Erfahrung erklären, dass das Leben mit fortschreitendem Alter eine feste, unabänderliche Gestalt gewinnt, der wir nicht mehr entkommen können, auch wenn sie uns im Grunde fremd erscheinen mag: Auf der einen Seite blicken wir auf eine immer längere Lebensgeschichte zurück, die uns in vielem festlegt und bestimmt. „Ein ganzes langes Leben ist hinter uns erstarrt und hält uns gefangen“, wie Simone de Beauvoir (2007 [1970], S. 485) es beschreibt. Auf der anderen Seite schwindet gleichzeitig der Vorrat an zukünftig noch zu lebender Zeit von Augenblick zu Augenblick und verrinnt am Ende schließlich wie Sand in einem Stundenglas. Wir sehen vor uns die eigene Zukunft und damit den Möglichkeitsspielraum für Hoffnungen, Pläne, Entscheidungen und Handlungen, für die sinnvolle Gestaltung, Umgestaltung oder auch nur Umdeutung unseres Lebens immer weiter schwinden. Unsere Zeit wird zusehends knapper und läuft zuletzt ab. „Eine begrenzte Zukunft, eine erstarrte Vergangenheit – das ist die Situation, der sich der alte Mensch gegenübersieht“ (Beauvoir 2007 [1970], S. 492). Tatsächlich spricht Rentsch in diesem Zusammenhang auch von einer „Zeitwerdung“ (Rentsch 1994, S. 299) des Menschen, was wiederum an Wendungen Jean Amérys erinnert: Der

Alternde „ist, während seine Zeit vergeht im Hui, nur noch Geschöpf der Zeit. Er sagt ich, und er meint: meine Zeit“ (Améry 1968, S. 37).

In einer ähnlichen Weise kommt Rentsch zufolge schließlich drittens *im sozialen und kulturellen Altern* die grundlegende soziale Bezogenheit und Angewiesenheit des Menschen sowie die darin angelegte Verletzlichkeit in einer radikalisierten Form zum Vorschein (Rentsch 1992, S. 301). Die konstitutive soziale Einbettung des menschlichen Daseins als solchen bleibt in jüngeren Lebensjahren gerade in der Allgegenwart und Vielfältigkeit der zwischenmenschlichen Beziehungen vielfach verdeckt. Der junge Mensch geht gleichsam ganz auf in der Fülle der verschiedenen ihn von Anfang an wie selbstverständlich umgebenden und tragenden Beziehungen. Erst der fortschreitende und unwiederbringliche Verlust von lebensgeschichtlich zentralen Bezugspersonen wie Eltern, Ehepartnern, engen Freunden, Arbeitskollegen oder Angehörigen im Laufe des Lebens, also gleichsam der fortschreitende Entzug der „signifikanten Anderen“ und die im Zuge dessen erlebte fortschreitende Vereinsamung des alternden Menschen, lässt die unhintergehbar soziale Verfasstheit seiner Existenz gleichsam *ex negativo* immer deutlicher hervortreten. Dabei bleibt diese Erfahrung einer Radikalisierung der grundlegenden sozialen Verfasstheit menschlichen Seins und der in ihr gründenden Verletzlichkeit keineswegs auf den Verlust von bestimmten Personen aus dem unmittelbaren sozialen Umfeld begrenzt. Die zunehmende Vereinzelung des alternden Menschen wird vielmehr auch zu der Erfahrung des Fremdwerdens und Herausfallens aus der gesellschaftlichen und kulturellen Welt einer Gegenwart, die im Hinblick auf die vorherrschenden Ausdrucksweisen, sozialen Umgangsformen und Gepflogenheiten, kulturellen Deutungsmuster und technischen Innovationen, Wertvorstellungen und sittlichen Normen immer weniger die seine ist. Unter der Überschrift „Die Welt nicht mehr verstehen“ beschreibt Jean Améry diese Erfahrung, die „kulturelle Alienation“ des alternden Menschen, eindringlich im Sinne der „Schwierigkeit, sich in einer unbekannten Ordnung von Zeichen, ja unter ganz neuen Signalen zurechtzufinden“ (Améry 1968, S. 90).

Verstehen wir das Altern mit Thomas Rentsch auf der Ebene der allgemeinen anthropologischen Vulnerabilität im Sinne einer „Radikalisierung der menschlichen Grundsituation“, eröffnen sich eine Reihe von Perspektiven auf die intuitiv naheliegende und kulturell verbreitete Verbindung von Altern und Verletzlichkeit, die über die theoretisch wie praktisch problematische Identifikation und Separierung älterer Menschen als vulnerable Gruppe hinausweisen. So erscheint die Verletzlichkeit der Älteren aus dem von Rentsch eröffneten Blickwinkel gerade nicht als Sonderfall und Abweichung von einer vermeintlich allgemein menschlichen Norm, hinter der sich bei näherem Zusehen häufig genug lediglich die durchschnittliche Verfassung gesunder Männer im mittleren Erwachsenenalter verbirgt (Jecker 2020; Holm 2013). Stattdessen wird das Altern mitsamt seinen leiblichen, zeitlichen und sozialen bzw. kulturellen Aspekten – gewissermaßen umgekehrt – geradezu zum paradigmatischen Fall des Menschseins erhoben, in dem sich die grundlegende menschliche Verletzlichkeit als solche besonders klar und deutlich manifestiert. Eine derartige Betrachtungsweise kann nicht zuletzt auch dazu beitragen, eine übertriebene Trennung oder Grenzziehung zwischen vermeintlich „normalen Menschen" und der vulnerablen Gruppe der Älteren mitsamt den problematischen Implikationen und Konsequenzen der Stigmatisierung und (wohlmeinenden) Bevormundung zu vermeiden. Anstelle einer solchen binären, letztlich normalisierenden und dabei doch zugleich pathologisierenden Sicht eröffnet sich eine differenzierte Betrachtung gradueller Abstufungen einer allgemeinen Verletzlichkeit der menschlichen Existenz über die Zeit. Damit wird schließlich auch eine Prozessperspektive auf die Verletzlichkeit des Menschen nahegelegt, die deren Entstehung und Entwicklung im menschlichen Lebensverlauf in den Blick rückt.

4 Verletzlichkeit im Lebensverlauf

Die Auseinandersetzung mit Thomas Rentschs anthropologischen Betrachtungen des Alterns ermöglicht eine Deutung der intuitiv naheliegenden und kulturell verbreiteten Verbindung von Altern und Verletzlichkeit im Sinne einer „Radikalisierung der menschlichen Grundsituation". Dabei lenkt der Begriff der Radikalisierung den Blick zugleich auf den Prozesscharakter der menschlichen Verletzlichkeit und damit auf die vielfältigen individualbiografischen und soziokulturellen Dimensionen und Variationen einer verletzlichen Verfassung, die sich im Lebensverlauf entwickelt und zu verschiedenen Zeitpunkten unter unterschiedlichen lebensgeschichtlichen und soziokulturellen Bedingungen in jeweils anderer Weise Gestalt annimmt.

Betrachtet man gängige Vorstellungen vom Verlauf des menschlichen Lebens, so lassen sich mit Blick auf die Entstehung und Entwicklung von Verletzlichkeit zunächst idealtypisch zwei entgegengesetzte Grundmodelle unterscheiden. Das erste Modell geht davon aus, dass die Verletzlichkeit zu Beginn des menschlichen Lebens besonders hoch ist und danach abfällt. Demzufolge wäre insbesondere die frühe Kindheit die Phase im menschlichen Lebensverlauf, in der die Verwundbarkeit und Schutzbedürftigkeit des Individuums am größten ist. Es handelt sich hier um eine gerade im erziehungswissenschaftlichen Bereich durchaus verbreitete Auffassung (Andresen et al. 2015; Giesinger 2015). Auch in vielen literarischen und künstlerischen Darstellungen kommt sie zum Ausdruck, etwa in der berühmten Ballade „Kinder" von Bettina Wegner:

Sind so kleine Hände
winz'ge Finger dran.
Darf man nie drauf schlagen
die zerbrechen dann.

Sind so kleine Füße
mit so kleinen Zehn.
Darf man nie drauf treten
könn' sie sonst nicht gehn.

[...]

Sind so kleine Seelen
offen ganz und frei.
Darf man niemals quälen
gehn kaputt dabei. (Wegner 1979)

In diesen Strophen klingt eine Reihe typischer Vorstellungen an, die gemeinhin mit dem ersten Modell der Verletzlichkeit im Lebensverlauf verknüpft sind. So scheint etwa die anaphorisch wiederholte „Kleinheit" („klein", „winzig") schon auf *körperlicher Ebene* eine entscheidende Rolle für die Zuschreibung von Verletzlichkeit zu spielen: Zwar ist Größe offenkundig eine relative Größe, doch wer oder was sich im Verhältnis zu den anderen Protagonisten in seiner Umgebung klein ausnimmt, dürfte angesichts der damit üblicherweise einhergehenden asymmetrischen Kräfteverhältnisse in der Tat oft als besonders gefährdet anzusehen sein. Hinzu kommt die Vorstellung der Zerbrechlichkeit, die gerade mit kleinen, filigran gegliederten Strukturen verbunden ist und auf die Verletzlichkeit zarter, erst im Entstehen bzw. Wachstum begriffener Gebilde verweist („zerbrechen", „kaputt"). Letztlich verbinden sich die Assoziationen der Kleinheit und Zerbrechlichkeit in der Vorstellung der entwicklungsbiologischen Unfertigkeit, die die Auffassung von der besonderen Verletzlichkeit des Lebensanfangs mitbegründen mag. Zu denken ist dabei an erster Stelle an den frühgeborenen Säugling, der in seiner lebensbedrohlichen körperlichen Unvorbereitetheit auf die Bedingungen außerhalb des Mutterleibs geradezu als Sinnbild menschlicher Verletzlichkeit erscheint. Tatsächlich hat Arnold Gehlen diese Charakteristik im Anschluss an Adolf Portmann auch als allgemeines anthropologisches Paradigma gefasst und das Mängelwesen Mensch als eine Art „‚physiologischer' [...] Frühgeburt" gekennzeichnet, weil für ihn das „‚extra-uterine Frühjahr'" (Gehlen 1986 [1940], S. 45) den ontogenetischen Normalfall darstellt und zudem in einem dialektischen Bedingungsverhältnis zu seiner spezifisch menschlichen Weltoffenheit und Kulturfähigkeit steht.

Auch auf der zeitlich bestimmten *existenziell-biografischen* Ebene können kleine Kinder besonders verletzlich erscheinen. Da sie ganz am Anfang stehen und insofern im wahrsten Sinne des Wortes noch ihr gesamtes Leben vor sich haben, steht für sie zu diesem Zeitpunkt in gewisser Weise besonders viel, um nicht zu sagen alles, ihre gesamte Zukunft und ihr komplettes künftiges Leben auf dem Spiel. Damit ist keineswegs nur eine rein quantitative Aussage über die Menge an voraussichtlich verfügbarer bzw. verlierbarer Lebenszeit getroffen. Vielmehr steckt in dieser offenen Zukunft zugleich eine schier unbegrenzte Potenzialität, eine Vielfalt an Möglichkeiten der weiteren individuellen Entfaltung und Entwicklung, die eine einschneidende Einschränkung oder gar einen verfrühten Tod besonders tragisch erscheinen lässt. Das mag die besonderen Anstrengungen zu Schutz, aber auch der Rettung gerade der Kinder erklären, die traditionell etwa in der bekannten Birkenhead-Vorschrift in der Seefahrt („Frauen und Kinder zuerst"), heute aber vor allem auch in sogenannten „Fair Innings"-Argumenten zum Tragen kommt, z. B. zu Gunsten der bevorzugten Zuteilung lebensrettender medizinischer Ressourcen an Kinder und Jugendliche (Williams 1997). Das Kind ist lebensgeschichtlich gleichsam noch ein unbeschriebenes Blatt („offen und ganz frei"). Dabei bedeutet diese Offenheit allerdings zugleich entwicklungspsychologisch auch eine besonders hohe Prägsamkeit – und damit im Zweifel auch Verletzlichkeit. Gerade am Anfang des Lebens können tiefe Prägungen und entscheidende Weichenstellungen stattfinden, die sich auf den gesamten weiteren Verlauf des Lebens auswirken, wie es im literarisch vielfach durchgespielten Topos der nach der Geburt verwechselten Säuglinge – und damit gewissermaßen vertauschten Lebensschicksale – zum Ausdruck kommt. Auch die Psychoanalyse lebt von der Vorstellung tiefgreifender frühkindlicher Prägungen, die den ganzen späteren Lebensweg maßgeblich beeinflussen, von denen sich das Individuum letztlich nie vollends lösen und befreien kann, weil sie für seine persönliche Entwicklung und Verfassung konstitutiv werden und sich daher im Fall der Traumatisierung auch besonders verheerend auswirken können („sind so kleine Seelen", „gehn kaputt dabei") (Leuzinger-Bohleber 2009).

Schließlich lässt sich dem Gedanken einer besonderen Verletzlichkeit des Menschen am Anfang seines Lebens auch in *sozialer Hinsicht* einige Plausibilität verleihen. Insbesondere das neugeborene Kind erscheint in vielen kulturellen Darstellungen tatsächlich geradezu als Sinnbild der Schutzlosigkeit und Preisgegebenheit. Das gilt für Moses im Weidenkorb und das Christuskind in der Krippe ebenso wie für das Kind im Märchen von Dornröschen oder für die oben zitierte Ballade Wegners (Bedford-Strohm 2004). Anders als bei vielen anderen Säugetieren ist das menschliche Neugeborene zunächst nicht dazu in der Lage, sich selbst zu erhalten, sondern ist schon für die Befriedigung seiner fundamentalsten Bedürfnisse und den Vollzug seiner elementarsten Lebensvorgänge – die Bewegung des eigenen Körpers, die Stillung von Hunger und Durst, den Schutz vor Hitze, Kälte und Bedrohungen – auf die wohlwollende Rücksicht,

Fürsorge und Unterstützung seines näheren Umfeldes angewiesen. Diese vital-existenzielle Hilfs- und Unterstützungsbedürftigkeit und die damit gegebene Angewiesenheit auf und Abhängigkeit von anderen macht das neugeborene Kind auch in sozialer Hinsicht besonders verletzlich. Nicht erst die aktive und absichtliche Schädigung oder Misshandlung stellt für es eine Gefahr für Leib und Leben dar. Schon die bloße Nichtbeachtung, Gleichgültigkeit oder auch nur Nachlässigkeit seiner Umgebung kann seine Existenz und Integrität grundsätzlich in Frage stellen. Aus diesem Grund kommt der Annahme des Neugeborenen durch die Eltern oder das nähere soziale Umfeld auch eine besonders kritische, um nicht zu sagen existenzielle Bedeutung zu. Die antike Praxis der Kindesaussetzung war in der Regel gleichbedeutend mit einem Todesurteil (Tuor-Kurth 2010). Entsprechend wird der heikle Vorgang der initialen Anerkennung des Kindes als soziales Gegenüber und damit seine Aufnahme in die menschliche Gemeinschaft seit jeher durch Rituale abgesichert. Er bildet die grundlegende, existenzielle Voraussetzung und notwendige Bedingung für alle später darauf aufbauenden, in gewisser Weise mittelbareren und konditionaleren Formen der Anerkennung, sei es als moralisches Subjekt, Rechtsperson oder individuelle Persönlichkeit (Wulf et al. 2008).

Das zweite Grundmodell der Entwicklung von Verletzlichkeit im Lebensverlauf eröffnet eine entgegengesetzte Perspektive. Ihm zufolge ist die Verletzlichkeit des Menschen zu Beginn des menschlichen Lebens vergleichsweise gering und nimmt erst in seinem weiteren Fortgang allmählich zu. Auch diese Vorstellung einer entwicklungsgeschichtlich anwachsenden Verletzlichkeit hat ihren Niederschlag in literarischen Zeugnissen wie etwa den folgenden Strophen aus Gottfried Benns Gedicht „Gesänge“ gefunden:

> O daß wir unsere Ururahnen wären.
> Ein Klümpchen Schleim in einem warmen Moor.
> Leben und Tod, Befruchten und Gebären
> glitte aus unseren stummen Säften vor.
>
> Ein Algenblatt oder ein Dünenhügel,
> vom Wind Geformtes und nach unten schwer.
> Schon ein Libellenkopf, ein Möwenflügel,
> wäre zu weit und litte schon zu sehr. (Benn 1999, S. 47)

Auch wenn den Versen erkennbar eine biogenetische oder evolutionsgeschichtliche Perspektive zugrunde liegt, bringen sie doch zugleich auch grundlegende Vorstellungen einer mit der individuellen Entwicklung ansteigenden Verletzlichkeit zum Ausdruck. So wird auf einer *körperlichen*, sozusagen biologisch-strukturellen Ebene zunächst ein Zusammenhang von Verletzlichkeit und Strukturbildung hergestellt. Um verletzt werden zu können, muss etwas überhaupt eine gesonderte, abgrenzbare Entität bilden und ein Mindestmaß an Strukturiertheit aufweisen. Eine amorphe, homogene Masse („ein Klümpchen Schleim in einem warmen Moor“) kann als solche schwerlich verletzt werden. Erst wo sich distinkte Formen herausbilden, können diese auch beschädigt oder zerstört werden. Dabei steigt das Ausmaß der Verletzlichkeit offensichtlich mit dem Grad der strukturellen Differenzierung und Komplexität an. An einfachen Dingen („ein Algenblatt“) lässt sich weniger zerstören oder beschädigen als an bereits stärker gegliederten oder organisierten Strukturen („ein Libellenkopf, ein Möwenflügel“). Darüber hinaus erhält Verletzlichkeit dann auch eine ganz neue Qualität, sobald von lebenden Gebilden die Rede ist. Die spezifische Existenz und Integrität der organischen Form unterscheidet sich darin vom bloßen Vorhandensein unbelebter Gegenstände, dass sie als Eigenleistung aufgefasst werden muss. Der Organismus ist nie einfach nur „da“, sondern muss sich in jedem Moment selbst im Dasein erhalten. Er ist eben nicht lediglich etwas „vom Wind Geformtes und nach unten schwer“. Aus der Perspektive einer philosophischen Biologie „führt die lebendige Form“ vielmehr vermittels des Stoffwechsels ein „vermessenes Sondersein in der Materie, paradox, labil, unsicher, gefährdet, endlich und tief verschwistert dem Tode“ (Jonas 1997, S. 20 f.).

Auch in zeitlicher, *existenziell-biografischer* Hinsicht lassen sich verschiedene Argumente für den Gedanken einer Zunahme der Verletzlichkeit über den Lebensverlauf ins Feld führen. Indem sich die spezifische Umweltoffenheit des Organismus bei einigen Arten von Lebewesen auch in Form zunehmender Empfindungsfähigkeit ausprägt, ergeben sich in ihrer Entwicklung neue Möglichkeiten der Verletzung durch verschiedene Formen und Intensitäten von Schmerz und körperlichem Leid („wäre zu weit und litte schon zu sehr“) (Mayerfeld 1999). Mit der Entwicklung höherer Formen von (Selbst-)Bewusstsein eröffnet sich schließlich auch die Sphäre der Subjektivität und Personalität und damit ein ganz eigenes inneres „Universum der Verletzlichkeit“. Das betrifft zunächst den Entwicklungsprozess, in dem einem Individuum etwas an bestimmten Dingen und Sachverhalten und schließlich am eigenen Dasein als solchem zu liegen beginnt, es also eigene Interessen und Präferenzen ausbildet, die jeweils entsprechend verletzt oder frustriert werden können. Dabei geht es allerdings keineswegs nur um narzisstische Kränkungen und ihre Bewältigung. Aus Sicht einiger moralphilosophischer Positionen hängt vielmehr schon der grundlegende moralische Status eines Individuums mitsamt seiner Schutzwürdigkeit und seiner Rechtsansprüche von dieser Ausbildung von Interessen und Präferenzen und der Möglichkeit ihrer Enttäuschung oder Verletzung ab und entwickelt bzw. verändert sich daher auch über den Lebensverlauf (Singer 1987). Weiter gedacht erfasst diese Zunahme der Verletzlichkeit dann ebenfalls jene Aspekte der Persönlichkeitsentwicklung, die traditionell unter dem Begriff der Bildung zusammengefasst werden, also etwa den Erwerb von Kenntnissen und Erfahrungen, die Verwirklichung von Fähigkeiten und Talenten, die Bewältigung von Herausforderungen und damit letztlich die Zeit in Anspruch nehmende Ausbildung einer vielschichtigen, komplexen Persönlichkeitsstruktur, die in ebenso vielen Hinsichten Angriffsflächen für Verletzungen und Beschädigungen bietet. Nicht von ungefähr sind die Helden antiker Tragödien nicht etwa kleine Kinder oder Jugendliche, sondern voll entfaltete, reife Persönlichkeiten auf dem Höhepunkt ihrer individuellen Entwicklung, gleichsam im Zenit des Lebens. Auch das verschafft ihnen letztlich die für die Dramatik erforderliche „tragische Fallhöhe" (Jecker 1994).

Schließlich lässt sich der Vorstellung einer Zunahme der menschlichen Verletzlichkeit über den Lebensverlauf auch in *relational-sozialer* Hinsicht durchaus Sinn abgewinnen. Immerhin baut das Individuum auch seine Bindungen zu anderen erst nach und nach auf, wobei sich in der Regel nicht nur die Tiefe und Qualität der eingegangenen Beziehungen, sondern auch die Reichweite und der Differenzierungsgrad seines gesamten sozialen Netzes erhöhen. Schon in dieser Hinsicht mag auch auf der sozialen Ebene mit der Zeit mehr und mehr auf dem Spiel stehen. Wer etwa im Laufe seines Lebens eine langjährige, vertraute und eingespielte Paarbeziehung aufgebaut, eine eigene Familie gegründet und ein vielschichtiges Netzwerk unterschiedlicher Freundschaften, Bekanntschaften, beruflicher und gesellschaftlicher Kontakte etabliert hat, mag in sozialer Hinsicht durchaus mehr Angriffsfläche und Verletzungspotenzial bieten als ein kleines Kind in seinem Freundeskreis oder ein Teenager in seiner Peer Group. Ähnliches gilt für die im Laufe eines Lebens schrittweise aufeinander aufbauend erreichten, stets auch von der Unterstützung, Anerkennung und Kooperation anderer abhängigen Erfolge und Errungenschaften, von der beruflichen Karriere bis zum wirtschaftlichen Wohlstand und dem damit verbundenen Hab und Gut. Auch in dieser Hinsicht hat eine Person in dem Maße, in dem sie „vorankommt" im Leben, in der Regel sehr viel mehr zu verlieren als ein Kind, Jugendlicher oder selbst noch manche junge Erwachsene. Und schließlich sind auch die damit einhergehende gesellschaftliche Anerkennung und Wertschätzung mitsamt den entsprechenden sozialen Verletzlichkeiten meist nur nach und nach über den Lebensverlauf zu erwerben. Man muss sich zunächst ein Renommee aufgebaut, ein Ansehen erworben haben, um dieses beschädigt sehen oder verlieren zu können. An einem Neugeborenen lässt sich schwerlich Rufmord begehen.

Zweifellos erscheinen die beiden hier umrissenen Vorstellungen von der Entwicklung von Verletzlichkeit im Lebensverlauf in ihrer Entgegensetzung holzschnittartig und die Überlegungen, die sich daran jeweils anschließen, hochgradig spekulativ und im Einzelnen in verschiedensten Hinsichten angreifbar. Sie verdeutlichen jedoch allemal die maßgebliche Bedeutung von Prozessperspektiven und Zeithorizonten in der Auseinandersetzung mit dem Zusammenhang von Altern und Verletzlichkeit. Inwiefern ein Individuum als verletzlich anzusehen ist, hängt nicht nur von seiner aktuellen Verfassung und Lage zu einem gegebenen Zeitpunkt ab. Eine nicht zu unterschätzende Rolle spielt darüber hinaus, wie dieser Zeitpunkt in den individuellen Lebensverlauf im Ganzen und die damit vorgezeichneten Perspektiven vergangener und zukünftiger Entwicklung eingeordnet wird. Dabei ist mit den umrissenen Verlaufsmodellen einer Abnahme bzw. Zunahme von Verletzlichkeit im Lebensverlauf keinesfalls bereits etwas Abschließendes über das konkrete Verhältnis von Altern und Verletzlichkeit gesagt. In dieser Hinsicht dürften differenziertere narrative Schemata zweifellos angemessener erscheinen, in denen Phasen höherer und geringerer Verletzlichkeit einander ablösen und wechselseitig bedingen. Verbreitet ist etwa die Vorstellung einer zunächst abfallenden und dann wieder ansteigenden Kurve, in der frühe Kindheit und hohes Alter gleichermaßen als Zeiten besonders hoher Verletzlichkeit erscheinen. Sie legt nicht zuletzt Analogisierungen beider Lebensphasen nahe, die beispielsweise im traditionellen Topos des hohen Alters als „zweiter Kindheit" zum Tragen kommen (Covey 1993). Allerdings wird das mittlere Erwachsenenalter dabei gewissermaßen als Normalfall des Menschseins definiert und Verletzlichkeit damit im wahrsten Sinne zu einem abweichenden Randphänomen erklärt (Jecker 2020). Tatsächlich lässt sich auch ein entgegengesetztes narratives Schema aufzeigen, nach dem die Verletzlichkeit im Verlauf des Lebens zunächst ansteigt und dann wieder abfällt, wobei gerade der „Zenit" des mittleren Erwachsenenalters zugleich die größte Fallhöhe und damit auch Verletzlichkeit aufweist. Aus diesem Blickwinkel erscheint das höhere Lebensalter weniger als eine Phase besonderer Verletzlichkeit denn als die bereits eingetretene Verletzung selbst. Dabei bleibt in beiden hier angedeuteten Sichtweisen freilich noch ausgeblendet, dass Verletzlichkeit und Entwicklung keineswegs unabhängige Größen darstellen, sondern in einem dialektischen Bedingungsverhältnis zueinander stehen, was gerade mit Blick auf das Altern und das höhere Lebensalter noch einmal sehr viel weitreichendere Perspektiven eröffnet (Kruse 2017).

5 Schluss und Ausblick: Verletzlichkeit und Zeit

Die intuitiv naheliegende und kulturell verbreitete Verbindung von Altern und Verletzlichkeit erweist sich bei näherer Betrachtung als durchaus vielschichtig und voraussetzungsreich. So erscheint es keineswegs selbstverständlich, ältere Menschen per se als eine besonders vulnerable Gruppe anzusehen. Die betreffenden forschungsethischen oder sozialpolitischen Stellungnahmen und Regelwerke mögen zwar einer durchaus wohlmeinenden Absicht entspringen, werden allerdings den heterogenen Realitäten des Alterns nicht gerecht. Sie drohen daher in der Übergeneralisierung defizitorientierter Altersbilder zu einer unangemessenen und letztlich mitunter sogar schädlichen Ausgrenzung und Bevormundung älterer Menschen zu führen.

Stattdessen lässt sich das Altern ausgehend von philosophischen Überlegungen im Sinne der Radikalisierung einer grundlegenden anthropologischen Verletzlichkeit begreifen. In dieser Perspektive kommen mit steigendem Lebensalter zentrale Grundbedingungen der menschlichen Existenz und die in ihnen jeweils angelegten Verletzlichkeiten immer deutlicher und unausweichlicher zur Geltung. Das betrifft insbesondere die ambivalente leib-körperliche Verfasstheit, zeitliche Bedingtheit und Begrenztheit sowie relational-soziale Verwiesenheit menschlichen Seins. Die mit dem Altern und dem höheren Lebensalter einhergehende Verletzlichkeit erscheint vor diesem Hintergrund nicht mehr als Abweichung und bedauerlicher Sonderfall, sondern geradezu als das Paradigma einer für die menschliche Existenz als solche wesentlichen Verletzlichkeit.

Damit tritt schließlich auch die Bedeutung einer Lebensverlaufsperspektive auf Verletzlichkeit zutage (Spini et al. 2017). Sie lässt sichtbar werden, wie Verletzlichkeit in der individuellen Lebensgeschichte entsteht und mit der Entwicklung des Individuums selbst verflochten ist. Auf diese Weise verdeutlicht sie zugleich, warum Fragen der Verletzlichkeit stets im Zusammenhang des Lebensverlaufs im Ganzen zu betrachten und zu erörtern sind und je nach den dabei zugrunde gelegten zeitlichen Perspektiven und Horizonten unterschiedlich eingeschätzt werden können (Thompson 2014). Damit rückt auch die Frage nach der Bedeutung und Überzeugungskraft der zugrundeliegenden Narrative in den Vordergrund, die unsere Sicht auf Verletzlichkeit im Lebensverlauf zeitlich strukturieren und perspektivieren. Dabei sind über den individuellen Lebensverlauf hinaus auch kollektive zeitliche Zusammenhänge zu berücksichtigen. Schließlich durchlaufen wir im Laufe unseres Lebens nicht nur unterschiedliche Lebensphasen, sondern zugleich auch entsprechende Rollen und Positionen in der Abfolge der Generationen. Letzten Endes käme damit auch die besondere Verletzlichkeit vergangener und zukünftiger Generationen in den Blick, die auf jeweils andere Weise von unseren gegenwärtigen Entscheidungen und Handlungen betroffen sind, ohne doch auf sie Einfluss nehmen zu können.

Literatur

Age UK (2015): *Improving Later Life. Vulnerability and Resilience in Older People.* London: Age UK.

Améry, Jean (1968): *Über das Altern. Revolte und Resignation.* Stuttgart: Klett.

Andresen, Sabine/Koch, Claus/König, Julia (Hrsg.) (2015): *Vulnerable Kinder: Interdisziplinäre Annäherungen*. Wiesbaden: Springer.

Baltes, Paul B./Baltes, Margret M. (Hrsg.) (1990): *Successful Aging. Perspectives from the Behavioural Sciences*. Cambridge: Cambridge University Press.

Barbosa, Keylla Talitha Fernandes/de Oliveira, Fabiana Maria Rodrigues Lopes/Fernandes, Maria das Graças Melo (2019): „Vulnerability of the Elderly: A Conceptual Analysis". In: *Revista Brasileira de Enfermagem* 72, S. 337–344.

Beach, Scott/Czaja, Sara/Schulz, Richard/Loewenstein, David/Lichtenberg, Peter (2020): „Vulnerability to Financial Scams among Older Adults: Cognitive and Psychosocial Factors". In: *Innovation in Aging* 4. Supplement 1, S. 447.

Beauvoir, Simone de (2007 [1970]): *Das Alter*. Reinbek bei Hamburg: Rowohlt.

Bedford-Strohm, Heinrich (2004): „Das Bild des Kindes in der Bibel". In: *Jahrbuch für internationale Germanistik* 36, S. 95–104.

Benn, Gottfried (1999): „Gesänge". In: *Gedichte. In der Fassung der Erstdrucke*. Bruno Hillebrand (Hrsg.). Frankfurt a. M.: Fischer, S. 47.

Blum-Lehmann, Susanne (2008): „Hinfälligkeit und Begrenztheit als Entwicklungschance im Alter". In: *Zeitschrift für Gerontologie und Geriatrie* 41. Nr. 3, S. 201–207.

Bozzaro, Claudia/Boldt, Joachim/Schweda, Mark (2018): „Are Older People a Vulnerable Group? Philosophical and Bioethical Perspectives on Ageing and Vulnerability". In: *Bioethics* 32. Nr. 4, S. 233–239.

Bracken-Roche, Dearbhail/Bell, Emily/MacDonald, Mary Ellen/Racine, Eric (2017): „The Concept of Vulnerability in Research Ethics: An In-Depth Analysis of Policies and Guidelines". In: *Health Research Policy and Systems* 15, S. 8.

Brocklehurst, Hilary/Laurenson, Mary (2008): „A Concept Analysis Examining the Vulnerability of Older People". In: *British Journal of Nursing* 17. Nr. 21, S. 1354–1357.

Cappelli, Miriam/Bordonali, Alessandro/Giannotti, Chiara/Montecucco, Fabrizio/Nencioni, Alessio/Odetti, Patrizio/Monacelli, Fiammetta (2020): „Social Vulnerability Underlying Disability amongst Older Adults: A Systematic Review". In: *European Journal of Clinical Investigation* 50. Nr. 6, e13239.

Centers for Disease Control and Prevention (2012): *Identifying Vulnerable Older Adults and Legal Options for Increasing Their Protection During All-Hazards Emergencies: A Cross-Sector Guide for States and Communities*. Atlanta: U. S. Department of Health and Human Services.

Covey, Herbert C. (1993): „A Return to Infancy: Old Age and the Second Childhood in History". In: *The International Journal of Aging and Human Development* 36. Nr. 2, S. 81–90.

Crown Prosecution Service (CPS) (2020): *Guidance on Prosecuting Crimes against Older People*. London: CPS.

Engels, Dietrich (2020): „Einkommen und Vermögen im Alter". In: Kirsten Aner/Ute Karl (Hrsg.): *Handbuch Soziale Arbeit und Alter*. Wiesbaden: Springer VS, S. 349–367.

Gehlen, Arnold (1986 [1940]): *Der Mensch. Seine Natur und seine Stellung in der Welt*. Wiesbaden: Aula.

Geyer, Siegfried/Eberhard, Sveja (2020): *Später krank und länger gesund? Die Morbiditätskompression und ihre Alternativen*. Bern: Hogrefe.

Giesinger, Johannes (2015): *Autonomie und Verletzlichkeit: Der moralische Status von Kindern und die Rechtfertigung von Erziehung*. Bielefeld: transcript.

Grundy, Emily (2006): „Ageing and Vulnerable Elderly People: European Perspectives". In: *Ageing & Society* 26. Nr. 1, S. 105–134.
ten Have, Henk (2016): *Vulnerability: Challenging Bioethics.* Abingdon, New York: Routledge.
Helmchen, Hanfried (2015): „Forschung mit Menschen, die an Demenz erkrankt sind?". In: *Der Nervenarzt* 86. Nr. 9, S. 1140–1147.
Holm, Søren (2013): „The Implicit Anthropology of Bioethics and the Problem of the Aging Person". In: Martje Schermer/Wim Pinxten (Hrsg.): *Ethics, Health Policy, and (Anti-)Aging. Mixed Blessings.* Dordrecht: Springer, S. 59–71.
Hurst, Samia A. (2008): „Vulnerability in Research and Health Care: Describing the Elephant in the Room?". In: *Bioethics* 22. Nr. 4, S. 191–202.
Hurst, Samia A. (2020): „Vulnerability in Old Age. The Fragility of Inappropriately Protected Interests". In: Mark Schweda/Michael Coors/Claudia Bozzaro (Hrsg.): *Aging and Human Nature. Perspectives from Philosophical, Theological, and Historical Anthropology.* Cham: Springer, S. 241–252.
Jacobs, Andreas H./Bollheimer, Cornelius (2019): „Frailty". In: Walter Maetzler/Richard Dodel/Andreas H. Jacobs (Hrsg.): *Neurogeriatrie.* Berlin, Heidelberg: Springer, S. 49–68.
Jecker, Nancy S. (2020): *Ending Midlife Bias: New Values for Old Age.* Oxford: Oxford University Press.
Jecker, Nancy S./Schneiderman, Lawrence J. (1994): „Is Dying Young Worse than Dying Old?". In: *The Gerontologist* 34. Nr. 1, S. 66–72.
Jonas, Hans (1997): *Das Prinzip Leben. Ansätze zu einer philosophischen Biologie.* Frankfurt a. M.: Suhrkamp.
Kruse, Andreas (2017): *Lebensphase hohes Alter: Verletzlichkeit und Reife.* Heidelberg: Springer.
Kunz, Ralph (2009): „Weisheit: Konzepte der Lebensklugheit". In: Thomas Klie/Martina Kumlehn/Ralph Kunz (Hrsg.): *Praktische Theologie des Alterns.* Berlin: De Gruyter, S. 155–206.
Kunz, Miriam/Lautenbacher, Stefan (2007): „Demenz bei Frauen und Männern: das gleiche Problem?". In: Stefan Lautenbacher/Onur Güntürkün/Markus Hausmann (Hrsg.): *Gehirn und Geschlecht. Neurowissenschaft des kleinen Unterschieds zwischen Frau und Mann.* Berlin, Heidelberg: Springer, S. 283–295.
Lessenich, Stephan (2020): „Verwundbar ist, wer zu uns gehört". In: *Süddeutsche Zeitung*, 6. Mai 2020 https://www.sueddeutsche.de/kultur/coronavirus-vulnerabilitaet-triage-1.4897768.
Leuzinger-Bohleber, Marianne (2009): *Frühe Kindheit als Schicksal? Trauma, Embodiment, soziale Desintegration. Psychoanalytische Perspektiven.* Stuttgart: Kohlhammer.
MacIntyre, Alasdair (1999): *Dependent Rational Animals: Why Human Beings Need the Virtues.* Peru (IL): Carus.
Mayerfeld, Jamie (1999): *Suffering and Moral Responsibility.* New York: Oxford University Press.
Nationale Akademie der Wissenschaften Leopoldina/acatech – Deutsche Akademie der Technikwissenschaften/Union der deutschen Akademien der Wissenschaften (2015): *Medizinische Versorgung im Alter – Welche Evidenz brauchen wir?.* Halle (Saale): Leopoldina.
Pan American Health Organization (2012): *Guidelines for Mainstreaming the Needs of Older Persons in Disaster Situations.* Washington, D. C.: PAHO.

Pinsker, Donna M./McFarland, Ken/Pachana, Nancy A. (2010): „Exploitation in Older Adults: Social Vulnerability and Personal Competence Factors“. In: *Journal of Applied Gerontology* 29. Nr. 6, S. 740–761.
Rauch, Jonathan (2018): *The Happiness Curve: Why Life Gets Better after 50.* New York: St. Martin's Press.
Rentsch, Thomas (1994): „Philosophische Anthropologie und Ethik der späten Lebenszeit“. In: Paul B. Baltes/Jürgen Mittelstraß/Ursula M. Staudinger (Hrsg.): *Alter und Altern: Ein interdisziplinärer Studientext zur Gerontologie.* Berlin: De Gruyter, S. 283–304.
Rentsch, Thomas (1995): „Altern als Werden zu sich selbst. Philosophische Ethik der späten Lebenszeit“: In: Peter Borscheid (Hrsg.): *Alter und Gesellschaft.* Stuttgart: Hirzel, S. 53–62.
Sadruddin, Aalyia Feroz Ali/Inhorn, Marcia C. (2020): „Aging, Vulnerability and Questions of Care in the Time of COVID-19“. In: *Anthropology Now* 12. Nr. 1, S. 17–23.
Schmidhuber, Martina/Grässel, Elmar (2018): „Zur Vulnerabilität von Menschen mit Demenz und ihren Angehörigen“. In: Lutz Bergemann/Andreas Frewer (Hrsg.): *Autonomie und Vulnerabilität in der Medizin.* Bielefeld: transcript, S. 147–166.
Schneider, Norbert F./Mergenthaler, Andreas/Staudinger, Ursula M./Sackreuther, Ines (Hrsg.) (2015): *Mittendrin? Lebenspläne und Potenziale älterer Menschen beim Übergang in den Ruhestand.* Opladen, Berlin, Toronto: Barbara Budrich.
Schröder-Butterfill, Elisabeth/Marianti, Ruly (2006): „A Framework for Understanding Old-Age Vulnerabilities“. In: *Ageing & Society* 26. Nr. 1, S. 9–35.
Singer, Peter (1987): „Life's Uncertain Voyage“. In Philip Pettit/Richard Sylvan/Jean Norman (Hrsg.): *Metaphysics and Morality. Essays in Honour of J. J. C. Smart.* Oxford: Blackwell, S. 154–172.
Spini, Dario/Bernardi, Laura/Oris, Michel (2017): „Toward a Life Course Framework for Studying Vulnerability“. In: *Research in Human Development* 14. Nr. 1, S. 5–25.
Thompson, Janna (2014): „Being in Time: Ethics and Temporal Vulnerability“. In: Catriona Mackenzie/Wendy Rogers/Susan Dodds (Hrsg.): *Vulnerability: New Essays in Ethics and Feminist Philosophy.* New York: Oxford University Press, S. 162–178.
Trappe, Tobias (2002): „Vom Alter. Vorüberlegungen zur Substanzanthropologie (II)“. In: *Phänomenologische Forschungen* 1, S. 109–130.
Tuor-Kurth, Christina (2010): *Kindesaussetzung und Moral in der Antike: Jüdische und christliche Kritik am Nichtaufziehen und Töten neugeborener Kinder.* Göttingen: Vandenhoeck & Ruprecht.
Vervaecke, Deanna/Meisner, Brad A. (2021): „Caremongering and Assumptions of Need: The Spread of Compassionate Ageism during COVID-19“. In: *The Gerontologist* 61. Nr. 2, S. 159–165.
Wahl, Hans-Werner/Kruse, Andreas (1999): „II. Persönlichkeitsentwicklung im Alter“. In: *Zeitschrift für Gerontologie und Geriatrie* 32. Nr. 4, S. 279–293.
Wegner, Bettina (1979): *Wenn meine Lieder nicht mehr stimmen.* Reinbek bei Hamburg: Rowohlt.
Wiegel, Constantin/Bergmann, Agnes (2020): „Alter und Gesundheit“. In: Stephanie Stadelbacher/Werner Schneider (Hrsg.): *Lebenswirklichkeiten des Alter(n)s. Vielfalt, Heterogenität, Ungleichheit.* Wiesbaden: Springer VS, S. 27–54.
Williams, Alan (1997): „Intergenerational Equity: An Exploration of the ‚Fair Innings' Argument“. In: *Health Economics* 6. Nr. 2, S. 117–132.

Wulf, Christoph (2008): „Zur Welt Kommen: Rituale und Ritualisierung der Geburt". In Christoph Wulf/Anja Hänsch/Micha Brumlik (Hrsg.): Das Imaginäre der Geburt. Praktiken, Narrationen und Bilder. München: Wilhelm Fink, S. 105–121.
Wurm, Susanne/Wiest, Maja/Tesch-Römer, Clemens (2010): „Theorien zu Alter(n) und Gesundheit". In: *Bundesgesundheitsblatt – Gesundheitsforschung – Gesundheitsschutz* 53. Nr. 5, S. 498–503.

Christoph Rehmann-Sutter

Sind wir verletzbar durch den Tod?

> Noch feiert der Tod
> Das Leben in dir
> Närrin in der Spirale der Eile
> (Nelly Sachs[1])

Abstract: *Are we vulnerable due to death?* It is undisputed that the life of human beings must be preserved also at its end because it still can be threatened. But does death itself constitute an injury if it is not caused by external influences, and rather grows out of the life process of mortal beings – in the sense of the necessary dissolution of life? In view of Henk ten Have's functional theory of vulnerability, I distinguish between the aspects of exposure, sensitivity and the ability to absorb events in such a way that no injury occurs. Death growing out of life presents a context that is different from that of violent or preventable death. I argue that at the end of life, dying itself is *not* the injury. Injuries should be suspected in the circumstances of death, not in death itself. The main reason for this claim is ethical: if dying itself were seen as the actual evil, dying processes would be equalized. One could no longer well recognize the threatening injuries in their course. Based on this, the article examines vulnerability in connection with wishes to die, specifically based on the motive of not wanting to be a burden for others.

Die ersten Zeilen des Gedichts von Nelly Sachs klingen wie ein dreistimmiger Akkord. Der Tod erscheint gleich als eine feiernde Gestalt. Er feiert, aber nicht mit hämischer Zuversicht, am Ende über das Leben zu obsiegen. Der Tod feiert nicht über das Leben, sondern er feiert das Leben. Tod und Leben sind einander näher als in der Vorstellung des Sensenmanns, der kommt und mäht.

Aber das Gedicht beginnt mit einem „Noch". Die Feier dauert noch, sie geht nicht immer weiter. Sie wird ein Ende haben; das Leben ist vergänglich, verletzlich, endlich. Mehr liegt für uns nicht drin. Oder besser gesagt, darin besteht das Kostbare des Lebens.

Der dritte Klang in der dritten Zeile ist die Stimme der Sterbenden, die einstimmt. Sie wird aber von der Erzählerin gleich Närrin genannt, weil sie in einer Spirale gefangen sei, die sie in der Eile des Lebens festhält. Oder hat sie es vielleicht zu eilig mit dem Sterben und die Eile bezieht sich auf den Tod selbst?

---

1 Die ersten drei Zeilen des Gedichts „Noch feiert der Tod" (Sachs 1961, S. 357).

 https://doi.org/10.1515/9783110734522-011

Die Figur des Todes, die hier freundlich gezeichnet ist, das Leben noch feiernd, aber doch präsent, weckt die Frage, wer er denn sei. Ist der Tod unser Freund oder unser Feind? Ist er überhaupt „jemand“? Weshalb erscheint der Tod in vielen Darstellungen als Person?

Wie steht der Tod zum Leben? In welcher Relation? In welchem Verhältnis steht der Tod zur Welt? Ist die Begegnung mit dem Tod eine Gefahr, sogar die höchste Gefahr, die uns Lebenden drohen kann? Wir können schließlich im höchsten Fall das Leben verlieren. Aber zu leben kann in bestimmten Situationen schlimmer werden, als zu sterben. Ist die Begegnung mit dem Tod, auch dem eigenen Tod, mit der Möglichkeit des Sterbens, gar nicht die Ausnahme, sondern vielmehr etwas, was in unserem Leben immer mehr oder weniger präsent ist und Leben erst menschlich macht?

Je nachdem, auf welche Seite wir uns zu diesen Fragen stellen, werden wir auch die Fragen anders beantworten, denen dieses Kapitel gewidmet ist: Stellen Sterben oder Tod eine Verletzung dar? Inwiefern sind wir, insofern wir sterblich sind, verletzlich und verletzbar? – Ich stelle diese Fragen primär in Bezug auf den *eigenen* Tod, der den Abschied von Anderen und vom eigenen Leben beinhaltet, nicht in Bezug auf den Tod aus der Perspektive der Zurückbleibenden, denen jemand entrissen wird. Der Verlust eines geliebten Menschen stellt fraglos eine Verletzung dar, wie es Gottfried Benn im berühmten Gedicht „Mutter“ beschrieb: „Ich trage dich wie eine Wunde / auf meiner Stirn, die sich nicht schließt“ (Benn 1961).

Nach ein paar begrifflichen Vorbemerkungen möchte ich eine Unterscheidung im Bereich der Phänomene des Todes vornehmen, nämlich zwischen dem Tod, der zum Leben gehört, und dem Tod, der dem Lebenden zugefügt wird. In Gewaltverhältnissen muss deshalb von Tod und Verletzbarkeit anders gesprochen werden als in der Situation der Pflege am Lebensende. Danach lassen sich zwei zentrale Fragen entwickeln: Stellt der aus dem Leben wachsende Tod eine Verletzung dar? Und in Bezug worauf sind Menschen am Lebensende verletzlich und verletzbar? Im letzten Abschnitt möchte ich das Beispiel der Sterbewünsche heranziehen, die aus dem Grund entstehen können, für andere keine Last mehr sein zu wollen. An ihnen lässt sich konkreter untersuchen, in Bezug worauf Menschen, mit einem (möglichen) Sterbewunsch, am Lebensende verletzbar werden.

1 Begriffliche Vorbemerkungen

Henk ten Have (2016) vertritt die These, dass sich das Phänomen von Vulnerabilität in einer funktionalen Sicht im Wesentlichen in drei Aspekte gliedert. Erstens eine Sensitivität oder Empfindlichkeit, zweitens das Ausgesetztsein gegenüber möglicherweise verletzenden Ereignissen und drittens die Reaktionsfähigkeit auf eine mögliche Verletzung, die dabei entstehen kann. Letztere ist die variable Fähigkeit, Ereignisse so aufzufangen, dass keine Verletzung entsteht. Ten Have nennt die drei Aspekte „exposure“, „sensitivity“ und „ability to adapt“. Im Deutschen können wir den Unterschied zwischen der ersten Komponente (Exponiertheit für verletzende Ereignisse) und der zweiten (Empfindlichkeit für diese Ereignisse), die beide zusammen notwendig sind, damit Verletzungen entstehen können, mit den Worten „Verletzbarkeit“ (für das Ausgesetztsein) und „Verletzlichkeit“ (für die Sensitivität) einfangen. „Verletzlich“ ist dann eher die Eigenschaft des Wesens selbst, während „verletzbar“ eine Aussage über die Abhängigkeit von Handlungen anderer ist. Ähnlich wie wir sagen, dieser Farbstoff ist „löslich“, um eine Aussage über die Eigenschaften dieses Farbstoffes zu machen, und sagen, das Farbpulver sei „auflösbar“ in etwas, z. B. in Alkohol. Ein Ton ist hör*bar*; mein Ohr ist empfind*lich*. Der Sprachgebrauch ist aber nicht konsequent. Wir sprechen zuweilen von „wasserlöslichen“ Farben und meinen aber, dass sie in Wasser auflösbar sind. Wir sprechen zuweilen auch von „verletzlich“ oder von „verletzbar“ und meinen beide Komponenten. Ich werde aber trotz umgangssprachlicher Ambiguitäten in diesem Text die Begriffe konsequent so unterscheiden, dass die Verletzbarkeit das Ausgesetztsein für Verletzungen aus der Situation oder ausgehend von Handlungen anderer meint, während die Verletzlichkeit die Sensitivität für diese Verletzungen meint.

Im Verständnis der Reaktionsfähigkeit als den dritten Aspekt von Vulnerabilität scheint es mir wichtig, zwischen Vulnerabilität und Resilienz zu unterscheiden. Verletzung – sowohl als mögliche als auch als wirkliche Verletzung – sollte nicht durch eine Überlagerung der Vulnerabilität mit dem Konzept der Resilienz in den Hintergrund rücken. Die Verletzung bekommt man nicht richtig in den Blick, wenn man sie als ein Versagen einer Abwehrfähigkeit darstellt. Sie käme dann nur *ex negativo* zur Sprache: in der nicht gelungenen Vermeidung der Verletzung. Es besteht in den Diskussionen um Vulnerabilität immer die Gefahr, wie es Andrea Bieler treffend sagt, einem „unangemessenen Unverwundbarkeitsmythos“ in die Hände zu spielen (Bieler 2017, S. 56). Menschen, die durch Schicksalsschläge oder Krankheiten aus der Bahn geworfen wurden, die Unrecht erlitten haben und mit Wunden leben, sind gerade dadurch, dass sie verletzt sind, neu verletzbar. Die Ethik braucht deshalb Raum für das Phänomen der Verletzung und für die Gefahr von Wiederverletzung aufgrund von früherer Verletzung – was z. B. Hans Keilson (2005) als „sequenzielle Traumatisierung“ beschrieben hat. Dieser Raum wird durch ein Denken verstellt, das von der Unverletztheit und von der Immunität als Abwehr von Verletzung ausgeht. Während der Begriff der Resilienz primär den Erhalt durch Wiederherstellung der ursprünglichen Form nach einer Störung oder die Anpassung an neue Verhältnisse meint, ist der Begriff der Vulnerabilität offen für Veränderung und Neukonfiguration.

Ich möchte diese Unterscheidung aber in Widerspruch zu ten Have nicht mit dem Gegensatz von „innen" und „außen" zusammenlegen. Denn es gibt auch innere Ereignisse, gegenüber denen wir verletzbar sind, z. B. traumatische Erinnerungen. Die Bezogenheit auf Andere macht uns sensitiv für Verletzung. In einer relationalen Anthropologie, wie sie in Bezug auf Vulnerabilität besonders von Mackenzie, Rogers und Dodds (2014) untersucht wurde, und der ich mich hier anschließe, müssen Beziehungen als konstitutiv gedacht werden. Beziehungen sind dem Menschen nicht äußerlich, obwohl sie einen Bezug auf Andere und Anderes beinhalten. Der Körper ist, wie Judith Butler (2009, S. 31) eindrucksvoll schrieb, „konstitutiv sozial und interdependent". Deshalb ist es falsch, Sensitivität mit einer inneren Komponente und die Exposition mit einem externen Stress oder einer externen Drohung zu definieren (vgl. ten Have 2016, S. 12). Die Exponiertheit gehört vielmehr zur inhärent sozialen Existenz. Sie ist keineswegs nur als negativ und limitierend anzusehen, sondern sie ist auch eine ermöglichende Bedingung, die uns als Empfänglichkeit („receptivity"; Cole 2016, S. 261) zu positiven Formen der Intersubjektivität befähigt.

Mit Judith Butler (2006, 2009) und Andrea Bieler (2017) unterscheide ich zwischen *konstitutiver* (ontologischer oder fundamentaler) Vulnerabilität, die dem Leben überhaupt und in besonderer Weise dem menschlichen Dasein eigen ist, und *situativer* Vulnerabilität, die speziell und variabel ist, indem sie von der Zeit und den besonderen Umständen abhängt. Ungerechtigkeit, Gewalt und konkrete Verletzung zeigen sich auf der Ebene der situativen Vulnerabilität, wären aber ohne die konstitutive Vulnerabilität nicht möglich. Letztere ist die Angewiesenheit der Menschen und ihre Offenheit für Andere, die nie außerhalb von Situationen existiert. Das reflexive Potenzial der Unterscheidung liegt darin, wie Alyson Cole in ihrem Kommentar zu den „vulnerability studies" (Cole 2016) herausgearbeitet hat, dass an der positiv-ermöglichenden Vulnerabilität als Teil der menschlichen Existenz festgehalten werden kann, während aus der situativen Vulnerabilität eine Ethik der Verantwortung fließt, die sensitiv ist für die Besonderheit der jeweiligen Lage sowie für die strukturellen Bedingungen, denen eine Situation unterliegt. Situationen und ihre strukturellen Bedingungen enthalten Möglichkeiten – oft in erschreckender Weise auch Wirklichkeiten – von Verletzung, Gewalt und Ungerechtigkeit, die als solche adressiert werden müssen. Konkrete Vulnerabilitäten sind deshalb, insofern sie verändert, vermieden oder gestaltet werden können, sowohl Anlass zu Fragen nach Ungerechtigkeit als auch Gegenstand der ethischen Sorge.

2 Welcher Tod?

Sofern die rechtsstaatlichen Verhältnisse nicht durch Krieg oder Katastrophen aufgehoben sind, muss jeder Tod behördlich dokumentiert werden. Jeder Mensch zählt dabei, ob Bürger oder Nichtbürger, ob gesund oder krank, arm oder reich, klein oder groß. Von einer Ärzt:in muss ein Totenschein ausgestellt werden. Darin müssen Angaben über die Todesart gemacht werden. Üblicherweise gibt es in den entsprechenden Formularen meistens drei Kategorien zur Auswahl: „natürlich", „nicht natürlich" und „unbekannt".

Wenn jemand an einer Krankheit gestorben ist, gilt die Todesart als „natürlich". Was kann das aber heißen, wenn doch heute die meisten Menschen im Rahmen einer medizinischen Versorgung sterben, in denen Leben nur dank medizinischer Maßnahmen noch möglich war und in denen auch Entscheidungen über Behandlungen getroffen werden mussten, die das Potenzial gehabt hätten, das Leben über diesen Zeitpunkt hinaus noch länger zu erhalten?[2] Das Wort „natürlich" bezeichnet in diesem Kontext der Todesbeurkundung offensichtlich nicht die Abwesenheit menschlicher Einflüsse, sondern einen Bereich der Fraglosigkeit. Die Aussage „natürlicher Tod" ist an dieser Stelle normativ: Es sollen im Anschluss an die Todesfeststellung keine polizeilichen Ermittlungen ausgelöst werden.

Die Frage, wann ein Todesfall fraglos hingenommen werden soll, hat mit dem Thema Verletzung, Verletzbarkeit und Verletzlichkeit insofern zu tun, als irgendeine Klarheit vorhanden sein muss, in welcher Weise Menschen durch ihre Sterblichkeit und durch den Tod überhaupt verletzbar sind. Denn nicht jeder Tod erfordert Nachforschungen über seine Ursachen.

Die Frage ist gewöhnlich pragmatisch so geregelt, dass geprüft werden muss, ob *Anhaltspunkte* für einen eventuell nicht-natürlichen Tod vorliegen. Falls keine solchen Anhaltspunkte vorliegen, gilt der Tod als ein natürlicher. Im Formular der Todesbescheinigung des Freistaats Bayern heißt es z. B. so:

> Die Qualifizierung als ‚nicht natürlicher Tod' erfolgt, wenn die Ärztin/der Arzt im Rahmen der Leichenschau Zeichen dafür findet, dass der Tod durch Selbsttötung, durch Unfall, durch strafbare Handlung oder durch Einwirkung von außen herbeigeführt wurde. Anhaltspunkte für einen nicht natürlichen Tod können sich auch aus den Gesamtumständen außerhalb des Befundes an der Leiche (z. B. Auffindeort, Alter des Verstorbenen) ergeben.
> (Freistaat Bayern)

2 Empirische Studien haben gezeigt, dass je nach Land in Europa in zwischen 23 % (Italien) und 51 % (Schweiz) der Todesfälle „end of life decisions" eine Rolle spielen, die beinhalten, dass jemand noch länger hätte leben können (van der Heide et al. 2003).

Suizid, Unfall, Tötungsdelikte, Tod durch äußere Einwirkungen sind Todesarten, die als nicht natürlich gelten.

Das gemeinsame Merkmal dieser Situationen ist, dass sie (i) Ereignisse beinhalten, die zum Tod geführt hatten, aber vermeidbar gewesen wären *und* (ii) deren Vorkommen mit einiger Wahrscheinlichkeit straf- oder haftungsrechtlich relevant ist. Deshalb sind dann polizeiliche Ermittlungen notwendig. Daraus ergibt sich umgekehrt, in welcher Richtung Antworten auf die Frage gesucht werden, was ein „natürlicher" Tod denn sei: Er muss unvermeidlich gewesen sein und er muss erfolgt sein, ohne dass ihn Einwirkungen von außen herbeigeführt haben. Das heißt, er muss aus den Lebensprozessen des Organismus selbst hervorgegangen sein.

Die Formulierung solcher Bestimmungen sowie deren praktische Umsetzung bleiben bei näherem Hinsehen keineswegs frei von delikaten Abwägungen. Sie enthalten ein Fehlerpotenzial, wie man sie ja hinlänglich aus Kriminalgeschichten kennt: Ein Mörder könnte es so aussehen lassen, als ob der Tod ein natürlicher gewesen wäre. Wenn Entscheidungen über die Durchführung oder Weiterführung von Behandlungen am Lebensende einzig aus dem Grund getroffen werden, um *post mortem* Gerichtsverfahren zu vermeiden, werden mitunter die Interessen und das Wohl der Patient:innen verletzt. Das bildet Teil ihrer situativen Vulnerabilität im medizinischen Kontext am Lebensende. Patient:innen können in medizinischen Situationen grundsätzlich verletzbar werden in Bezug auf Falsch-, Über- oder Unterbehandlung oder weil ihre Ärzt:innen es vermeiden wollen, wegen Behandlungsfehlern angeklagt zu werden. Solange das Risiko kleiner ist, wegen Behandlungsfehlern verklagt zu werden, wenn man *zu viel* lebenserhaltende Behandlungen durchführt, und wenn gleichzeitig der Wille der Patient:innen nicht in jedem Fall klar genug ermittelbar ist, entsteht eine Situation, in der Patient:innen eher über- als unterbehandelt werden, und in der zuweilen auch der Sinn von Normen so umgedeutet wird, dass eine Überbehandlung als notwendige Behandlung erscheint. Medizin kann in solchen Situationen zu einer „Defensivmedizin" werden, die aber nicht die Patient:innen verteidigt, sondern die Arztpersonen. Studdert et al. (2005) haben in einer Studie mit 824 Ärzt:innen verschiedener Spezialisierungen in den USA, in denen ein relativ hohes Prozessrisiko besteht, nachgewiesen, dass fast alle Ärzt:innen (93 %) manchmal oder oft „defensiv" begründete Handlungen vollziehen. Wenn man darauf schaut, worum es sich konkret handelte, ergibt sich ein komplexes Bild von defensiv begründeten Praktiken, die von der Verordnung von mehr Tests und mehr Untersuchungen, als sie unbedingt erforderlich wären, bis hin zur Vermeidung bestimmter riskanter Eingriffe reichen. In der Notfallmedizin besteht laut einer anderen Studie durch die Möglichkeit von Gerichtsverfahren eine Tendenz, aggressivere lebenserhaltende Maßnahmen durchzuführen, als Ärzt:innen es für die Patient:innen für gut befinden (Grudzen et al. 2012). Wenn man davon ausgeht, dass eine Behandlung, die zwar Leben retten könnte, aber nicht im Patientenwohl begründet ist, eine Verletzung darstellen kann, ergibt sich durch das Drohen von Gerichtsverfahren eine besondere Verletzbarkeit der Patient:innen am Lebensende, die durch die Verbindung des biomedizinischen mit dem haftungsrechtlichen Kontext bedingt ist.

Wird der ökonomische Kontext miteinbezogen, ist es denkbar, dass Patient: innen, denen mit einer teuren Behandlung geholfen werden könnte, so beraten werden, dass sie einen palliativen Weg wählen und die teure Behandlung ablehnen, weil sie nämlich denken, dass es für sie das Beste ist, mit guter Symptomkontrolle ein kürzeres, aber noch besseres Leben zu haben. Roi Livne (2019) hat in den USA auf solche Gefahren hingewiesen, die vor allem dann drohen, wenn Patient:innen nicht oder nur schlecht versichert sind. In anderen Finanzierungssystemen können finanzielle Anreize genau in die gegensätzliche Richtung entstehen, wenn nämlich Geld vor allem mit invasiven Methoden verdient werden kann. Dann droht eher Übertherapie. Was von Patient:innen selbst am Lebensende als „gut" empfunden wird, ist abhängig davon, wie sie ärztlich beraten werden; und der ärztliche Rat ist nicht immer frei von ökonomischen Anreizen.

Delikate Abwägungen im Grenzbereich zwischen dem, was zum Unvermeidlichen und moralisch Fraglosen zählt, und dem, was zu berechtigten Fragen Anlass gibt, ergeben sich beim assistierten Suizid und bei einigen Formen der Sterbehilfe. Es gibt ein Gewaltelement (z. B. ein Gift) und es gibt den biografischen Kontext: eine Leidensgeschichte, die zur Herausbildung eines bestimmten und sicheren Willens geführt hat. In letzterer Hinsicht ist es vielleicht für den Betroffenen tatsächlich ein Tod, der aus dem Leben wächst, obwohl er nun mit einer selbstbestimmten und möglichst sanft ausgeführten Gewalt verbunden ist.

Wenn man diese Situationen bedenkt, die durch das Sterben im medizinischen Kontext entstehen, ergibt sich ein Spektrum der Verantwortung und Verantwortlichkeiten zwischen zwei Extremen: Auf der einen Seite liegen die unvorhersehbaren, plötzlichen Todesfälle, die auf keine äußeren Ursachen zurückzuführen sind und bei denen auch keine Entscheidungen getroffen wurden, die mit dem Sterben zu tun hatten. Ein paradigmatisches Beispiel ist das plötzliche Herzversagen beim Schwimmen. Auf der anderen Seite des Spektrums sind gewaltsame Todesfälle, bei denen die Tötungshandlungen Straftaten darstellen. Dazwischen befinden sich Übergangsformen, in denen die natürliche Sterblichkeit der Menschen und ihre Anfälligkeit für lebensbedrohliche Krankheiten eine Rolle spielt, aber jeweils nicht der einzige Faktor ist.

Wenn wir nach Unterscheidungen suchen, die eine Orientierung ermöglichen, müssen wir eher auf der Ebene von Normen und Sinnzusammenhängen suchen als auf der Ebene von Kausalität. Wir können vor allem einen Typ von Tod, „der aus dem Leben wächst",[3] von einem anderen Typ von Tod unterscheiden, der auf Gewalt zurückzuführen ist. Der gewaltsame Tod ist ein Tod, der nicht geschehen *soll*, während der aus dem Leben wachsende Tod unvermeidlich ist, wenn er auch gestaltbar und hinsichtlich des Zeitpunktes beeinflussbar ist. Mit der Unterscheidung eines „natürlichen" von einem „nicht natürlichen" Tod ist so eine moralische Stellungnahme verbunden. Es geht darum, in welchem Verhältnis der Tod zum Leben stehen soll, damit wir ihn als „natürlich" hinzunehmen *bereit sind* und ihn mit dieser Aussage als Teil des Lebensverlaufs akzeptieren. Dabei werden unvermeidlich objektive Kriterien mit kulturellen Gepflogenheiten und kulturellen Normen vermittelt.

Es entstehen in diesen beiden Bedeutungskontexten des aus dem Leben wachsenden und des gewaltsamen Todes unterschiedliche Konstellationen von Vulnerabilität. Beim gewaltsamen Tod steht das Leben selbst als verletzliches und deshalb zerstörtes Leben im Vordergrund. Der Tod ist Unrecht. Weil ein Mensch getötet werden *kann*, wird er in Bezug auf andere verletzbar. Die Gewalttäter sind streng vom Tod zu unterscheiden; sie sind nicht der Tod, sondern Tötende. Und weil sie leben, können sie Unrecht begehen und zur Verantwortung gezogen werden. Im Kontext der Gewalt ist es deshalb nicht der Tod, der die Verletzung darstellt, sondern es ist die Gewalteinwirkung, die den Tod verursacht. Menschen sind in Bezug auf diese Gewalt verletzbar, weil ihr körperliches Leben verletzlich ist.

Auch beim Tod, der aus dem Leben wächst, entstehen je nach Situation vielfältige Vulnerabilitäten. Aber es steht nicht die Tatsache der Zerstörbarkeit des Lebens im Vordergrund, sondern das Leiden – in Bezug auf den Tod, den Todeszeitpunkt, die genauen Umstände des Todes, die Beziehungen, die im Sterben wichtig sind, die psycho-sozio-spirituellen Bedürfnisse der sterbenden Person und weitere Dinge. Es gibt Personen, von denen die sterbende Person abhängig ist, oder von denen sie im weiteren Verlauf abhängig wird. Dabei stehen ethische Fragen ganz anderer Art im Vordergrund. Es geht um ein Verständnis für die besonderen Bedürfnisse der sterbenden Person, ihrer Wünsche und um die gute Sorge für Menschen am Lebensende. Es geht nicht um die Vermeidung des Todes an sich, sondern um die Möglichkeit eines guten Todes – noch als letzter Teil eines guten Lebens (Hagger/Woods 2013).

---

3 Diese Formulierung findet sich bei Luzia Sutter Rehmann. Vgl. zur normativen Perspektive Sutter Rehmanns Beitrag zur Apokalypse des Johannes, die auf der Insel Patmos – einer römischen Strafkolonie – geschrieben wurde (Sutter Rehmann 1998): Die Herrschaft des Todes soll aufgehoben werden. Damit ist aber das Töten, Morden, Lügen und Ausbeuten gemeint, nicht der Tod, der dem Leben eigen ist.

Eine zentrale Frage dabei ist bekanntlich, welche Entscheidungen die sterbende Person darüber selber treffen können soll. In der Debatte um den assistierten Suizid geht es z. B. darum, ob und unter welchen Voraussetzungen jemand mit fremder Hilfe selbst sein Leben beenden darf. Wie weit reichen die Verpflichtungen anderer (Ärzt:innen, Angehörige, Pflegeinstitutionen), das Leben zu erhalten und die Person auch dabei zu unterstützen, ihr Leben wieder für lebenswert zu halten? Wie weit muss der Respekt für die freie Selbstbestimmung der sterbenden Person gehen? Und welches sind die moralischen Implikationen dieser Entscheidungen aus der Sicht der sterbenden Person selbst?[4] Wie weit „neutralisiert" die Selbstbestimmung die Gewalt und macht aus einem nicht gewaltfreien Sterben doch eines, das aus dem Leben wächst?

Wie sich die Verletzbarkeit am Lebensende im Hinblick auf medizinische Maßnahmen präsentiert, ist also stark abhängig von der konkreten Situation, in der sich der Mensch befindet. Es beginnt schon dabei, ob und wann jemand als „sterbend" angesehen wird. Was droht, ist einerseits das zu frühe Aufgegeben-Werden, das Vorenthalten oder das Nicht-Erreichen-Können von lebensrettenden Maßnahmen, andererseits aber auch die Überbehandlung, also das Aufdrängen medizinischer Intensivmaßnahmen gegen den Willen oder über das mit dem Wohl vereinbare Maß hinaus. In beiden Hinsichten kann die Möglichkeit eines guten Lebensendes des betroffenen Menschen vermindert oder durchkreuzt werden.

3 Ist der Tod eine Verletzung?

Die Sterblichkeit des Menschen ist ein Faktum. Wir Menschen sind als Spezies von Lebewesen aus der Evolution hervorgegangen, die sich entwickeln, wachsen, sich fortpflanzen, altern und sterben. Wir geben Leben weiter und machen selbst wieder Platz. Wie wir uns gegenüber der Tatsache unserer Sterblichkeit kulturell positionieren, hängt auch damit zusammen, welche Position wir uns innerhalb der Biosphäre zuschreiben. Dem Tod die Bedeutung eines ultimativen Feindes des menschlichen Lebens zu geben und das Altern als Grundkrankheit anzusehen, deren Symptome dann die von der Medizin behandelten „tödlichen Krankheiten" sind, wie es einige Antimortalisten tun, die entsprechend durch Biotechnologien das Altern als solches überwinden wollen, bedeutet, sich letztlich aus diesem naturgeschichtlichen Lebenszusammenhang der Biosphäre hinauszuwinden und die Welt so umzuorganisieren, dass sie den angeblichen Lebensinteressen von

4 Zur medizinischen Ethik der Sterbehilfe und der Versorgung am Lebensende vgl. den umfassenden Band von Emmerich et al. 2020.

Individuen dient.[5] Am Horizont steht eine sehr vage Idee einer Überwindung des Todes – im Diesseits. Dieser Auslegeordnung entspricht die Auffassung, dass der Tod *immer* eine Verletzung des Lebens darstellt. Das lebendige System des Menschen gerät durcheinander, zerbricht, entweder durch Krankheiten und Stress- und Störfaktoren, die von außen kommen, oder an den eigenen Schwächen. Man hat manchmal der sog. Apparatemedizin vorgeworfen, dem Tod gegenüber eine ähnliche Grundhaltung zu haben, dass sie ihre Aufgabe in der Erhaltung des Lebens um jeden Preis sehe und deshalb den schließlich doch unvermeidlichen Tod wie eine Kapitulation erleben müsse.

Ich folge der Intuition, dass am Ende des Lebens nicht das Sterben selbst die Verletzung darstellt. Gleichzeitig ist das menschliche Leben auch am Ende des Lebens fragil und verletzbar. Es können auch Menschen, die am Sterben sind, noch Dinge geschehen, die zu ihrem Tod führen, oder die sie in ihren letzten Momenten beeinträchtigen, die wir als Verletzungen ansehen müssen. Als Stütze für diese Intuition steht nicht so sehr der moralische Grund im Vordergrund, der besagt, dass wir uns mit diesem widerspenstigen Faktum der Sterblichkeit letztlich abfinden sollten und aufhören sollten, uns ständig darüber zu beklagen, dass wir sterblich sind. Der Grund, den ich für wichtiger halte, ist folgender: Wenn wir das Sterben als die Verletzung ansehen würden, müssten alle Sterbenden ihre Integrität dadurch verlieren, dass sie sterben. Jeder Tod wäre Zerstörung des Lebens. Leben könnte sich aus sich selbst heraus nicht auflösen. Es könnte keinen annehmbaren, vielleicht sogar willkommenen, „guten" Tod geben. Sterben wäre nicht Teil eines guten Lebens. Es müsste immer unwillkommen sein – außer man würde sich in die widersprüchliche Behauptung versteigen, diese ultimative Verletzung des Sterbens sei (als einzige unter den möglichen Verletzungen) gut. Wenn man die Möglichkeit eines guten Sterbens ohne Verrenkung offen lassen will, darf man den Tod als solchen nicht als Verletzung definieren. Verletzungen sind im Sterben möglich (sie sind *das* Thema der Ethik am Lebensende), sie werden aber nicht durch die Sterblichkeit als solche verursacht.

Die Sterbenden haben, wie es Nelly Sachs in ihrem Gedicht „Du" formuliert, eine

> haargenaue Aufgabe,
> deren Lösung

---

5 Für eine kritische Diskussion der prominentesten transhumanistischen Positionen s. Nicholas Agar (2014). Ein kurzes Argument gegen das Verständnis des Alterns als Krankheit findet sich in Rehmann-Sutter (2011). Zu den Bedeutungen des Todes für das menschliche Leben in der Philosophie Rehbock (2018).

> den Sterbenden mitgegeben wird
> (Sachs 1961, S. 333)

Die Lösung dieser Aufgabe, die der Tod für die Sterbenden darstellt, benötigt nicht nur eine seelische Einstellung der sterbenden Person, sondern andere Menschen. Einsam sterben zu müssen kann eine Verletzung darstellen, weil Menschen Beziehungen und Nähe brauchen, um Abschied zu nehmen und um Anerkennung zu erfahren. Der Hauptgrund, den Tod nicht selbst als die Verletzung anzusehen, sondern Verletzungen in den *Umständen* des Todes zu suchen, ist also ein ethischer: Man würde die Sterbeverläufe egalisieren und die Verletzungen, die in ihrem Verlauf drohen, nicht mehr gut erkennen, wenn das Sterben selbst das eigentliche Übel wäre. Denn angesichts dieses größten Übels müssten alle anderen Übel, die die Sterbenden empfinden mögen, klein aussehen.

Es gibt weitere Gründe, die aus meiner Sicht eher nachgelagert sind, die These aber gleichwohl unterstützen. Ein Grund ist, dass die Verneinung der Sterblichkeit ein Hindernis für ein erfüllendes Leben darstellt. Es ist nicht klug, die Lebenskunst darin zu sehen, Sterben um jeden Preis zu vermeiden, sondern eher darin, Vergänglichkeit anzuerkennen und das Leben als kostbar zu empfinden, um das Leben, das einem geschenkt ist, verantwortlich zu führen (Brenner/Zirfas 2002, S. 228 ff.). Wir sind *im* Leben einfach besser dran, wenn wir die Augen vor der Vergänglichkeit nicht verschließen, sondern die Sterblichkeit und den Tod als die Bedingungen der Möglichkeit eines guten Lebens hier und jetzt auffassen.

Ein weiterer Grund hat damit zu tun, wie wir das Phänomen der Vulnerabilität in ethischer Hinsicht deuten. Es ist einer der Grundgedanken der Beziehungsethik, dass sie Situationen daraufhin untersucht, *wer in Bezug worauf, auf wen und auf welche Handlungen* konkret verletzbar ist oder wird. Die Verletzbarkeit, die in einer Situation entsteht, zu erkennen, ist das heuristische Prinzip der ethischen Situationsanalyse, die gleichzeitig eine Antwort auf die Situation ist und Verantwortung beinhaltet.[6]

Das Suchen und Anerkennen der Verletzbarkeiten selbst stellt schon eine verantwortliche Zuwendung dar, die aus einer Pflicht an den Mitmenschen folgt und aus der wiederum Pflichten folgen. Die Verletzbarkeit der Anderen in Bezug auf meine Handlungen oder Unterlassungen stellt so einen direkten Grund dar, mich in der Gestaltung meines Handelns um sie zu kümmern und mich ihnen verantwortlich und sorgend zuzuwenden. Umgekehrt ist die Verletzlichkeit der

---

6 Zu sehen, wer wofür verantwortlich ist, ist die erste Aufgabe einer ethischen Fallanalyse. Martha Nussbaum nennt diesen kognitiven Akt treffend „moralische Wahrnehmung“. Sie kommt vor dem moralischen Urteilen und Begründen. Vgl. Nussbaum (1990), Blum (1994).

Anderen auch ein Grund, meine eigene Verletzbarkeit ihnen gegenüber anzuerkennen. Ich verletze also meine eigene moralische Integrität, wenn ich die Verletzbarkeit der Anderen missachte und ich bin gleichzeitig in meinem Handeln von den Anderen abhängig, dass sie mich nämlich beachten und meine Sorge für sie zulassen und annehmen.

Mit dieser These, dass ethische Verantwortung im Kern in einer Responsivität auf die Verletzbarkeit Anderer besteht, stellt sich eine Fülle von Fragen, denen im Detail nachzugehen diesen Rahmen sprengen würde. Ich möchte nur eine Bemerkung anfügen: Wie Catriona Mackenzie et al. (2014, S. 10 ff.) argumentieren, erzeugt eine funktional definierte Vulnerabilität eine moralische Pflicht nicht *direkt*. Es sind vielmehr die Bedürfnisse der Vulnerablen (einschließlich meiner eigenen Bedürfnisse als Vulnerabler), die zu den Pflichten führen. Jemand ist nämlich deshalb vulnerabel, weil er oder sie ein Bedürfnis hat, nicht verletzt zu werden. Verletzung ist (wie die Gewalt) ein normativ gehaltvolles Phänomen, indem sie einen Appell enthält, dass sie *nicht sein soll* (Delhom 2019, mit Verweis auf Lévinas). Dieses Nicht-Sein-Sollen der Verletzung gründet aber nicht in der Struktur der Verletzbarkeit selbst, die, wie ich behauptet habe, eine Konstellation von Verletzlichkeiten innerhalb einer Situation beinhaltet, sondern im Leiden, das entsteht, wenn eine Verletzung erfolgt. Wenn eine angenommene Verletzung kein Leiden auslösen würde, oder wenn ein angenommenes Leiden für die betroffene Person nichts Unangenehmes und Negatives wäre, wenn es also keine Bedürfnisse gäbe, nicht verletzt zu werden, hätte die Rede von Verletzlichkeit und Verletzbarkeit keinen normativen Gehalt. Das hat auch eine Implikation für die Ethik am Lebensende: Wenn ein Tod sowohl schmerzfrei ist, im ausgereiften, abgewogenen und ausgesprochenen Willen des Sterbenden liegt, als auch im Einverständnis der An- und Zugehörigen erfolgt, ist es sehr schwer zu argumentieren, dass unsere ethische Verantwortung darin bestehen muss, diesen Tod zu verhindern. In der Ethik am Lebensende können wir also von der Frage ausgehen, wer in Bezug auf wen und worauf hin verletzbar wird. Die Grundlage dieser Frage ist die Anerkennung der Abhängigkeiten, die zwischen uns und den Menschen bestehen, die am Lebensende stehen. Die zweite Frage ist dann die, worin die Verantwortung im konkreten Fall besteht.

Die Intuition erhärtet sich: Nicht der Tod macht uns Menschen am Lebensende verletzbar, sondern die Sozialität, die uns exponiert und gleichzeitig mit anderen verbindet. Christina Schües (2020) formulierte dies in Anlehnung an Judith Butler so: „Menschen als leibliche, körperliche Wesen sind nicht einfach schutzlos verletzlich, gefährdet oder prekär, weil sie sterblich, also dem Tod ausgesetzt, sondern weil sie sozial sind." Ich möchte hinzufügen: auch weil sie von günstigen ökologischen Bedingungen abhängig sind. Gegenüber Naturkatastrophen wie Überschwemmungen, Dürren, Erdbeben, Felsstürzen usw. sind

Menschen auch verletzbar. Zunehmend überlagern sich diese Bereiche kausal: Klimakatastrophen sind durch menschliche Handlungen mitverantwortet. Wir sind mit unseren Körpern als sozialem Ort anderen Menschen und politischen Strukturen ausgesetzt. Darin besteht unsere existenzielle Verletzlichkeit. Das Exponiert-Sein gegenüber dem Tod ist nicht das, was Butler in ihrer Bestimmung der fundamentalen Vulnerabilität das konstitutive Exponiert-Sein zu anderen nennt. Es sind Menschen, die uns töten können oder die unseren Tod gleichgültig in Kauf nehmen: Menschen, von deren Sorge, Geschick und von deren anerkennenden Zuwendung es abhängt, ob ein Sterben qualvoll und einsam ist und der Tod mit Grund ein schlechter Tod genannt wird oder ob ein Sterben mit allen Kämpfen, Ambivalenzen und Konflikten, die damit verbunden sind, letztlich doch „gut" verlaufen kann.

Der Schriftsteller Tom Lubbock erhielt die Diagnose eines bösartigen Hirntumors. Nachdem er über die Behandlungsmöglichkeiten aufgeklärt wurde, notierte er in sein Tagebuch:

> And this evening I glanced again through the research paper on my treatment, and meet again the fact that my life expectancy is indeed unlikely to be more than two or three years, and I feel downcast. And how much of that lost to dying? And through what decline? (Lubbock 2012, S. 52)

Der Tumor wuchs in seinem Kopf wie ein Fremdkörper und er stellte sich vor, er werde ihn in absehbarer Zeit töten: „Something in my head is hurrying to kill me" (Lubbock 2012, S. 43). Damit war ihm ein Weg vorgegeben, der bestimmte Spielräume frei ließ. Wie viel seines kurzen, noch zu erhoffenden Lebens „verloren" sein würde, war dann wesentlich davon abhängig, wie er behandelt, gepflegt und versorgt wurde. In diesem Zusammenhang stellen sich die ethischen Fragen der Entscheidungen und der Care-Praxis am Lebensende. Um diese zu erkennen und zu thematisieren, muss die Vulnerabilität nicht auf den Tod bezogen werden, sondern auf diese Entscheidungen, auf den weiteren Lebensverlauf und die Care-Praxis. In Lubbocks Sicht war aber auch der Tumor – als Naturereignis – eine Schadensmacht, der gegenüber er verletzlich war, und der er letztlich unterlag.

Tom Lubbock war aber realistisch genug zu sehen, dass im Kontext der modernen Medizin der Tod nicht mehr einfach naturgegeben ist. Es gibt diese Spielräume, und es gibt die Zufälle. Man kann deshalb sagen, man sterbe nicht nur am Tumor, sondern letztlich immer auch an der Unvollkommenheit der ärztlichen Kunst. Sie ist noch nicht so weit, den Tumor beseitigen zu können. Wir sterben also auch an der Begrenztheit der Medizin, die zum heutigen Zeitpunkt trotz vieler Erfolge noch nicht weitergekommen ist: „I will be dying early of inadequate medicine. In the future, possibly people won't die of what I will" (S. 50).

Wann ich lebe, liegt aber nicht in meiner Verantwortung; ich habe das nicht entschieden.

Die Kasuistik der Vulnerabilität am Lebensende ist äußerst vielfältig. Es ist unmöglich, eine abschließende Liste von typischen Situationen anzugeben. Sie ist jedenfalls viel breiter als die schon erwähnten Fälle von Über- oder Unterbehandlung und der Verletzung des Patientenwillens, die von der medizinischen Ethik traditionell ausführlich behandelt werden.

Es gibt etwa den berühmten „Strohhalmeffekt", den der holländische Psychologe Tieerd Tijmstra als „anticipated decision regret" analysiert hat (van der Bruggen 2012). In verzweifelter Lage tendieren Menschen dazu, Angebote zu ergreifen, wenn sie nur ein kleines Quäntchen Hoffnung versprechen, weil sie denken, sie würden es nachher bereuen, wenn sie es nicht versucht hätten. Menschen werden deshalb auch verletzbar gegenüber den Stärken der Medizin, wenn sie noch etwas tun *kann*. Das Ablehnen einer möglicherweise noch helfenden Maßnahme, auch wenn sie äußerst mühevoll ist, braucht (auch sich selbst gegenüber) immer die stärkeren Gründe als die Zustimmung zu ihr.

Auch die Zumutung übergroßer Entscheidungslast im Sterben kann zu einem Grund von Verletzung werden, wenn Patient:innen etwa Entscheidungen abverlangt werden, die sie selbst eigentlich gar nicht treffen wollen (Moos 2016). Darüber hinaus sollen sie dann auch noch die moralische Verantwortung für diese Entscheidungen tragen, was sie vielleicht nicht können. So können in mannigfacher Weise ungünstige Sterbesituationen entstehen. Die wichtigen und fein austarierten Wünsche der Sterbenden können durch allzu schematische Entscheidungs-Pathways und Zustimmungsformulare ignoriert, missverstanden oder gar überhört werden.

Vulnerabilität am Lebensende schließt auch den Verlust des eigenen Narrativs ein, etwa wenn Menschen aus ihrem Leben herausgerissen werden und in der Pflegesituation keine Möglichkeit mehr finden, ein für sie sinnvolles Leben zu führen. Die soziale Organisation des Todes (Seale 1998) ist stets im Hinblick auf die gesellschaftlichen Vulnerabilisierungsprozesse zu untersuchen, die darauf hinauslaufen können, dass Menschen beim Sterben in ganz bestimmter Weise verletzbar werden. Diese komplexen Prozesse müssen stets beobachtet und auch kritisch diskutiert werden, weil diejenigen Menschen, die in der Situation des Lebensendes sind, selbst oft nicht mehr in der Position sind, diese Prozesse zu überblicken oder gestalten zu können.

4 Keine Last für andere mehr sein wollen

Wenn wir danach suchen, wie Menschen am Lebensende verletzlich und verletzbar sein können, ist es ratsam, sich auch dem Phänomen von *Sterbewünschen* genauer zuzuwenden. Auch in guter palliativer Versorgung gibt es nämlich Menschen, die sterben möchten und dies auch sagen. Qualitative empirische Studien über Sterbewünsche von Menschen, die krankheits- oder altersbedingt dem Lebensende entgegenblicken, einschließlich unserer eigenen Studie mit 62 palliativ versorgten Patient:innen mit verschiedenen Krankheitsarten (Ohnsorge et al. 2014, 2019), zeigten, dass das *Gefühl, eine Last für andere zu sein*, häufig als Grund für einen Sterbewunsch genannt wird. Eine 76-jährige Patientin mit Brustkrebs, die ihr Leben mithilfe der Schweizer Sterbehilfeorganisation *Exit* beenden wollte, sagte geradeheraus:

> [...] ich hab das Gefühl, man hat auch das Recht, wenn man das Gefühl hat, ich bin selber so belastet, ich tue andere Leute so belasten, ich möchte jetzt das beenden [...]. (P4 Onco)

In der Schweiz gibt es keine Gesetze, die es verbieten, einem Menschen Suizidhilfe zu leisten, wenn die Motivation diejenige ist, keine Last für andere mehr sein zu wollen. Verschiedentlich wurde in der Debatte um Sterbehilfe die Sorge geäußert, Menschen könnten durch derartige Gefühle, andere nicht mehr belasten zu wollen, dazu gedrängt werden, ihrem Leben ein Ende zu bereiten. In vielen Fällen ist es ja keineswegs so, dass diese Anderen, auf die der/die Patient:in sich bezieht, diese Last selbst als so groß empfinden. Man muss also mit Christina McPherson et al. (2007) zwischen der durch die Patien:tinnen wahrgenommenen Last und der empfundenen Last der aktuell Pflegenden und Sorgenden unterscheiden. Die wahrgenommene Last ist eine vorgestellte und interpretierte Last, die auf anderen liegt, also die Last, die Patient:innen fühlen und befürchten für andere zu sein. Die empfundene Last der Pflegenden und Sorgenden ist hingegen die Last, die sie selbst zu tragen empfinden. Patient:innen interpretieren das, was auf Seiten der anderen empfunden wird, und verrechnen es mit ihren Erwartungen an sich selbst. Es gibt Menschen, denen es leichter fällt, Hilfe und Pflege anzunehmen als anderen, die sehr rasch das Gefühl haben, diese Last sei für die anderen zu groß. Auch die von Caregivern empfundene „Last“ ist ein Ergebnis eines komplexen Interpretations- und Abwägungsprozesses. Denn die Sorge enthält auch freudvolle Elemente, die eine manchmal schwere Last leichter tragen lassen. Und eine „Last“ ist eine Aufsummierung über die Zeit, denn die Fürsorge lastet nicht ständig oder nicht in allen Hinsichten.

Gegenüber wem sind Menschen in einer solchen Situation verletzbar? Worin besteht ihre Verletzlichkeit? Und was wäre denn die Verletzung, die eintreten könnte? Diese drei Fragen möchte ich im Hinblick auf Gefühle, für andere eine Last zu sein, und auf Wünsche, lieber zu sterben als anderen eine Last zu sein, zu beantworten versuchen. In Bezug auf diese Gefühle, andere zu belasten, und die Wünsche, keine Last mehr sein zu wollen, entsteht in der Situation einer am Lebensende ohnehin besonders greifbaren Fragilität eine gesteigerte Form von Vulnerabilität, die diejenigen zu Recht erkennen, die zur Vorsicht mahnen, zu schnell und zu bereitwillig Suizidbeihilfe oder andere Formen von Sterbehilfe zu leisten.

Immerhin ist es schon plausibel, dass es unglückliche Kombinationen geben kann zwischen einigen der folgenden vier Elemente:[7] (a) eine vorherrschend individualistische Haltung in der Gesellschaft, also eine Kultur, die individuelle Selbstgenügsamkeit betont; (b) eine einseitig auf die „explodierenden" Gesundheitskosten fokussierte öffentliche Debatte; (c) teure Alters- und Pflegeheime; (d) Angehörige, die einen großen Teil von Sorgeleistungen übernehmen; und (e) ein wenig eingeschränkter Zugang zum assistierten Sterben, wie es z. B. in der Schweiz, in Holland oder in Belgien heute der Fall ist. Ich unterstütze aus diesen Gründen die Forderungen an den Schweizerischen Gesetzgeber, mit zusätzlichen geeigneten Regelungen dafür zu sorgen, dass die Abklärung von Sterbewilligen mit größter Sorgfalt durchgeführt werden muss, ohne dadurch die Möglichkeit des assistierten Suizids zu verschließen (NEK-CNE 2006). Ein zentrales Element in diesen vorgeschlagenen Regelungen ist, dass auch alles, was möglich ist, getan oder mindestens versucht werden sollte, um die Situation der sterbewilligen Person so zu entlasten, damit sie auch andere Wege sieht, eine als unerträglich empfundene Situation aufzulösen oder zu mildern, als sich selbst aus der Situation herauszunehmen.

Das Gefühl, eine Last für andere zu sein, verlangt aber auch danach, genau zu erklären, was die Vulnerabilität in dieser Situation beinhaltet. Dazu ist es wichtig, dieses Gefühl selbst zu befragen. Wie ich an anderer Stelle argumentiert habe (Rehmann-Sutter 2019), ist das Gefühl, anderen zur Last zu fallen, ein Gefühl mit zwei Elementen. Einerseits beinhaltet es ein existenzielles Leiden. Es ist die Wahrnehmung einer Notsituation, die so schwerwiegend sein muss, dass sie nur durch das Ende der eigenen Existenz aufgelöst werden kann. Andererseits ist es eine empathische Sorge für diejenigen, die eine Last tragen. Aus diesem Grund ist es ein moralisches Gefühl. Es umfasst eine Reihe von schwierigen und im Einzelfall aus der Sicht der betroffenen Person diskutablen Einschätzungen. Ich nenne bloß drei davon, die mir besonders ins Auge springen: Erstens ein großes und als belastend empfundenes Ungleichgewicht zwischen Geben und Nehmen,

---

7 Die Palliativärztin Heike Gudat nennt es eine „toxische Mischung" (mündlich).

auch in zeitlich versetzter Form; zweitens das Vertrauen darauf, dass die Einschätzung der von den Anderen empfundenen Last angemessen und korrekt ist; drittens die Gefahr der Verminderung des eigenen Lebenswertes durch Scham, Schuldgefühle oder Selbstkritik.

Wie Thomas Fuchs (2013) mit Verweis auf Karl Jaspers und Martin Heidegger dargelegt hat, entsteht in Grenzsituationen eine existenzielle Vulnerabilität, die in der fundamentalen Schuld begründet liegt, die letztlich durch unsere Existenz als soziale Wesen gegeben ist. Wir leben immer auf Kosten von anderen; jede Entscheidung beinhaltet die Schuld aus den dadurch zurückgewiesenen Möglichkeiten; und sogar unser Dasein selbst ist nicht ein von uns selbst gerechtfertigter Teil der Welt, sie beinhaltet deshalb als solches eine nicht an konkrete andere Personen adressierte „Schuld". Die Grenzsituation angesichts des Todes am Ende des Lebens kann diese existenzielle Vulnerabilität steigern. Im Hintergrund der genannten prekären Einschätzungen des Ungleichgewichts zwischen Geben und Nehmen, der Größe der Last, die man für andere darstellt, und des Selbstwertes steht diese existenzielle Vulnerabilität als grundlegende Erfahrung, die in den Gefühlen, für andere eine Last zu sein, am Lebensende stärker zum Ausdruck kommen kann. Wenn in dieser Lage die Lasten und Kosten für andere, die meine Existenz (noch, weiterhin) ermöglichen, groß werden, und wenn es gleichzeitig wenig gibt, das die anderen von mir bekommen, wird meine Existenz selbst prekär.

Die Ethik der Sorge am Lebensende, auch die Ethik der professionellen Palliative Care, muss fragen, welche Pflichten und Verantwortungen sich aus der Einsicht in diese Zusammenhänge ergeben (Rehmann-Sutter 2016; Quill/Miller 2014). Es wäre eine zu einfache „Lösung", Sterbewünsche zurückzuweisen, immer wenn sie durch ein Gefühl begründet werden, anderen zur Last zu fallen. Dies würde die schwierige Aufgabe bloß vermeiden, die darin besteht, sich auf eine Verhandlung mit der sterbewilligen Person einzulassen. Es wäre außerdem selbst eine Verletzung dieser Person, weil es ihre wichtigsten Anliegen einfach ignoriert: Sie wünscht aus einem falschen Grund und deshalb wird ihr Wunsch nicht ernst genommen.

Der Weg scheint mir vielmehr der zu sein, die Vulnerabilität anzuerkennen und zuzulassen, die in der Situation am Lebensende liegt und durch das Gefühl, anderen zur Last zu fallen, gesteigert wird. Care verläuft innerhalb des Raums der Vulnerabilität.

Wenn Menschen in einer für sie unerträglichen Form auf die Fürsorge und Pflege durch andere angewiesen sind, können sie an dieser Situation auf eine Weise leiden, dass sie sich selbst nur noch als Last für andere empfinden. Die *Verletzlichkeit* von Menschen in diesen Situationen besteht darin, dass sie ihre eigene Existenz nicht (mehr) für unhinterfragt gegeben und gesichert ansehen können. Dass dies so ist, liegt in der Situation des Lebensendes und der vielfältigen Abhängigkeiten, die mit ihm verbunden sind. Diese Menschen werden besonders *verletzbar*, indem die anderen, von denen sie abhängig sind, zu wenig Verständnis für sie aufbringen, oder sie spüren lassen, dass sie in einer an Leistungsfähigkeit und Unabhängigkeit orientierten Gesellschaft jetzt nur noch eine Last sind. Die Patient:innen können mit einem sorgenden oder mit einem abweisenden näheren und weiteren Umfeld konfrontiert sein. Sie können unter Druck geraten, der sie verzweifeln lässt.

Eine andere Möglichkeit ist, dass ihnen Mittel und Auswege angeboten werden, die sie ihr Leben zu leicht aufgeben lassen. Die *Verletzung* für Menschen, die aus dem Takt gefallen sind und ihr Leben nur noch als Last für andere empfinden, besteht dann darin, dass ihre Wünsche nur oberflächlich betrachtet (und möglicherweise bereitwillig erfüllt) werden. Ihrem Anliegen wird dann zu wenig oder keine echte Aufmerksamkeit geschenkt. Denn Sterbewünsche können aus der Fragilität wachsen, die das Lebensende auszeichnet.[8]

Literatur

Agar, Nicholas (2014): *Truly Human Enhancement. A Philosophical Defense of Limits.* Cambridge (MA): MIT Press.

Benn, Gottfried (1961): „Mutter“. https://www.deutschelyrik.de/mutter-1912.html, besucht am 20.07.2021.

Bieler, Andrea (2017): *Verletzliches Leben. Horizonte einer Theologie der Seelsorge.* Göttingen: Vandenhoeck & Ruprecht.

Blum, Lawrence A. (1994): *Moral Perception and Particularity.* Cambridge: Cambridge University Press.

Brenner, Andreas/Zirfas, Jörg (2002): *Lexikon der Lebenskunst.* Leipzig: Reclam.

van der Bruggen, Koos (2012): „Possibilities, Intentions and Threats: Dual Use in the Life Sciences Reconsidered“. In: *Science and Engineering Ethics* 18. Nr. 4, S. 741–756.

Butler, Judith (2006): *Precarious Life. The Powers of Mourning and Violence.* New York: Verso.

Butler, Judith (2009): *Frames of War. When Is Life Grievable?* New York: Verso.

Cole, Alyson (2016): „All of Us Are Vulnerable, But Some Are More Vulnerable than Others: The Political Ambiguity of Vulnerability Studies, an Ambivalent Critique“. In: *Critical Horizons* 17. Nr. 2, S. 260–277.

Delhom, Pascal (2019): „The Normative Force of Suffered Violence“. In: Thomas Bedorf/Steffen Herrmann (Hrsg.): *Political Phenomenology. Experience, Ontology, Episteme.* London: Routledge, S. 32–51.

8 Ich danke Rebekka A. Klein und Michael Coors für Hinweise bei der Überarbeitung des Entwurfs.

Emmerich, Nathan/Mallia, Pierre/Gordijn, Bert/Pistoia, Francesca (Hrsg.) (2020): *Contemporary European Perspectives on the Ethics of End of Life Care.* Schweiz: Springer.

Freistaat Bayern: „Todesbescheinigung". https://www.gesetze-bayern.de/Content/Resource?path=resources%2F3406DBAT_BayVV2127_G_048_A001.PDF&AspxAutoDetectCookieSupport=1, besucht am 20. 07. 2021.

Fuchs, Thomas (2013): „Existential Vulnerability: Towards a Psychopathology of Limit Situations". In: *Psychopathology* 46, S. 301–308.

Grudzen, Corita R./Richardson, Lynne D./Hopper, Susan S./Ortiz, Joanna M./Whang, Christine/Morrison, R. Sean (2012): „Does Palliative Care Have a Future in the Emergency Department? Discussions with Attending Emergency Physicians". In: *Journal of Pain and Symptom Management* 43. Nr. 1, S. 1–9.

Hagger, Lynn/Woods, Simon (Hrsg.) (2013): *A Good Death? Law and Ethics in Practice.* Farnham: Ashgate.

ten Have, Henk (2016): *Vulnerability. Challenging Bioethics.* London: Routledge.

van der Heide, Agnes/Deliens, Luc/Faisst, Karin/Nilstun, Tore/Norup, Michael/Paci, Eugenio/van der Wal, Gerrit/van der Maas, Paul J. (2003): „End-of-Life Decision-Making in Six European Countries: Descriptive Study". In: *Lancet* 362, S. 345–350.

Keilson, Hans (2005): *Sequentielle Traumatisierung bei Kindern. Untersuchung zum Schicksale jüdischer Kriegswaisen.* Gießen: Psychosozial-Verlag.

Livne, Roi (2019): *Values at the End of Life. The Logic of Palliative Care.* Cambridge: Harvard University Press.

Lubbock, Tom (2012): *Until Further Notice, I Am Alive.* London: Granta.

Mackenzie, Catriona/Rogers, Wendy/Dodds, Susan (2014): „Introduction: What Is Vulnerability and Why Does It Matter for Moral Theory?". In: Catriona Mackenzie/Wendy Rogers/Susan Dodds (Hrsg.): *Vulnerability. New Essays in Ethics and Feminist Philosophy.* Oxford: Oxford University Press, S. 1–29.

McPherson, Christine J./Wilson, Keith G./Murray, Mary Ann (2007): „Feeling like a Burden: Exploring the Perspectives of Patients at the End of Life". In: *Social Science & Medicine* 64. Nr. 2, S. 403–410.

Moos, Thorsten (2016): „Wollen machen. Die Rolle von Klinikseelsorgenden in Praktiken des Willens". In: Thorsten Moos/Christoph Rehmann-Sutter/Christina Schües (Hrsg.): *Randzonen des Willens. Anthropologische und ethische Probleme von Entscheidungen in Grenzsituationen.* Frankfurt a. M.: Lang, S. 189–214.

NEK-CNE (Nationale Ethikkommission im Bereich Humanmedizin) (2006): „Sorgfaltskriterien im Umgang mit Suizidbeihilfe". Stellungnahme Nr. 13/2006, www.nek-cne.admin.ch, besucht am 15. 07. 2021.

Nussbaum, Martha (1990): *Love's Knowledge. Essays on Philosophy and Literature.* New York: Oxford University Press.

Ohnsorge, Kathrin/Gudat, Heike/Rehmann-Sutter, Christoph (2014): „What a Wish to Die Can Mean. Reasons, Meanings and Functions of Wishes to Die, Reported from 30 Qualitative Case Studies of Terminally Ill Cancer Patients in Palliative Care". In: *BMC Palliative Care* 13: 38. DOI: 10.1186/1472–684X-13–38, besucht am 15. 07. 2021.

Ohnsorge, Kathrin/Rehmann-Sutter, Christoph/Streeck, Nina/Gudat, Heike (2019): „Wishes to Die at the End of Life and Subjective Experience of Four Different Typical Dying Trajectories. A Qualitative Interview Study". In: *PLOS ONE* 14. Nr. 1, e0210784. DOI: https://doi.org/10.1371/journal.pone.0210784, besucht am 15. 07. 2021.

Quill, Timothy E./Miller, Franklin G. (Hrsg.) (2014): *Palliative Care and Ethics.* Oxford: Oxford University Press 2014.

Rehbock, Theda (2018): „Der Tod und die Toten – philosophisch betrachtet". In: Christoph Rehmann-Sutter (Hrsg.): *Was uns der Tod bedeutet.* Berlin: Kadmos, S. 31–44.

Rehmann-Sutter, Christoph (2011): „Aging as Disease? Editorial". In: *Swiss Medical Weekly* 141, w13186.

Rehmann-Sutter, Christoph (2016): „Wünsche am Lebensende wahrnehmen – Ethische Impulse palliativer Versorgung". In: Elisabeth Conradi/Frans Vosman (Hrsg.): *Praxis der Achtsamkeit. Schlüsselbegriffe der Care-Ethik.* Frankfurt a. M.: Campus, S. 167–187.

Rehmann-Sutter, Christoph (2019): „Self-Perceived Burden to Others as a Moral Emotion in Wishes to Die. A Conceptual Analysis". In: *Bioethics* 33. Nr. 4, S. 439–447.

Sachs, Nelly (1961): *Fahrt ins Staublose. Gedichte.* Frankfurt a. M.: Suhrkamp.

Schües, Christina (2020): „Corona-Notstand. Immunität und Verletzlichkeit: Über das Verhältnis zweier Paradigmen". *Journal Phänomenologie* 54, S. 35–48.

Seale, Clive (1998): *Constructing Death. The Sociology of Dying and Bereavement.* Cambridge: Cambridge University Press.

Studdert, David M./Mello, Michelle M./Sage, William M./DesRoches, Catherine M./Peugh, Jordon/Zapert, Kinga/Brennan, Troyen A. (2005): „Defensive Medicine Among High-Risk Specialist Physicians in a Volatile Malpractice Environment". In: *JAMA* 293. Nr. 21, S. 2609–2617.

Sutter Rehmann, Luzia (1998): „Die Offenbarung des Johannes. Inspirationen aus Patmos". In: Luise Schottroff/Marie-Theres Wacker (Hrsg.): *Kompendium feministische Bibelauslegung.* Gütersloh: Chr. Kaiser, Gütersloher Verlagshaus, S. 724–741.

Index

https://doi.org/10.1515/9783110734522-012

Printed and bound by CPI Group (UK) Ltd, Croydon, CR0 4YY
30/09/2026
14973056-0001